卓越之路

我的大学

"卓越工程师教育培养计划"学子的心路历程

北京科技大学高等工程师学院 编著

My University

北 京
冶金工业出版社
2017

内 容 提 要

本书以“卓越工程师教育培养计划”培养体系走出的学生这一特殊的视角，描绘了北京科技大学高等工程师学院全方位开展“卓越计划”培养体系的历程，汇集了“卓越人”追求卓越的真实写照，全方位、全过程地反映了“卓越计划”学子的求学历程和心路历程。

本书力求为新一代“卓越计划”学子提供有益的人生借鉴，帮助他们了解以往“卓越工程师”的成长过程与学习方法，同时激励更多的学子沿着前辈的足迹更好地前行。

图书在版编目(CIP)数据

卓越之路：我的大学/北京科技大学高等工程师学院编著. —北京：冶金工业出版社，2017. 5

ISBN 978-7-5024-7550-5

Ⅰ. ①卓…　Ⅱ. ①北…　Ⅲ. ①北京科技大学—工程师—人才培养—概况　Ⅳ. ①T-40

中国版本图书馆 CIP 数据核字(2017)第 108213 号

出 版 人　谭学余
地　　址　北京市东城区嵩祝院北巷 39 号　邮编　100009　电话　(010)64027926
网　　址　www.cnmip.com.cn　电子信箱　yjcbs@cnmip.com.cn
责任编辑　杜婷婷　美术编辑　彭子赫　版式设计　孙跃红
责任校对　李　娜　责任印制　牛晓波
ISBN 978-7-5024-7550-5
冶金工业出版社出版发行；各地新华书店经销；固安华明印业有限公司印刷
2017 年 5 月第 1 版，2017 年 5 月第 1 次印刷
169mm×239mm；20.25 印张；330 千字；310 页
62.00 元

冶金工业出版社　投稿电话　(010)64027932　投稿信箱　tougao@cnmip.com.cn
冶金工业出版社营销中心　电话　(010)64044283　传真　(010)64027893
冶金书店　地址　北京市东四西大街 46 号(100010)　电话　(010)65289081(兼传真)
冶金工业出版社天猫旗舰店　yjgycbs.tmall.com

(本书如有印装质量问题，本社营销中心负责退换)

编委会

顾　　问　刘振江　张欣欣

主　　编　刘　立

副 主 编　王小宁　李京社　赵志毅

编辑人员　（按姓氏笔画排列）

臧若愚　尤洋洋　杨美偲

许文婧　吴钰重　王玉南

孙晓丹　宋　鹏　潘佳奇

刘　娜　李勇威　陈建帮

序　一

2010年6月，根据人才规划纲要和教育规划纲要的部署，教育部启动实施了“卓越工程师教育培养计划”（以下简称“卓越计划”），旨在培养和造就一大批创新能力强、适应经济社会发展需要的高质量各类型工程技术人才，为国家走新型工业化发展道路、建设创新型国家和实施人才强国战略提供强有力的支撑。

作为全国首批实施“卓越计划”的高校之一，北京科技大学依托鲜明的工科特色和优势，专门成立了高等工程师学院，以钢铁冶金、材料加工工程、机械工程（冶金机械）、采矿工程作为首批“卓越计划”的专业，选拔成绩优良、实践能力突出、富有创新精神并且有志从事钢铁企业技术开发和管理工作的学生进入“卓越计划”学习，稳步开展了一系列相关工程教育改革模式的探索。

时光荏苒，北京科技大学的“卓越计划”从最先的蹒跚起步到现在的稳步成长，已经走过了六个年头，培养出了一批优秀的卓越学子。此次由高等工程师学院组织编写的《卓越之路　我的大学》，将“卓越计划”培养的优秀学生的成长故事汇编成书，不仅是“卓越计划”实施成果的总结，也为高校教育教学改革和提高人才培养质量提供了难得的借鉴和参考。

本书的内容有限，但其价值和意义无限。翻开书页，一个又一个经历过、或者正在经历“卓越计划”教育的学生身影跃入眼帘，他们用平实、真诚的语言，记录了自己的成长脚步，介绍了自己在走向“卓越之路”时的心路历程。书中的每一章、每一节都承载着卓越学子对北科大、学院，对“卓越计划”的深情厚谊。在我们的心中，每一个学生都散发着耀眼的光芒，都是最优秀、最卓越的“追梦人”。

卓越是一种梦想，是一种态度，更是一种追求，需要在青春年华里努力奋斗，在平凡中积淀自我铸就辉煌。即使前路困难重重，卓越的脚步也不能停歇，只有风雨兼程，才会迎来人生最美丽的那道风景。榜样的力量是无穷的，本书一定能够激励新一代的卓越学子沿着前辈的足迹不断前行，收获更加丰富的人生经验，成长为更加优秀的自己。

面向未来，我们相信，通过“卓越计划”的实施，我们将培养造就出一批在10~15年后能够站在工业最前沿、引领未来工程技术发展方向、具有国际视野的创新人才，为实现中华民族伟大复兴的“中国梦”做出应有的贡献！

教授

北京科技大学校长

高等工程师学院首任院长

序　二

前路几多峥嵘，此去一路扬帆。2010年9月，北京科技大学作为教育部“卓越工程师教育培养计划”（以下简称“卓越计划”）首批实施高校，成立了北京科技大学高等工程师学院，以全面负责执行“卓越计划”，开创具有特色的“卓越工程师”培养工作。“卓越计划”是工科大学对高级工程专门人才培养理念的回归，为了更好地完成国家培养钢铁行业高素质创新型工程技术人才的重任，北京科技大学秉承“学风严谨、崇尚实践”的办学传统，借鉴经济发达国家工程教育的成功经验，瞄准钢铁行业发展对人才的需求，依托国家大中型钢铁企业和学校传统优势学科，以“实践和创新”为特色，以培养“厚基础、宽专业、强实践、重创新、懂管理”，具有国际视野和跨文化交流能力，能够满足国家钢铁工业技术创新需要的高素质创新型工程技术人才和行业领袖为目标，注重培养学生的学习能力、创新能力、工程实践能力和工程管理能力。

“卓越计划”与其他专业的培养方式不同，主要采取创新培养模式，着眼于钢铁行业专门工程人才的培养，强调夯实学科基础和注重专业交叉，针对进入“卓越计划”学习的学生优中选优，采取特殊的管理措施，力争培养专业化精英人才。为强化工程素养，“卓越计划”设计了新的课程组织、运行和考核体系，探索了新的教学模式，包括工程案例课程教学、小组协作课程和工程读书会等。同时学校制订了“2+2+2.5”的本硕统筹培养计划，即采取2年学科和通识基础教育，2年工程基础和专业教育，2.5年工程研究教育。除了课程的实验实习外，系统安排了机械实习、电子实习、认识实习和生产实习，拓展安排了课程设计实习、工程专业设计、本科阶段工程毕业设计等特别实践环节。

基于上述教学实践，学院组织了本书的编写，将“卓越计划”培养体系范围之内的一批优秀学子的学习过程和心路历程等汇编成书，以此作为“卓越计划”实施经验与成果，并以学生视角的形式呈现于世。

雄关漫道真如铁，而今迈步从头越。除了学校对“卓越计划”的大力支持，北京科技大学还按照“优势互补、合作共赢”的原则，与首钢集团、河北钢铁集团、中冶京诚工程技术有限公司、山东钢铁集团有限公司、太原钢铁集团有限公司联合申报了教育部国家级工程实践教育中心，开创校—企联动的新模式，对钢铁行业工程人才的培养进行全新的实践与探索；同时在国家级工程实践教育中心的基础上，在中国钢铁工业协会的指导下，联合相关高校、企事业单位，成立冶金行业卓越工程师培养联盟，开展多方位、多样化、多层次的合作，实现教育资源整合和共享，拓展校—企、校—校联合培养卓越工程人才的新途径。

年华似水遥忆往昔岁月峥嵘，伟业如歌放眼今朝新篇谱就。北京科技大学校长张欣欣对高等工程师学院“卓越计划”取得的成果给予了充分肯定，并对高等工程师学院未来的发展和建设寄予了很高的期望。当前，北京科技大学高等工程师学院积极贯彻党中央提出的“走中国特色新型工业化道路”“建设创新型国家”的发展战略，根据教育部关于实施卓越工程师教育培养计划的要求，逐步完善“卓越计划”，努力为国家发展培养一批优秀的“卓越工程师”。本书将是北京科技大学实施“卓越计划”宝贵的精神财富和弥足珍贵的教材，为今后的“卓越计划”道路积累经验，并激励一代又一代的“卓越工程师”不断进取！

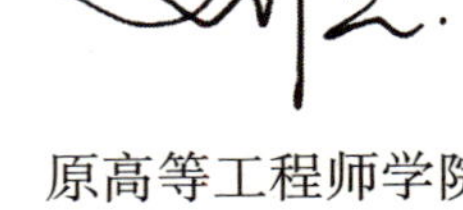
教授

原高等工程师学院院长

2017 年 4 月

前　言

2010年9月，北京科技大学成立高等工程师学院，全面负责推进国家教育部“卓越工程师教育培养计划”（以下简称“卓越计划”），以校—企联合培养人才的新机制，充分利用校企合作、国际交流的平台，提升学生工程素养，培养学生工程实践能力、工程设计能力和创新能力，提升学生创新意识、实践意识、竞争意识、经济与社会意识、管理意识、团队合作意识和职业道德意识，建立了学士工程型人才、硕士工程型人才、博士工程型人才的卓越工程师培养体系。

铁舸争流，继前辈勇承薪火；壮志凌云，启来者更创辉煌。正值北京科技大学六十五周年校庆之际，“卓越计划”至今已经走过了六个年头，为了更好地总结实施成果，高等工程师学院组织汇编了本书，从2016年开始收集相关素材，分别从我校2013届、2014届、2015届等年级学生中选出一部分优秀学子，集中跟踪采访和交流，广泛征集了61篇“卓越工程师”的大学心得，文章内容或访谈或交流，有自传有总结。编委会认真审核、指导每篇文章写作，并通过修改整理、完善和延展，最终形成了本书。该书真实反映了卓越学子在“卓越计划”培养下的成长过程和心路历程。

一心栽树，竭心沥血，高工英才，育泽神州。本书以“卓越计划”培养体系走出的学生这一特殊的视角，描绘了北京科技大学高等工程师学院全方位开展“卓越计划”培养方案的历程，这些学生是“卓越计划”中的一批佼佼者，是所有“卓越人”追求卓越的真实写照。本书的出版，旨在为新一代卓越学子提供有益的人生借鉴，帮助他们了解以往“卓越工程师”学习的方式方法，同时激励更多的“卓越计划”学子循着有志者的足迹不断前行，并为北京科技大学六十五周年校庆献上一份珍贵的礼物。

由于时间所限，书中疏漏及不妥之处，恳请广大读者提出宝贵意见，以便不断加以总结和完善。

编著者
2017 年 4 月于北京

目　录

青春篇

岁月静好，青春绽放

奋斗篇

生命不息，奋斗不止

感恩篇

不忘初心，方得始终

理想篇

仰望星空，脚踏实地

成长篇

追逐阳光，茁壮成长

青春篇

岁月静好，青春绽放

在大学里经历了四载春秋
你的豪言壮语是否已部分实现
当年的海誓山盟是否仍在坚守
但无论怎样
这就是我们的青春

挥洒汗水，绽放青春

——记黄琦

黄琦，男，冶金E094班，学号40921184，中共党员。曾获新生三等奖学金、人民三等奖学金、国家励志奖学金、建龙二等奖学金、研究生国家奖学金、学院首届“院长奖章”、2015年宝钢国际“青蓝计划”市场营销挑战赛团队三等奖等；曾担任学院“卓越传媒”中心主任。

大学的主旋律：学习科研

回忆大学刚入学，黄琦还依稀记得辅导员曾经对他们的告诫：“学习是大学里的主旋律，是你走向成功的敲门砖。”牢记辅导员的叮嘱，黄琦开始了自己的大学生活。英语基础差，于是主楼前的晨读留下了他的身影；学习是他的职责，于是自习室里留下了他勤奋的足迹……这一幕幕都是他热忱求学、刻苦学习的缩影。

加入了冶金学院金生新闻社，黄琦感觉自己能支配的时间少了，但是他从未对学习放松过。“时间就像海绵里的水，只要去挤，总是会有的。”为了平衡好学习和工作，黄琦总是争分夺秒，时刻准备着。他从不把时间浪费在玩游戏、看电视上。对待每门课程，黄琦不以得高分为目的，而是汲取其中的知识，于是就有了学习的兴趣和动力。除此之外，他还养成了课前预习、课后复习的好习惯，因为他深知“成功只光顾那些有准备的人”的道理。在大二下学期，他选择了进入高等工程师学院。

在高等工程师学院经过一年的磨炼，黄琦开始理解了作为一名高等工程师学院学员的责任和义务。他深知要成为一名卓越工程师并不容易，但也绝非似上天摘月之难。要想理论联系实践，理论知识必须扎实，所以他从来没有懈怠过对专业课的学习。高等工程师学院特有的学习氛围使他积极投入到课上激烈的讨论中；高等工程师学院独特的教学计划让他懂得去学习专业之外的知识，如 Java、Origin 等应用软件；在学院的熏陶下，黄琦大三就开始进入实验室帮着师兄师姐做实验。似乎有一种神奇的力量占据着他的内心，催促他奋勇前行，推动他成为卓越钢铁人的步伐。

时间的脚步已经吹响了冲锋号，唯有一搏才能跟进卓越的步伐。新的学期，新的挑战，为了心中的理想，黄琦意识到自己还需要加倍努力。大二学年，他的加权成绩仅仅 85. 389 分，在保研线边缘徘徊。到了大三，黄琦不仅更加努力学习，而且更加注重学习方法。他每天坚持制订计划表，一学期 16 张表，合理地规划了他的学习生活。最终，黄琦以 90. 506 分的加权成绩获得了国家励志奖学金。凭借前三年学习的积淀，大四他顺利保送到冶金与生态工程学院攻读硕士学位。

有的人说研究生阶段的学习不重要，科研才是王道。而黄琦认为，研究生的课程不仅能培养学生的学习能力，也能为科研添砖加瓦，更是作为一名学生的责任。带着这份责任，黄琦完成了研究生阶段的所有课程，以加权分 89. 368 分排名专业第二，与第一名只差 0. 5 分。他因此获得了 2014 年建龙二等奖学金，并荣获“三好研究生”荣誉称号。

并非所有的成绩都是理想的，其中《计算方法》这门课程他只考了 66 分，仅在及格线边缘。但值得欣慰的是，在研究生的科研实践中，黄琦将计算方法的知识运用得淋漓尽致，而且还申请了相关方面的专利。

在对非金属夹杂物进行分析时，常用三元相图或伪三元相图对夹杂物成分进行投影，以描述夹杂物的成分分布特征。以往传统方法的缺陷在于，当所分析夹杂物的数量较多时，在三元相图中夹杂物成分较集中的区域表示夹杂物的符号会发生重叠，不能准确、直观地表达夹杂物主要成分的分布区域。Neevar Verma 在研究铝镇静钢钙处理后夹杂物的演变过程中，用三角形的大小表示三元相图中夹杂物数量的多少。但是该方法太过麻烦，划分三角形网格和统计落在每个三角形网格中夹杂物数量的工作量较大，仍不能准确、直观地表达夹杂物主要成分的分布区域。

所以，夹杂物在三元相图中的投影一直是从事夹杂物研究工作者的难题。为了解决这个问题，黄琦运用了 MATLAB 和计算方法的知识，编写程序，计算出夹杂物的重叠个数，并在三元相图中用不同颜色表示。他美其名曰“三元相云图”，该方法能够直观、准确地表达出夹杂物主要成分的分布区域。在导师王新华老师的鼓励下，黄琦以第一作者的身份申请了专利。他希望在毕业之前能够授权，这样就能和学院的老师和同学们分享他的专利成果。

目前黄琦研究的课题是氧化物冶金，该课题希望通过夹杂物粒子诱导生成晶内针状铁素体，提高焊接热影响区的强度和韧性。在王新华老师和姜敏老师的指导下，并在上一届师兄的研究基础之上，他的实验在氧化物冶金领域的科研成果有所突破，结果已经发表在《Steel Research International》期刊上。因此，黄琦也在毕业期间荣获 2016 年研究生国家奖学金。

激情碰撞的火花：学生工作

在学生工作中，难免迷失方向、误入歧途，会有几朵不起眼的浪花阻碍我们前行。这时，作为学生干部，不仅需要引航的启明星，更要有“灵丹妙药”来抚平心中的伤口，给予自己勇气和力量去扫除路途中的坎坷。而黄琦的老师和同伴正充当着这种角色。他们不仅让黄琦在学生工作中游刃有余，更填充了他大学生活的空虚。

翻开大学日历，回到那间咖啡屋——曾经开第一次例会的老地方。浓浓的茶香，蕴含着一丝典雅的气息，昏暗的小屋却暗藏着几分陌生。短短一小时的开会之后，似乎有一种无形的力量占据着黄琦的心灵。从此，黄琦便和新闻工作结下了不解之缘。他在新闻的海洋中遨游，他在新闻的世界里游刃有余。在大一下学期，黄琦先后撰写了二十余篇新闻稿，在冶金学院院刊《钢魂》上发表了三篇文章，其中有两篇为头版文章。他也因此被评为“优秀学员”，成为社团团长的得力助手。

社团工作是一种新的体验，但志愿工作确是黄琦高中的梦想。刚踏入大学校门，黄琦就加入了应用学院的“三叶草”支教团，赴皮村实验小学支教。他每天六点早起，不惧怕长途的跋涉，但求为农民工子弟做些奉献，为支教事业贡献出自己的绵薄之力。在那片土地上，他埋下了种子，洒下了汗水，这是一段刻骨铭心的经历。从那以后，黄琦秉承着“我服务，我开心”的宗旨，在志愿道路上前行。学院迎新、校智能车大赛、“卓越计划”专家委员会、北京科技大学 60 周年校庆等大型活动都留下了他志愿服务的身影，在 2013 年他被评为北京科技大学“百优志愿者”。

大二黄琦担任了冶金学院金生新闻社编辑部部长。从此，他开始接触计算机的各种软件，提高了自己的能力。“如果要问我担任部长最大的收获是什么，我会自豪地说，我收获了一个工作者应有的责任心。”招新工作结束之后，黄琦虽然转专业进入了高等工程师学院，但是他并没有就此放弃冶金学院新闻社的工作。从自身的学习，到干事的培训，再到《钢魂》的出版，黄琦履行了一个部长应该尽到的职责，尽管他已经离开了冶金学院。

高等工程师学院是一个新成立的学院，社团工作还未起步。经过两年新闻工作的培训，黄琦积累了丰富的经验。于是他毛遂自荐，加入了学院的新闻组，参加学院新闻中心的建设。在黄琦和队友的努力下，卓越传媒终于成立了。如今卓越传媒已经迈入了正常的轨道，扛起了学院新闻宣传的大梁。在此期间，黄琦参与了《工作简报》《大工程》的制作、新闻稿的撰写、摄影、编写活动策划、拟定卓越传媒各项规章制度、策划制作校庆展板等工作，为卓越传媒的成立画上了浓墨重彩的一笔。值得一提的是，黄琦曾经麾下的部长已然能挑起卓越传媒的重任，带领卓越传媒的团队继续前行。从记者团干事，到编辑部部长，再到卓越传媒中心主任，黄琦用自己的责任和激情交出了一份让老师、同学满意的答卷。

乐观向上：大学生活

尽管学生工作繁忙，但是黄琦自始至终都没有离开工程师 092 班这个大家庭。班级成立之初，黄琦就有幸担任班级的学习委员。他组织班级同学集体自习，共同探讨在学习中遇到的问题，营造良好的学习氛围。黄琦还组织同学们参加 CAD 的培训，提高专业知识以外的技能。在学院工程实践前期，为了让同学们更快地参与实践，他举办 CAD 培训讲座，为本专业 CAD 零基础的同学培训。在优秀班集体答辩过程中，黄琦制作了以“我的大学梦”为主题的班级宣传视频，赢得了广泛的赞誉，最终工程师 092 班荣获 2012~2013 年度优秀班集体称号。

虽然在社团中已经卸任，尽管实验很繁忙，但是黄琦仍然奋战在高等工程师学院毕业季工作的第一线。在学院毕业工作中，他负责微电影的拍摄。从编剧到拍摄，从导演到演员，他都是亲力亲为，没有丝毫怠慢。

大学生活令人向往，但是也让人容易迷失方向。刚进大学，由于精神的空虚和孤独使黄琦感到迷茫，这时他才发现实际的大学生活和想象中的截然相反。于是他开始寻找目标，让自己的大学生活充实起来。

黄琦是从南方来的学生，发音不标准，和同学们交流有困难，于是他下定决心要提高自己的交际能力。在班上发言他从不胆怯，回答老师的问题他声音洪亮，站在讲台上他也能谈笑自若。在和同学、老师的交流过程中，黄琦喜欢扮演幽默者，为大家送去欢声笑语，因为看到别人笑，比他自己笑更开心。

为了满足学习和工作的要求，黄琦养成了良好的生活习惯。早睡早起，要有充足的睡眠，才能有更多的精力投入到学习和工作中。最近，黄琦迷恋上了健身，因为健身的精髓在于坚持。短短两个月的训练，不仅健壮了身体，而且提升了他的意志力。

同时，黄琦还积极参加学院和学校组织的各种比赛，以提升自己的能力。2011 年 4 月，黄琦参加了冶金学院举办的第一届模拟招聘及简历大赛，获得了第三名；在高等工程师学院举办的第一届 CAD 制图大赛中，黄琦获得了非机类的第二名；他积极参加冶金学院举办的第四届钢铁模拟冶炼大赛并荣获金奖；在社会实践活动中，黄琦带领着团队获得了院级重点团队的称号。

人生无再少，大学最珍贵。不要让青春虚度，每天带着自信的微笑，让五彩的青春闪耀！他这样说道：“大学应当这样度过：当我回首往事的时候，我不因虚度年华而悔恨，也不因碌碌无为而羞愧。挥洒自己的汗水，让青春在校园绽放最靓丽的光彩！”

厚积而薄发，卓越成自然

——记白鹏

白鹏，男，材料 E111 班，学号 41111006，中共党员。曾获第七届全国大学生节能减排科技竞赛特等奖、高校环保科技创意竞赛铜奖、校级“优秀学生干部”、学院“院长奖章”等；曾担任北京科技大学青年志愿者协会外联部部长、学院首届卓越团队成员。

2012 年夏天，在完成了大一的课程之后，白鹏有幸通过学校转专业的机制从土木与环境工程学院采矿工程专业来到高等工程师学院材料 E111 班，成为一名卓越学子，从此开始接受“卓越计划”的培养，感受最深的就是在这三年多的时间里高等工程师学院培养了他、锻炼了他、成就了他。

刚开始来到“卓越计划”的第一印象就是“学霸”太多，原本大一成绩还算靠前的他感受到了来自周围同学的学习压力，整个学习风气和以前相比完全不一样，这让他一度产生了怀疑自己学习能力的念头。然而班级同学的热情帮助使他重新恢复了学习的动力，班级 QQ 群里满满的学习课件、资料，学委积极组织答疑互助活动，考前交流备战经验……正是在这“比、学、赶、帮、超”的学习氛围中，他没有放弃学习，为日后的成功保研打下了基础。要想成为一名卓越的工程技术人员，拥有扎实的基础知识和专业素养是必要的，学院为他们设置了许多专业知识的课程，使他们在工程思维的耳濡目染下，掌握更多的基础知识，为日后厚积薄发积蓄力量。

学术科技，探索潜行

学院为了锻炼学生们的科研能力、动手能力，开放了一系列实验室用于制作小发明、开设小课堂，给他们提供了一个自己动手和相互交流的平台，因此白鹏能有条件积极参加各类科技竞赛和科技创新项目。在他参与的众多科技竞赛和科研项目中，令他受益最多也是影响最为深远的就是参与全国大学生节能减排科技竞赛。从 2013 年 11 月份校内选拔赛的启动到 2014 年 8 月份获得全国特等奖，这段经历带给他的不只是奖项和荣誉，更让他学到了很多科技创新方面的知识，培养了他的动手能力，对他影响更为深远的是掌握了许多沟通协调、为人处世方面的能力。参赛作品的制作都是在学院实验室里完成的，学院老师也对制作过程中产生的疑惑给予了解答，正是这些让他能够有幸获奖。这大半年的时间里他的成长是迅速的，同时他也感受到了作为一名工程技术人员的不易，更加坚定了成为一名工程师的信念！

学生工作，锤炼能力

除了学术科技方向上不断探索，为了得到工作能力上的提升，学院还鼓励他们积极参与学生工作。白鹏曾担任北京科技大学青年志愿者协会（以下简称青协）外联部部长、高等工程师学院卓越团队首届成员、共青团北京科技大学委员会组织部学生干部等，并获得了北京科技大学优秀学生干部称号。他始终认为在不断尝试没有做过的新工作的过程中，会慢慢发现自己、认识自己、知道自己的长处和短处，以便更好地弥补不足。在中学时期，由于只知道学习和分数，他的性格比较内向，不太懂与人打交道，但是通过大学这些不同的学生工作岗位锻炼和在与其他学生干部共事的过程中，他学会了许多沟通的技巧，提高了团队合作的能力。他增强了自信心，敢于与陌生人沟通，善于和别人交流。他认为这些对他未来的发展是很重要的，有利于塑造一个完善的、健康的人格。尤其是学院卓越团队的工作使他受益匪浅。卓越团队作为学院的一支“特种部队”，承担学院交给的重大、紧急的学生工作。在卓越团队锻炼的过程中，白鹏不断发现短板，并向其他成员学习，快速地为自己“充电”。

企业实习，适应社会

“卓越计划”是一个重实践的培养计划，为此学院动用各种资源来保障同学们有充足的企业实习的机会，这使白鹏能够有机会到上海宝钢、首钢京唐等钢铁行业的龙头企业进行实地的生产实习，亲历钢铁生产流程，向工程师们请教职业发展路径等，对自己的职业生涯规划有极大的帮助。为此，他十分感激“卓越计划”给同学们提供的这一平台。

抱着去感受真实的职场、体验真正的工作环境的目的，他还在放假及课余时间自己主动寻觅名企的实习机会。在2014年暑假，他参加了宝钢国际经济贸易有限公司“青蓝计划”暑期实习生项目，在北京分公司特钢部协助贸易代表及贸易主管进行华北地区特钢销售工作，为特钢大客户提供技术支持及售后服务。在为期一个多月的实习中，他从事着和自己专业关系并不十分密切的钢贸工作，在不断的学习和思考中，他完成了一项又一项艰巨的任务，在实习结束后得到了企业人力资源部拟聘用他的工作邀请，因为他有继续读研深造的计划所以婉言拒绝了邀请。

信心是从一件件事情中逐步积累起来的，他开始关注跨国公司、世界五百强等实习机会。一次偶然的机会他看到了西门子中国的一个子公司招实习生，他参加了面试并被录取。每天的工作内容有很多东西他一窍不通，所有电脑系统、软件、日常收发邮件都是英文的，这让他开始有些吃不消，但他相信勤能补拙，所以他每天早上都是前几名来到公司，穿着精神笔挺的西装，积极学习每一项工作，在两个礼拜后他就将全部工作内容熟练掌握，得到了领导的赞誉。在西门子一共实习了四个多月，在这四个月里他深深感受到了企业文化的不同，这对他未来的择业有很大帮助。转眼之间大学已经毕业了，感觉拉着行李箱来入学报到好像就是在昨天一样，可他已不再是那个只知道考试和分数的“傻小子”了。高等工程师学院让他学会了要成为一个卓越的人才需要多方面的发展，“卓越计划”让他懂得了实践才是培养优质工程人才的重要手段。在这三年多里，他尽量为自己创造机会尝试各种不一样的努力方向，锻炼不同的能力，就是为了能够厚积薄发，在未来的工程师道路上走得更远一些。他深知要想成为一名卓越的工程师还需要更多努力，但他已经做好了准备，满怀信心，扬帆启程。白鹏发自肺腑地说道：“感激学院为同学们做的一切，我们定当不负众望，日后成为一名卓越的工程技术人才，为实现伟大的工程强国梦而奋斗终生！”

阳光雨露润少年

——记李雪瑞

李雪瑞，女，材料E121班，学号41203013，中共党员。曾获人民三等奖学金、“三好学生”、“优秀学生干部”、社会实践优秀个人等；曾担任首都大学生暑期社会实践优秀团队队长；曾参加学院学生会文艺部和学习调研部。

光阴似箭，岁月如梭，不知不觉间，四年新鲜而又忙碌的大学生活就要结束了。校园里的银杏树叶婆婆娑娑，阳光斑驳，仿佛在诉说着毕业离情。12级学生也从懵懵懂懂的大一新鲜人变成了即将步入社会的大学毕业生、全校学生里资历最长的大四学长、学姐。此刻，他们站在人生的又一个十字路口，回望过去四年的生活。昔日的点点滴滴仿佛电影画面般一幕幕从脑海闪过，心里莫名地生出许多思绪，感慨万千，总觉得应该在离开之前留下一些东西，所以就决定给大学生活做个总结，为这段难忘的经历画上一个完整的句号。

那年阳光正好

李雪瑞从高考的战场上解甲归来，背上行囊，远离家乡和亲人，满怀凌云壮志来到北科大这个魂牵梦萦的地方。刚上大学的她，脑子里充斥着小说和电视剧里对大学的美好描述，比如浪漫邂逅、社团活动、自由天堂、通宵达旦。后来当大学生活的画卷慢慢展开，她发现大学的天地也有另一种限制。长达两周的军训便让新生们领略到了不同于高中军训的味道，女子防身术、匕首操等让人耳目一新，炎炎烈日并没有削弱新生们对于未来的憧憬和向往，反而助长了他们的热情和期待。初入大学时大家看待大学就是犹抱琵琶半遮面，后来当面纱被揭开后他们有兴奋也有失望。现在回想起来，大学，曾是无数学子追逐的梦：春的温馨，夏的炽热，秋的丰实，冬的烂漫。这里有被岁月洗刷过的建筑，有历史沉淀过的书籍，有被时间验证过的真理；这里的林荫小道，这里的鸟语花香，这里的精彩激昂，无不充满着诱惑力。大学的上课方式和授课内容与高中完全不同，每周交一次作业的方式令大一新生们激动了好长时间，每周只上五天课的制度也让这些从高三的牢笼中逃出来的新生们感到无比的幸福。刚开始或许还有些不适应，毕竟课程和压力的减少是需要一段时间去适应的。后来发现课程的减少并不意味着难度的降低，很多专业课程比如金属学和轧制原理等让大家头疼不已。大学并没有脱离学习的本质，是学生步入社会之前的温室，是潜心研究学术的最佳时期。大一期间李雪瑞参加了天使齐飞志愿活动，为北京郊区的孩子们上了一学期的课程，整个过程都让她感觉到，并不是自己在给孩子们上课，而是孩子们用他们的天真和童趣感染着她，让她也收获了来自孩子们的满满的祝福。暑期社会实践是李雪瑞真正意义上的实践活动，身为队长的她负责前期定题以及联系单位、分配任务等活动。活动初期她并没有意识到这是一个绝佳的锻炼自我的机会，她和队员们确定了实践的主题是新青年学堂志愿服务，然后进行各种培训和实践讲课，作为队长，她还负责人员调度和时间安排等各种事情。这次实践活动使她们团队获得“北京市暑期社会实践优秀团队”，也使她获得“社会实践优秀个人”的称号，最终她不仅收获了友情，还提高了团队协调能力，以及一次难忘的实践经历。

在大二阶段，李雪瑞先后参加了院学生会的文艺部和学习调研部，并参与策划了“女生节”、“中秋晚会”、“院长奖章答辩”、“歌手大赛”“志愿公益季捐书活动”等主题活动。虽然只是幕后工作人员，但是通过这些活动她学会了如何策划，如何与他人合作项目，如何在一个团体里发挥自己的作用。这些都为她参加社会工作奠定了良好的基础。

回首过去，相对于青涩的大一，她发现自己懂了很多人情世故，学会了喜怒不形于色，也学会了忍让。离开了父母的怀抱和保护，她就像羽翼未丰的小鹰，在大学这个小社会中，不能做到鹰击长空，但也能自由翱翔。宿舍的六人生活，班级的集体生活，学生组织的日常工作，这都需要与人交流和合作。她一直觉得个人的能力固然重要，但是与人合作的能力也必不可少，正所谓三个臭皮匠赛过诸葛亮。就像合奏一首歌曲，若是每个人都只顾自己的节奏和旋律，那这首歌演奏出来的结果会非常糟糕。通过社团工作，她深深地感觉到合作的重要性，一个团队的力量的无穷。当然，在这个过程中会有矛盾和摩擦，这就需要大家去容忍和协调，从一个“小我”上升到“大我”，这些能力在书本上是学不到的，但是在社会生活中是必备的。

未来逐渐明朗

通过几年的学习，李雪瑞对材料科学与工程这个专业有了深入的了解，对于钢铁行业的现状和发展前景也做了相关研究。大三阶段的宝钢实习和太钢实习让她对这两个现代化钢厂有了深入的了解，特别是后来的太钢实习。在这次实习中，她查阅了很多英文和中文资料，提了很多专业性问题，在学长和师傅给她解答疑惑后，她真正学到了很多书本上没有的知识。而且通过一个月与轧钢工人朝夕相处，她了解轧钢前线工人艰难的生活和工作环境。因为厂内比较昏暗，有震耳欲聋的设备运行的声音，还有时不时运行的天车以及天车上的重物，所以他们每个实习生都要戴好安全帽和口罩等安全装备，那些令人痛惜的安全事故时时刻刻提醒他们生命的宝贵。实习之后，她下定决心在以后的生活中一定会珍惜生命，珍惜时间，远离危险，用有限的时间实现理想，为钢铁行业贡献自己的力量。在太钢实习时，带她的是一个校友学长。从带领他们实习的雷学长身上她学到了很多，包括做事和做人的态度。学长说过的一句话令她印象深刻，“没有一个问题是单独针对一个人的，总会有很多人遇到和我一样的问题，而且总会有解决办法的。”他说这句话的时候很坚定，而且带着一种信念，这让她回想起自己的经历，在以后面对人生中的挫折时，她会时时想起这句话，并给自己信心。

李雪瑞在本科阶段并没有选择在企业实习，而是找了几份兼职，其中给她留下深刻印象的是美团店推广、APP 推广以及创客活动。美团的推广活动让原本羞涩内向的她变得健谈外向，因为在面对不同的人时，勇于开口是她对自己的挑战。这些活动让在象牙塔里的她接触到社会工作和竞争，懂得了能力才是硬道理这句话，也让她收获了很多工作经验，为她以后的工作奠定了基础。现在的社会是一个飞速变化的社会，一个激烈竞争的社会，适者生存在这里无需用语言来解释。让自己适应环境，让环境接纳自己是大学生迈入社会首先必须学会的。然而，很多人都还没有意识到这一点，他们抱怨高考失利，抱怨周围的同学，抱怨周围没有好的学习环境、学习气氛，整天在那里干些不愿意干的事情，甚至做一些消极的事情，浪费了自己宝贵的青春又一无所获。而李雪瑞觉得人活着应该要有一种精神：面对现实，接受现实，改变现实。当他们走上社会，就和其他打工者一样需要出卖劳动力，很多方面大学毕业生甚至都赶不上他们，这就需要他们搁下自己的“尊贵”地位，从基层干起，从点点滴滴干起，这样才能真正体现受教育的价值！

纵观她的本科学习，发现她的成绩一直比较平稳，获得了三次人民三等奖学金和一次人民二等奖学金，然而在科技竞赛创新方面没有任何建树。她清楚地认识到自己的短板——科技竞赛，这些会在以后有所改进。目前她已经成功保研到材料学院的材料成型与控制工程系，不久就要步入研究生学习生涯，本科阶段的学习为她的研究生生涯奠定了基础。

转眼间大学生活就结束了，和学弟学妹聊天的时候，李雪瑞总是忍不住以过来人的身份和他们说一些“生活经验”，针对他们的大学生活给出建议。看着大一的照片，她会惊叹自己当时如此幼稚，大学四年，她的确成熟了很多。身边找工作、出国或考研外校的同学们都在忙自己的事情，仿佛一江春水被搅乱了，安逸的大学生活也被打破了，早出晚归的同学甚至比原来上课时还要勤奋。大家见面的问候再不是相约吃饭抑或游玩，而是问是否签了 offer 或者毕设实验一类的问题，仿佛一夜之间大家都长大了，成了穿正装打领带的成年人，再不是炎炎夏日一起撸串喝酒的学生。在青春的舞台上，虽然大家的表演已经接近尾声，但是在人生的舞台上，他们的表演还尚未到高潮部分，所以请珍惜这段相处的时光，因为这将成为回首往事时最美好的回忆。

罗曼·罗兰曾说过：“没有志向的青年，就像断线的风筝，只会在空中东摇西晃，最后必然丧失前程。”人只有有了志向，生活才会有芳香。人生的价值、意义和境界才能在对志向的追求中得到好的体现。没有目标的生活真的很可怕，你会发现日子一天天浑浑噩噩地过去了，等停下来回头看看什么都没有留下来。

追梦未来

四年的大学生活，让李雪瑞明白了很多很多道理，比如：永远把当天最重要的事先做完，因为你不知道会有多少突发的事等着你。特别是在大学，各种临时事件的发生让她手忙脚乱，甚至打乱了一天的所有计划，这时就需要克服拖延症，及时完成最重要的事。

大学四年，李雪瑞感触颇深的是人生没有一帆风顺的，不管是什么样的生活经历，都会成为人生中最宝贵的财富，没有这些就不会有他们今天的成长。所以一切都只是人生的一个过程，结果不重要，重要的是不要过于追求结果而疏忽了沿途的风景。学习就是一点点地积累，没有最好只有更好和超越。似乎一切美好的事情都要经历些大风大浪，那样才会更加完美。学习中遇到困难和失败都是很正常的，失败并不可怕，可怕的是你连失败的勇气都没有。偶尔的失败是正常的，一直的成功会让人丧失危机感。失败并不是某一个人的专利，失败了我们不应该自弃自馁，而是寻找原因，从失败中吸取教训。俗话说：吃一堑，长一智。相信失败也是一种财富。

李雪瑞认为，大学的重要性并不在于在课堂上学到了多少知识，而是个人的成长，包括知识的储备和能力的提高，以及为人处世，也就是情商的锻炼。最重要的是内心的强大，因为没有人会一直在身边帮助我们。只有自己内心强大，才能不惧远方的风雨而前进。作为一个大学生，就应该坦然面对迎面而来的风风雨雨。大学是一个小社会，只有在这里面对风雨屹立不倒才能更好地在社会上立足。人生只有经历过风雨才会更加完美，微笑面对人生路上的风雨，未来才会更加绚丽。

大学这四年，有欢乐，有失落，就像一张原本空白的纸，被她用各色铅笔画满了涂鸦，记录了她的心情和生活。这四年，有遗憾也有怀念，就像一杯清茶，散发清香，让人回味无穷。四年过去，想到写大一生活总结时的凌云壮志，再想到这几年的生活，她不禁会心一笑，所以这次她不再想着如何达到人生巅峰，只想着做好自己，不辜负父母的期盼，不辜负自己的韶光，这就够了。

她即将步入研究生的学习，学习方式和本科大不相同，班级的意义会更加模糊。看文献、做实验和发论文就是她以后的学习重心，虽然现在并没有理想的工作目标，但是她会通过研究生的学习，提高自己的能力，掌握工程师所需要的基本技能和素养。逝去的无从追寻，以后的时光还要自己把握。正所谓：人过留名，雁过留声。她认为自己不能毫无声息地来，再无所作为地走，所以要努力证明自己，给这个世界留下点东西，既然选择了远方，便只顾风雨兼程。

不落幕的青春

——记赵兴通

赵兴通，男，材料 E121 班，学号 41203017，中共党员。曾获新生奖学金、人民一等奖学金、校级“优秀三好学生”、北京科技大学预备党员党校优秀学员、北京科技大学暑期社会实践金奖、世界葡萄酒博览会优秀志愿者等；曾担任材料 E121 班长。

一个都不能少

2012 年 8 月 28 号，新生报到，对赵兴通来说是一个特殊的日子：他第一次走进科大的校门，第一次见到了他的辅导员丹姐，第一次和迎新的学长学姐聊天，花了将近一个多小时办理报到的手续，找到宿舍，第一次见到了他将要一起生活四年的室友们。在学校的第一个晚上，不知道是即将对开始的新生活的好奇，还是刚到新环境的不适应，他很晚才入睡。军训对他而言最大的收获就是担任了宿舍长，作为一个小小的宿舍长，他每天帮下铺的同班哥们叠被子，打扫宿舍卫生。他后来听班里的男生讲，军训回来的班长竞选，大家把票投给他就是因为他比较热心，人比较老实。结果，在一个 21 个人的小班级里，他凭借 11 票当选了班长，这 11 票原来都来自当时军训和他一个宿舍的哥们。到现在他都觉得如果在军训的时候没有和他们班的同学分到一个宿舍，也许就没有可能担任材料 E121 班的班长，那他的大学生活或许就会是另外一番模样。他不敢去想，也懒得想，他只知道，他成了这个班的班长，而且并没有让同学失望，一干就是四年。

其实很多时候大家都在选择逃避，相比于舞台上的人们，大家更习惯于选择做场下的观众，在竞选班长之前他也一直是这样的心态，觉得把精力花费在投入和回报不一定成正比的事情上并不是很明智的选择。很多时候大家不愿尝试也不敢尝试，不愿强迫自己做一些事情，总是在一味地逃避，一味地自我安慰。他不知道这种“乐观的态度”是不是一种可悲，但他最终没有选择逃避，从军训时的一个小小的不起眼的宿舍长，再到后来的班长竞选，他从来不会选择逃避，即使有时候会很勉强自己，但他知道，做出改变总是一个痛苦的过程，但没有改变就只能原地踏步。

竞选班长是他进入科大第一次的尝试，虽然以前也做了很多年的班长，不过在大学做好一个看似不起眼的班长却真心不是一件容易的事。像很多新任班长一样，他在大一的第一个学期，终于体验了一把“夜总会”的生活，别人在上自习的时候他在开会，别人在宿舍打牌的时候他在开会，别人在操场打球的时候他还在开会，开不完的会，布置不完的任务，发不完的短信，收不完的通知，加不完的飞信。刚刚当上班长的三个月，他几乎每天都是忙得焦头烂额，几乎是把所有委员的事情都揽到他自己身上。由于缺少经验，时间安排不合理，通知方式不科学，再加上事情太多，在忙得一塌糊涂的状况下，事情完成得也是一塌糊涂，不是消息没通知到，就是忘记了任务的截止日期，状况百出。很多时候他自己也很不平衡，感觉很累，每到周末，只想着千万别再有通知了，看着别人和女朋友互发短信、收短信开心得不亦乐乎，他却因为收短信烦得要死。

他经常说：“抱怨可以有，牢骚允许发，但都要有个度。”一味的抱怨只是廉价的痛苦，不停的牢骚只会换回被嘲笑的眼泪。如果你想获得别人不曾获得过的，那么你必定要经历别人不曾经历过的，当上班长意味着缺少休闲的时间，意味着遭到同学的埋怨，但同时更意味着责任和付出，意味着承担和包容。

经过四年的锻炼，处理班级内的事务对他来说已经游刃有余，更重要的是班级生活可以说已经成为他大学生活最重要的一部分。他回忆刚入学第一次吃饭时大家低头玩手机的尴尬情形，再到短短一个月之后中秋聚餐时其乐融融的光景，对于当时的他来说没有比同学间和睦融洽的氛围更能让他感到满足的事情了，一直到后来的先进班集体答辩、篮球赛、羽毛球赛以及百望山春游，有太多太多的事，太多太多的回忆，他相信每个人都和他一样把这些事仔细地记在了心里。最近有空的时候他还会拿出班级的日志本，翻翻以前同学们写过的班级日志，看着看着就笑了，这里记录了班级成长的点点滴滴，真实而亲切。

班集体带给他的成长是多方面的，一个小小的班级其实就是一个小社会，每个人其实都有自己的心思，如何处理好同学之间的关系和利益冲突，如何有效地调动同学们的积极性，如何将同学们更好地凝聚在一块，对他而言都是学问，先是教会你如何做人，然后才是正确恰当地处理问题。他在日复一日的班级活动中，将这种内在的集体的凝聚力和荣誉感外化为切实的行动，激励着班级当中的每个人不断前行。他说："班集体就是这样一个可以为你提供存在感和归属感以及成就感的集合体，在这里你丝毫不必隐藏自己的才华和情感，你可以哭，可以笑，可以不满，可以抱怨，每个人都将自己最真实的一面展露在人前，却不必有丝毫的顾虑。马上就要毕业了，希望若干年以后，大家再次相聚到一起，还能保持着这份最纯粹最真挚的友谊，当酒杯再次端起，我们一个都不能少。"

谁没年轻过

像所有进入到大学之后的年轻人一样，在大一结束之后，赵兴通也有过迷茫，也感觉找不到努力的方向，不知道是该一门心思扑在学习上，从此不再参与各种社团活动和学生工作；还是把学习先放在一边，多参加一些社团和学生工作，提高自己的综合素质，因为他觉得每个人的精力总是有限的，不可能把所有的事情都做好。在还没有处理好学习和工作之间的平衡关系时，已经是"百团大战"开始的日子了，用他自己的话说加入校求是学会也是稀里糊涂的，仅仅一个月就从部员变成了办公室部长，在后来的将近半年的社团生活当中，他的综合能力得到了很大的提高，也就是在这期间他也从迷茫当中找到了自己的奋斗方向，也能够很好地处理学习和工作之间的平衡。这一年发生了很多值得纪念的事情，比如他开始了大学里的第一段爱情。不过像很多年轻人一样，大学里的爱情总是来得快去得也快，所以总的来说并没有太多值得伤心的地方，在舍友们的嘻嘻哈哈的谈笑声里伤心的事情很快就被遗忘了。当然也有一些值得开心的事情，他带领班集体获得了校级先进班集体，他参加的暑期社会实践团队获得了校级的金奖……不过对他来说最大的收获是在这些过程当中，自己得到了进一步的成长和锻炼，并认识了更多志同道合的朋友。

谁没年轻过呢，他也一时兴起翘掉了将近一个星期的英语课去清华园逛了不知道多久，对他来说没有月色的荷塘也要比枯燥的英语课更有吸引力；他郁闷了也和好哥们一醉方休，在KTV里唱着不在调上的我很丑但我很温柔，结果大晚上被楼管大爷堵在门外；他也没事的时候和舍友泡在篮球场上和不认识的哥们较劲。谁没年轻过呢，谁没迷茫过呢，迷茫过逃避过失落过，用他的话说这就像睡着了，不要紧，总有醒的那天，睡醒了，洗把脸，重新认识一下镜子里的自己，背上书包就是重新出发的时候。

好事需多磨

大三这一年对赵兴通而言可以用四个字来形容就是"好事多磨"，从大一时的积极分子经过三年的学习和成长终于成为了一名光荣的正式党员，三年来优秀的学业成绩也使他顺利获得了保送研究生的资格。从来厚积才能薄发，任何事都不例外。这一年好像开心的事情比较多，让他记忆深刻的就是加入了学院的卓越团队，并负责学院学业辅导的工作。在这个优秀的团队里，他结识了更多优秀的人，从他们身上也学到了很多，最重要的是体会到了群策群力的团队意识和通力合作的团队精神。在负责学院学业辅导的工作中，他们通过招募讲师，整合学习资源和人才，并以授课的方式最大程度地解决同学在学习过程中遇到的问题和困惑，结合专业知识编写了专业的学习教材，并最终提高了同学们的学习成绩。大三这一年对于他而言收获颇多，但其实都是三年来的一点一滴积累得来的结果。最后，借用他写过的一小段文字作为结束吧：

柳岸飞絮，东风劲，百舸激流竞渡。苍穹北望，潼关道，汉唐钟鼓若定。开疆拓土，耕耘华夏，筑起万里城。盛世如歌，一挥千秋功业。

遥望秦王当年，旌旗卷云绕，九州一统。雄才大略，觥筹喧，尽论度量衡篆。弱冠之年，长缨应在手，多采风华。青春如攀，一搏纵览五岳！

关上了抛光机的电源，收拾好实验台，从实验室出来已经是月色朦胧的时候，大四的生活对他而言并没有想象当中的轻松，依然还有研究生的课程要修，还要忙毕设的实验。大四对他而言并不是结束，恰是忙碌的新生活的开始。

早上他骑上车子绕到西门，想在学校里逛一会儿。开春了，难得的没有雾霾的天气，校园里也有了些绿意，一路来到五环广场，把车停下，坐在长凳上，看着来来往往、说笑打闹着的同学，他感觉从来没这般舒服过。不知不觉在科大已经生活了四年，想着刚入学时什么也不懂的可笑模样，想着刚刚当上班长时手忙脚乱的日子，想想也觉得有些好笑。寝室里的哥们常说，等哪天他们快毕业了，一定得干点轰轰烈烈的大事，可现在看看，找工作的哥们每天起早贪黑地到处面试，简历改了一遍又一遍，总觉得当初六级的分数高一点该多好，计算机二级考试的时候在宿舍少睡一会儿该多好；准备读研的同学也是起早贪黑，总有做不完的实验，写不完的报告，还有师兄讲不完的批评。好像大家也不再提起要干点什么轰轰烈烈的大事了，不知道是大家忙得没有时间和精力再去折腾，还是真的忘了。马上就要毕业了，他也终于成了别人口中的学长。人们常说当你开始回忆过去的时候，你就老了，他觉得挺好笑的，因为就年龄而言，都是二十出头的年纪，哪里谈得上老这个词，可是有时候想想刚入学时的劲头儿和心气儿，又觉得好像似乎大概是有那么点道理。

不知不觉本科生活已经接近尾声，总觉得大学生活还有很多想要做还未来得及做的事情。科大是一个包容的地方，在这里，它可以包容你所有的失败，只怕你没有去挑战去尝试的勇气，青春是大家最有力的本钱，但却也最经不起挥霍。在科大的日子还算比较充实，虽然有遗憾却也不乏精彩和完满。最后，他只想珍惜在科大的每一天，希望若干年后还能欣喜地记起在科大的日子。

毕业难说再见，青春永不落幕！

致大学

——记蔺佳伟

蔺佳伟，男，材料E122班，学号41203041，共青团员。曾获新生奖学金、人民三等奖学金、本科生创新训练（SRTP）国家级项目一等奖、大学生暑期社会实践团队铜奖；曾担任学院学生会外联部部长。

初入大学，如梦一场

大一的蔺佳伟是在兴奋中懵懵懂懂，一切那么新奇，又那么充满魅力——新的同学，新的老师，新的环境，新的学习，甚至是新的自己。结识了一群可爱的同学，义气的舍友，个性鲜明又很牛的老师，一切都那么充满生气与活力。凭着极强的适应能力，他很快在大学里找到了自己学习和生活的节奏。大学里的学习摆脱了中学时填鸭式的学习模式，取而代之的是自主学习，学习的不仅仅是知识，更多是在积累学习的经验，培养学习的兴趣，总结起来一句话："能力最重要!"

年轻的他总是有很多很多想法，想要尝试各种未知的旅程。大一就加入了院学生会，成为了权益部的一名小小的部员，同时也加入了"绿盾"环协，每周都进行着环保主题的宣讲，这样的他感觉到很充实。参加社团有两点大的收获：一是认识了一群志同道合的朋友，他们有着同样的兴趣或同样的目标，磕磕绊绊在所难免，但也能在困难面前携手向前；二是认清并锻炼自己的能力，金无足赤，人无完人，在一个团队中，每个人都能找到属于自己的位置，并且发光发热，而每一份付出都会得到超值的回报。

眼看大一就要结束，他又开始了浩浩荡荡的社会实践之旅，太阳村"小荷"社会实践团闪亮登场。此次社会实践活动，他们实践团一行九人来到顺义太阳村作志愿者，从7月中旬冒雨到达太阳村开始，今后的十几天里，他们经历了从未经历的苦日子，在满是虫子的屋子里打地铺睡觉，每天五点起床顶着烈日，在太阳村的农场做了许多之前他们未曾做过的农活，如采摘蔬菜、除海棠地的杂草、翻白薯秧、挖土豆等等。除此以外还要帮助农场餐厅建设、做饭。男生搬砖、拉煤、挖土，女生择菜洗菜。太阳村的工作确实很累，生活确实很苦，但他们在这样的日子里，却也发现了很多乐趣：搬砖，拉煤当锻炼身体，看谁做得多；除草时，他们从茂盛的杂草丛中发现六只小野兔，他们感到很惊喜；他们还和太阳村的小孩子们一起玩耍，和大点的孩子一起画画，她们画得很好，也很外向，他们一起画得很愉快。不过最令他们高兴的是在周末有客人参观太阳村时，他们义卖蔬菜，招揽顾客，当了一次菜老板。为客人做午餐时，他们认识了他们的“老板”，一个小姑娘，人很好，很会做菜，他们帮她一起做凉皮。最后在临走前，他们和苏州大学的同学一起举办了一场文艺演出，演出很成功，孩子们很高兴，他们也很高兴。实践的最后几天他们回到学校，做了问卷调查，总结他们在太阳村的材料。这次社会实践顺利结束，他们懂得了很多，收获了很多。他们心中更是多了一份牵挂，一份对太阳村、对他们“老板”的牵挂。这是一次难忘的社会实践。

一路风景，一路歌唱

大二貌似还是持续着热血状态，经历了各种“第一次”。在蔺佳伟看来，青春就是能做自己想做的事！这是他人生的第一次露营，出发前的那一晚，他竟因兴奋而辗转反侧睡不着，等着早早地出发。见惯了城市里的钢筋水泥，所以整个旅途上，他都只是走马观花。耳边一直响着汽车的噪声，不过这更让他期待那有山有水的地方。快到目的地了，队长将他叫醒，此起彼伏的山峰便映入眼帘，一条柏油马路蜿蜒着穿进那一片绿色之中。稍作停顿，他们便背着装备向露营地进军。搭帐篷，吃馒头，午休……这都是为了下午的爬山做准备。虽然这莽山比起他以前爬过的崂山、黄山难免逊色，但这次集体爬山的经历却是新鲜的。微风拂起绿色的枝条，空气中充满了丁香花和阳光的气味，暖暖的，沁人心脾。走过长长的水泥斜坡，又迎来 1300 阶的台阶。自己还年轻吧，本想一口气冲上去，实际却没了那份体力，看来平时还是要多多锻炼身体啊。走走停停，累了就躲在树荫下，听着耳畔少了城市的喧嚣，偶尔会有两只不识趣的小鸟在嘲笑他吧。终于爬上山顶，一条长廊安静地躺在那里，他穿梭其中，眺望远处的十三陵水库，波光粼粼。山顶的风也特别大，女生的头发也飞舞起来，每个人脸上都淌着汗水，但嘴角都扬起笑容。拍照留念的时候，他还特意要求拍一个45度侧脸，青春就是做自己想做的事。也许是爬山消耗了太多的体力，晚饭的时候，和军训有着同样的感觉——馒头真好吃！算是饭后的散步，他们又去了十三陵水库，正赶上落日时分。看着一轮红日，慢慢躲进西边的山里，洒满了一湖的光辉。这还是第一次安静地看日落，直到它完全地落下去，他们才离开。心中却莫名生出“夕阳无限好，只是近黄昏”的感慨，有一天他也会像这太阳一样，经历了炽热的燃烧，然后逝去……晚上是最最有意思的时候，各种各样的游戏：神秘恐怖的狼人游戏，各种掉节操的真心话大冒险……可惜没有他最爱的三国杀。加入绿盾还不到两个月，大家一起经历了第四届环保文化节以及绿盾的十五周年生日，毫不吝啬地说，这段时间是他上大学以来，最有意义的时期，让他看到大学生的那种青春气息，他们的想法、他们的执行力、他们的合作，这些让他确实学到了很多！他还年轻，还有很多很多的愿望没有实现，这世上有那么多美好等待他去发现。一次新鲜的经历，一次难忘的回忆，那美味的馒头，清凉的湖水，蜿蜒的台阶，那些可爱、可靠的队友，感谢这一切让他的生命更多彩！第二天的太阳照常升起，将温暖洒在山上，洒在湖面，洒在公路，洒在他的身上。返程的公车已经到了，即刻启程。他的青春也再次启程！

当然，学业还是主要的。在大二下学期，蔺佳伟参加了本科生创新项目训练（SRTP）——“高强高导铜银合金线材”，并担任了队长一职，而且也很荣幸邀请到材料学院的刘雪峰教授担当他们的指导老师。在整个项目的研究过程中，得到了很多收获。正如刘雪峰老师所说，搞科研并不是一件简简单单的事情，从第一步——文献调研开始，他们就遇到了一些瓶颈，比如不知从何下手查找，或者对一些非常专业的文献资料不能很好地理解，抑或受到访问权限的限制。不过，在刘老师耐心细致的指导下，通过不懈努力，他们最终克服了科研入门的困难，迈开了前进的步伐，从国内专利到国外文献，他们都在寻找Cu-Ag的踪迹。在不断寻找的过程中，他们对研究的这种材料有了更大的兴趣，同时也产生了一些质疑，比如说到底采用哪种制备方法或者如何调整合金元素含量，才能获得性能更好的材料，这就是他们开展研究所要回答的问题和达到的目的。在实验过程中也遇到了许多问题，通过刘老师的帮助和指导，他们掌握了热型连铸原理，开展了几次实验。当拉铸出合金线材、观察到获得的组织形貌时，他们都激动不已，为自己的付出而获得的成果感到由衷高兴，也初步体会到了科研的辛苦和成就感。在这项活动中，他们收获的不仅仅是知识，更多的是能力。

修学之路，且行且长

到了大三开始了轰轰烈烈的实习，先是为期两周的宝钢认识实习。在实习的过程中蔺佳伟有两点非常大的收获：一是领略到大型企业的优秀文化；二是亲身感受到钢铁企业生产现场的状况。宝钢作为国内最大的钢铁企业之一，能为国内外的钢材需求商提供种类多样、质量优良的钢铁产品，因此宝钢从各个细节都注意树立自己的品牌形象，例如对无缝钢管的水压测试；与此同时，宝钢也担当起一定的社会责任，在参观宝钢的过程当中能够发现，宝钢对环境保护特别重视，努力建成一座“花园式”工厂。宝钢对安全生产的要求也非常严格，各生产线中都有许多安全标识，一方面是提醒外来参观人员要注意自身安全，同时也不要影响正常生产。此外，通过几天的学习，他还了解到宝钢目前大多数设备都是从国外引进，这样就很容易从设备维护、更新中吃大亏。因此，他认为钢铁企业在提高产品质量和生产效率的同时，也应该注意创新，只有拥有自主知识产权，并达到国际领先水平，才能使一个钢铁企业长久并辉煌地走下去。

大三结束又迎来了历时五周的生产实习。这次让他学到了很多，不仅仅是在学问方面的，在其他方面，他也有所收获。这次的实习机会确实难得，从炼钢厂到热轧厂，再到冷轧厂，他几乎熟悉了整个钢厂的全流程，见证了一炉铁水经历各道工序最后变成了成品卷的全过程。虽然不能亲手冶炼一炉钢，轧制一块板，但是看着工人师傅们每天在如此恶劣而且危险的环境中作业，不由得心生敬意，是他们不畏艰苦才铸造起这坚实的钢铁长城，支撑起了建设国家的栋梁。在感动之余，也引发了他对本专业以及钢铁行业的思考。正如经济年报中提到的，传统的钢铁行业已是明日黄花，一吨螺纹钢的价钱不到两千块，但这并不意味着钢铁行业已经毫无出路。随着科技和技术的发展，企业都在努力研发高精尖的产品，以邯钢为例，它的镀锌板向格力、美的等大客户供应，为自身带来了可观的收益。由此可见，以产量提高产能的道路阻力会越来越大，而提高产品质量才是真正的出路，而这一重任就担在他们的肩上。

到了大四，到了每个人不得不做出选择的时候，读研，工作还是出国？蔺佳伟在多方面的因素影响下，选择了工作。生活中总是充满惊喜和意外，但是他们总是规划着未来，哪怕是只有明天。离毕业还有两个多月的时间了，剩下的最后一项任务就是顺利完成毕业设计。这又是一个锻炼的过程，无论今后走向什么道路，这份付出，这份坚持，都是值得的。

在大学里经历了四载春秋，你的豪言壮语是否已部分实现，当年的海誓山盟是否仍在坚守？无论怎样，这就是蔺佳伟在北科大的学习生活，这就是他哭过、笑过、迷茫过、拼搏过的人生中四年的光阴。

有一种财富叫做回忆，回首这四年里，值得被记住的实在太多太多；而有一种痛苦也叫做回忆，因为难免有一些不愉快的过往。不过，生活，就是转身，微笑，向前走。

恰同学少年

——记俞波

俞波，男，材料 E122 班，学号 41203037，共青团员。曾获新生奖学金、人民三等奖学金、人民二等奖学金、北科科学技术协会优秀干事、全国部分地区大学生物理竞赛三等奖、北京科技大学高等工程师学院 SRTP 项目一等奖、“高工卓越杯”羽毛球赛团体冠军等；曾参加“顺风车”社会实践团、北京科技运动会志愿活动等。

书山有路

学生以学为本，大学时代的学习积累会影响人们一生的学习与工作，重要性不言而喻。虽然在大学生活中，学习知识只是多姿多彩的大学生活的一部分，但是学习依然是大学生的首要任务，俞波清楚地意识到，作为一名合格的大学生，必须具备丰富的科学文化知识和过硬的专业技能。

在整个大学生活中，他对待学习和课后作业的态度逐渐变得端正，对于自己的不足，他在学习中也下定决心逐步改进。在学习过程中，他与同学不断分享自己的学习经验和心得，同时积极学习同学身上的优点，改进自己的缺点。由于自己对于工程技术的爱好，他在专业课上倾注了很多的精力，掌握了大量专业理论和技术知识。通过自己的积极准备和扎实学习，他通过了计算机二级和英语六级考试。在之后的一些课程上，他通过计算机编程辅助解决实际问题，进一步提高了他的计算机水平。大四上学期确定保研以来，越来越觉得自己英文能力薄弱，所以他利用软件阅读英文新闻，同时收听英文广播。通过这段时间对英语的学习，他感觉自己英文听读能力有了明显的提高。

在宋仁伯老师指导下，他完成了他的科研第一课——SRTP 项目，通过这个项目，他了解了科学研究的基本方法，学习了金相的制备以及论文的撰写，为之后进一步从事科研打下了基础。之后，在陈章华老师的指导下，从选题到最后的论文撰写，都由他们小组成员分工合作来完成，这不仅培养了他对于科研的兴趣，更让他认识到了科学研究工作的辛苦。

学海无涯

在加强自身理论学习的同时，俞波还注重自己动手能力的培养，坚持理论联系实际。

他积极参加大一的暑期社会实践活动，在“顺风车”活动中认识了很多认真工作的朋友，大家一起努力宣传“顺风车”活动，并参与到活动的具体执行中去，在保护环境、节约能源的同时，减少交通拥堵，提高车辆的利用效率。虽然每个人做出的贡献可能微不足道，但是只要大家一起努力，就一定能够取得成功。大一的暑期社会实践不仅使无聊的假期变得丰富多彩，更使自己的实践能力有所提高。

大三上学期，他们到上海宝钢进行了两周的认识实习。在这十多天里他收获到了书本以外的知识，开阔了眼界，在与宝钢工程师的交流过程中，他了解到了崛起中的中国科技困境。虽然现在的宝钢公司在世界上具有很强的竞争力，但是有一点却是没有办法忽视的：宝钢的大多数设备是从德国和日本进口的。在讲到冷轧厂的激光焊机的时候，授课的厂方老师讲了很多，从一开始的德国生产方高价垄断，到打破垄断之后的大降价，再到激光源一直无法国产，依旧受制于人。这件事使他深刻地认识到宝钢与国际领先水平的差距，经过几十年的积累，宝钢已经到了该超越的时候了。虽然宝钢的产品与其他国内厂商比，有着比较大的成本优势和技术优势，但是与国外的领先的厂商相比，宝钢在产量与规模上占有优势，成本和技术上却是落后的，与此相对应，产品的附加值比不过外国厂商。随着近年来去产能的压力越来越大，钢铁产业必须不断地兼并重组，去除落后产能，不断技术创新，加大科研投入，提高产品附加值才能寻到出路。

在大三暑假他们到邯郸钢铁进行了五周的生产实习，相比于在宝钢的两周实习，这次他们更多的时间是在生产的第一线，向工人师傅学习。在这三十多天中他收获到了书本以外更多第一手的知识，开阔了眼界，体会到了一线工人的辛苦与辛勤劳动。在和一线的工人师傅的交流过程中，他深刻体会到了现如今中国钢铁工业的困境：虽然现在中国有着世界上最多的钢铁产量和最多的产能，但是在技术水平和生产经验上，与世界先进水平有着很大的差距。相比于其他工业，钢铁企业的一线员工的生产环境很危险，也很恶劣。在刚到邯钢实习的日子里，天气十分炎热，工人师傅们也不得不穿着厚重的工作服到几百甚至上千度的钢板前面去操作仪器，检修设备。随着技术的进步，工人的生产环境相比于以前已经有了很大的进步，但是仍然有很大的改善空间。

实习归来，俞波严格要求自己，凭着对个人目标和知识的强烈追求，刻苦钻研，勤奋好学，态度端正，目标明确，基本上牢固地掌握了一些专业知识和技能，同时把所学的理论知识应用于实践活动中，把所学知识转化为动手能力、应用能力和创造能力，力求理论和实践的统一。

学思践悟

在大学期间俞波参加了学校的科学技术协会，在这里，他和这里的所有成员一起举办了许多丰富多彩的社团活动。通过这些活动的举办，广大参与活动的同学认识到了科学技术的发展过程以及科学发展所带来的翻天覆地的变化。在此期间，他们在针对广大同学举办活动的同时，也在团内部组织了许多针对部员有意义的活动，锻炼能力的同时，还能增进友谊。他积极参与班级建设，为班级的发展献言献策，同时维护班级利益，维护班级团结，同时担任物理课代表，为同学排忧解难，帮助他们克服学习上的困难。同时他还在学院值班，帮助导员处理学院和学生方面的事务。在学校图书馆进行志愿服务，帮助图书馆老师摆放整理书籍，打扫卫生。

俞波积极主动，迎难而上，服务大家。他不仅能够为自己创造出一个更适合自己学习、锻炼的机会和平台，更重要的是能够更直接地为广大同学服务。大家对俞波的评价是：吃苦耐劳，工作积极主动，能够独立工作、独立思考，勤奋诚实，具备团队协作精神。除了处理好日常事务与工作外，他还能够合理安排好工作与学习，使工作和学习不相冲突，寻找自己独特的工作方式，提高自己的工作效率和能力。

通过大学几年的学习，他深深地意识到：要成为一名合格的大学生，必须从培养和提高自身思想素质开始。只有树立了正确的人生观、价值观，树立了为人民服务，为社会主义事业奋斗终生的远大志向，才能为大学生活以及今后的学习工作指明方向、提供动力。

无论在哪一个时期，思想总是行动的指南，总在最大程度上决定着一个人的行动。俞波从一开始就充分地认识到只有把握好自己的思想才能够形成正确的世界观、人生观、价值观、才能作好别人的表率。大二他在上海中共一大会址参观并学习革命先烈的事迹。大三时，他终于从一名共青团员转为一名光荣的入党积极分子，在体会这份荣誉的同时，他也深深地感觉到了自己肩上多了一份重重的责任。大学和高中里的种种不同，让他深刻地感到自己还有很多不足，有很多需要进一步学习的地方。所以他在平常生活中积极主动地学习党内外知识，关注国家大事，深入贯彻学习党的精神及有关政策。而且，在自我学习的过程中，向同学积极宣传党的基本知识、党的有关精神及方针政策。

谁赢得青年，谁就赢得未来。梁启超曾说过："美哉他少年中国，与天不老！壮哉他中国少年，与国无疆！"可见青年在国家发展中所处的重要地位。青年学生是国家宝贵的人才资源，是祖国的未来，是民族的希望。作为当代大学生，在大学中要学会经营自己的人生，养成良好的习惯，为自己设定下价值、行为、学习、专业、就业等目标，并逐步向目标靠近。学会爱他人，学会爱集体，树立集体观念，积极地求学求知。他们要在思想上发挥先锋模范作用，加强自身的理论修养，切实提高自己的思想政治素质。深入学习马克思列宁主义、毛泽东思想、邓小平理论和"三个代表"重要思想，认真学习党的路线、方针、政策及决议，不断加强理论修养，才能树立马克思主义的世界观、人生观、价值观，提高用马克思主义的立场、观点、方法认识和处理问题的能力，不断提高党性修养。总体来讲，在大一到大四这四年中，俞波对中国共产党的认识是逐步深化和清晰的，他自身的各项修养及思想觉悟等方面得到了很大程度的提高。

一蓑烟雨

俞波的生活准则是：认认真真做人，踏踏实实工作。大学生活其实是很散漫的，但能否在这散漫的生活中独立，是一件很有难度的事情。这个问题曾经困扰了他非常长的时间，直到因为散漫铸下大错之后，他才下定决心解决这个问题。大学时期的校园生活是丰富多彩的，刚进校门时，校园里就贴满了众多社团的广告，可以根据自己的性格爱好参加。他也积极参加了许多社团，并进行了一些活动。参加这些活动最大的收获就是让他的大学生活由乏味变成了充实，并可以认识新的同学，开阔自己的视野，学习别人的长处。同时，在假期他也参加了社会实践活动，在市场打工等。这些活动都极大地丰富了他的生活，让他在自力更生的同时，体会到了赚钱的不易，更能理解父母辛苦供他上大学的艰难。

在大学前两年，因为自己的懒惰，身体素质不断下降，体重也不断上升。后来他下定决心坚持跑步，在跑步的过程中，不但锻炼了身体，还结识了很多志同道合的朋友，同时在别人的监督下，他对于跑步这项运动更加坚持，自己的身体素质得到了提高，体重也得到了控制。

在日常生活中，他能与舍友、同班同学保持好的关系，并结识一些高年级的师哥师姐，向他们请教学习、工作、生活上的问题。在大学生活中，不仅要提高自己的学习成绩，更要培养自己的人际交往能力。作为一名当代大学生，他会摆正自己的位置，立志成才，肩负起跨世纪的重担，勇攀知识高峰，把报效祖国的远大志向作为发奋学习的强大动力，增强自己的时代感、光荣感、使命感，只有这样才能无愧于社会，无愧于迎接他们的这个伟大时代。

通过三年多的学习生活，他成长了很多。虽然他即将开始自己的研究生生涯，与其他的一些即将进入社会工作的同学略有不同，但是他仍然对自己这几年生活和学习中的得失作一个总结。通过这份总结，剖析自己大学生活中的得失，并改进不足的地方，以此作为他今后研究生和工作的指导。

大学里浓厚的文化气息和充分的自由让大家有了更好的发展机会和空间，同时过多的自由也使很多人出现安于现状、不思进取的恶习。在大学四年中，俞波就像一块需要水分的海绵，贪婪地吸收着知识；就像一只笼子里的鸽子，想要在广阔的天空中自由飞翔，同时，也像很多普通人一样，在努力与懈怠中不断地摇摆，寻找着属于自己的路。

大学四年，塑造了一个健康、充满自信的俞波。虽然他现在还有很多的缺点和不足，但是只要努力改正，就没有什么可以阻挡他前进的步伐。在充满自信的同时，他当然也认识到，眼下社会变革迅速，对人才的要求也越来越高，社会是在不断变化、发展的，要用发展的眼光看问题，不能故步自封，夜郎自大，要向别人虚心求教，不断学习。在今后的学习和工作中，他将会继续完善自己，不断进取，为实现自己的理想而不懈努力！

青春怀梦，扬帆远航

——记纪志平

纪志平，男，材料E123班，学号41203046，共青团员。曾获新生奖学金、人民三等奖学金、人民一等奖学金、校级“三好学生”等；曾参加“顺风车”社会实践、钢厂“三废”外包运营研究的SRTP项目等。

懵懂少年，初入“贝壳”

2012年9月，纪志平怀着一丝失落和一份埋藏心底的希望办理了北京科技大学的入学手续，成为了“贝壳”的一份子，开始了他的大学生涯。在接下来的几年中，他在学校与老师的帮助下不断地充实自己，为实现人生的价值打下坚实的基础。世间万物并不完美，但是他希望自己能够具有追求完美的精神。

在刚到学校的时候，心里充满了激动，新的同学、新的舍友、新的环境。但没等新生们缓过神，就开始了新生的第一课——军训。两周的军训生活是他这辈子都不会忘记的。数位教官的训练、几个小时的军姿、十余天痛苦又美好的经历——这便是他大学生活的起点，磨炼了心性和意志。之后回到学校，开始了真正的学习生活。

刚开始上课时，他有很多不适应。每次都是连上相当于高中两节的课，而课下的时间多了，也自由了很多，大学没人管了，人开始散漫起来，毕竟是当年高中的理想乡，当然想要享受一下。但不久，这种想法就被现实击溃了，看似不多的课程想要学通，除了写作业外还要再下功夫，课程压力并不小，但最重要的是时间的无法掌控性。在大学总会有一堆的事蹦出来打乱你的一切计划，在经历了无数次的焦头烂额后为了防止这类情况发生，他决定尽量尽早把手头的事做了，不要拖到最后才做。

说到大学的“事”，首先有许多活动，班旗班徽、运动会健美操、辩论赛等等，有时真正是事情到了才通知，最后一顿手忙脚乱。以前他常认为大学是轻松的，可现实并不是这样。但这样也不坏，没有充实的活动，没有意外发生也就不叫生活了。过着整天忙忙碌碌的生活，正是有“我还活着”的充实感，这才是生活吧？他曾记得和同学一起做素质拓展活动，二十人站在展板上，单腿跳、过拱门；记得心理咨询室里同学们开心地交流、做游戏；记得学院六十人一起用了一个月的闲暇时间排练健美操。正如他所说：“我们的记忆，我们的汗水，我们的快乐，都记录在大一的生活之中。”

此外，在学习方面，他尽量利用好课上时间，课上时间十分宝贵，前期他课上有时会玩手机，但是很快发现课上缺的内容课下补其实要花费更多的时间，所以尽量上课不玩手机，不睡觉，专心听讲，他也曾有不拿手机强迫自己的经历。课上认真听讲后学业压力已经减重了许多。刚入大学时他不喜欢自习，由于学院要求不得已自习，但之后，为了能学业成功，也为了他自己的梦想、父母的期望，便有了学习的动力和决心。

通过大学一年的学习，他能够更有序合理地安排时间，更多的自主学习和自习，生活方面也涨了很多的知识和技能。结交了许多朋友，留下了许多美好记忆，他也留下了过去的自己。

璀璨大二，脱胎换骨

经过了大一一年的学习和生活，纪志平充分了解了大学的生活和学习方式，办事学习总是游刃有余，但伴随而来的问题是总想拖到事情临近的时候才做或者本应能做得更好的事却只是做成一般的程度。总之，他感到了疲惫，他不想碌碌无为，他知道是因为自己的信念不够强大，所以必须要产生动力。纵观他的人生，开始上学完全是家长的期盼，随着在学校的学习，他又承担了老师们的期盼，再长大，他知道学习和以后的生活挂钩，现在是为了未来，但在大二的时候，未来这种飘渺的东西似乎已经不能再当作动力了，他几次想努力却半途而废。有一段时间，他一直在想学习的意义，生活的意义，最后，他发现了，为什么人们几千年都在学习的原因，不是因为教育，而是更原始的求知欲。他享受学习的乐趣，别人在玩的时候他能静下心的原因也就在此，他热爱学习，喜欢征服知识的感觉，渴望更大更广阔的天空，想要更深入更彻底地了解这个世界。学习不是为了未来，只是为了现在，就算学习的知识以后用不上，那么享受这个过程就好。到了大二，再没有社团，生活总觉得少了什么调剂，他也曾有许多时间荒废在各种娱乐上，“不过只要我好好努力，终有属于我的人生吧”，他如此期盼。

大二他担任学习委员一职，确实学到了很多，为了班级的利益要考虑很多，也要付出很多，除了班长和团支书，他个人觉得学委这个职位是最辛苦的。这一年，他给班里每个人发通知五十多条，每次写短信总要考虑如何表达同学们更容易接受，跟老师沟通交流，包括去学院开会，事情很杂。每次临近期末，总是最忙的时候，牺牲自己复习的时间到处去找复习资料，力求给同学们最好的复习条件，不过，在劳累的同时，他更喜欢帮助他人的喜悦，体现自身价值的过程。经过一年的努力，他也不知道自己的努力对同学们起到了多大的帮助，也不确定他的很多做法是否正确，不过，他能确定的是，自身是尽心尽力地想为同学做事，或许不是最好，但终究问心无愧。在卸下学委职务之后，他感觉自己的责任感和各项能力都有了提高，最后同学们的那声辛苦了让他觉得一年的努力值了。不过作为学委，他大二的成绩确实不太好，可能是心累了吧，但他坚信来年一定能取得好的成绩。

大二他和同学做了 SRTP 项目，开始时他对课题其实并不感兴趣，不过为了集体，成员们分工合作、查询资料、共同讨论、修改方案，也曾多次被指导老师训斥，有苦说不出，经常返工再返工。那段时间他们很累，不过最终他们还是相互激励，将任务继续下去，到最后拿出了成果，虽然并不是特别优秀，但他和组员们依然为自己的努力自豪。大二一学年他团结同学，尊敬师长，热爱班集体，在学习和生活上为同学做力所能及的事，与同学关系十分融洽。平常和同学们交流学习心得，总结专业实践经验，积极参加班集体活动，提高交际能力，为以后步入社会打下基础。在修养方面，通过阅读各类科学书刊不断提高他自己的文化知识修养。在生活上，他勤俭节约，艰苦朴素，不铺张浪费。

大二，他的思想和行为成熟了很多，也参加了很多活动，活动结果可能并非全部尽如人意，但他的拼搏也给了他收获，让他度过了丰富精彩的一年。

安于平凡，脚踏实地

相比起大一大二的兴奋与拼搏，纪志平的大三生活要平静许多，这主要是因为大三是专业课的学习和专业选修课的学习，比较辛苦，为了能够保研他要进行更多更好的准备，而他对于大学这个环境也早已适应，大三是平凡而又充实的一年。老师们总说现在大学生眼高手低，他不希望自己也是其中一员，所以这一年他决定脚踏实地，从最基本的学起。

在这一年，他学习专业知识，了解了很多专业选修课的知识，并且去了莱钢实习，实习的那段时间让他切身感受到了真正工作的艰难和钢铁市场的惨淡，莱钢大方面减员，而带着他实习的工程人员有名校的博士生，却也只有3000元的工资并且拖欠了好几个月，这让他对本专业的就业认识更加清楚。当然，在那个月到了一个新环境，虽然并不是一线城市，但不同的风光和同学们的交流也让他记忆犹新，希望他能在真正就业的时候有一份满意的工作。

抉择难断，活在当下

大四，大学的最后一年，纪志平做出了可能是改变自己一生的决定——选择了保研。或许是不习惯未知的生活，或许是不想改变，在就业、出国、考研、保研这几个选项中他选择了保研，不，并不是选择了保研，而是不想选择才保研更加贴切。

上半学期他主要忙着保研资料的填写和几门必修课的学习，最后，纪志平成功保研到学校冶金工程研究院的江海涛老师门下。身边的同学有些在读书考研，有些则为出国做准备，还有部分同学选择直接工作。看着身边同学们忙忙碌碌，他也开始了新的征程。

不同于大一大二，大四的他已经没有什么玩心，更加想将手上的事做好并做出对未来的技能和知识上的准备。看着身边同学找工作的困难，他更加想拥有更好的条件以应对以后的工作，故而学习更多的知识和技能。至于现在，他还是主要专注于毕设。

时光荏苒，已经是2016年，无论是大一的青涩、大二的精彩、大三的奋斗、大四的抉择都已成为过去，愿他能在以后的人生旅途中乘风破浪，不悔今朝。

大学是人生当中的一个转折点，经过大学四年的生活，纪志平变得更加成熟更加睿智，大学生活培养了他的互助合作的能力，锻炼了意志，也陶冶了情操。大学这四年是充实的四年，相信在他以后的工作生活中，一定是一笔宝贵的财富。

毕业在即，纪志平回首四年的学习生活，感谢在这大学四年对他帮助、鼓励、批评的老师和同学，也感谢学校给了他四年的丰富生活。快乐也好，悲伤也好，因为这些构成了他如今的大学生活。纪志平希望将要上大学、正在上大学、毕业后的同学们珍惜身边的每人每物，因为这些将是以后的最好的回忆！他希望诸位能在人生路途中努力拼搏，不求一帆风顺，但求无愧于心。

这便是他的四年，他的大学，他的人生，愿与君共勉。

风华正茂，最美时光

——记朱元鞠

朱元鞠，男，材料E123班，学号41221044，共青团员。曾获新生奖学金、人民特等奖学金、人民二等奖学金、人民三等奖学金、校级“三好学生”、校级“优秀学生干部”、校级“优秀三好学生”等；曾担任冶金与生态工程学院今生新闻社编辑部部长；曾在大三上学期赴中南大学交流。

致懵懂的入校那年

大学一年级报到的时候，朱元鞠带着行李箱，在母亲和妹妹的陪伴下来到了北京科技大学。报名的时候他感觉北京科技大学很大，甚至都不知道学生公寓之间是可以穿过的，那个时候希望学校小一点，但是现在却是完全相反的想法。刚刚来到北科大的时候，他的想法是要努力学习，以后要考上更好的学校的研究生。朱元鞠也确实是比较努力地学习，不过那个时候想法很单纯，就是要好好学习，于是每天也和其他同学一样抽出时间去逸夫楼、图书馆自习。因为大学一年级的时候不允许带电脑也不允许参加社团，所以有很充裕的时间去自习。他大一上学期的成绩还不错，那时候只要学习成绩很好心里就特别高兴，因为自己的努力有所收获。他大一上学期还竞选上了冶金1202班级的学生代表，当时特别高兴，因为得到了很多同学的选票，并且竞选是在很严格的监督条件下进行的。学生代表的工作就是帮助同学的一些日常生活，帮助同学们解决学习以及生活上的一些困难，他也很愿意做这份工作。因为大一上学期的成绩不错，所以他在大一下学期的时候有一些松懈，结果大一下学期的成绩并不是很好，在大一学年只拿了一个人民三等奖学金，对此他感到不很满意，因为他觉得自己可以做得更好。

选择忙碌，更感充实

一年的时间已经足够让人适应一种全新的生活节奏，大二就这样匆匆而至。大学二年级的时候朱元鞠参加了冶金与生态工程学院的金生新闻社，成为了金生新闻社编辑部的一员（金生新闻社主要是做一些学院的宣传活动）。而编辑部主要负责报纸的编辑以及一学期一本的《钢魂》的编辑工作。编辑部主要还是一个技术部门，元鞠当初就是怀着学一些技术的想法加入的编辑部。而后他在编辑部的大家庭里生活得很愉快，去了鸟巢、水立方还有奥体公园，大家一起出游、一起吃饭的时候感觉特别开心。编辑部的工作也不是太忙，平时没什么材料的时候比较闲，到了出报纸或者编排《钢魂》的时候会比较忙。他还记得金生新闻社每周二晚上的例会还是挺有趣的呢。

不久之后，朱元鞠又参加了校团委办公室财务组，在这个很官方的组织里的小组工作主要是发票的审核以及粘贴并且报销。或许是因为自身胆子太小并且缺少经验吧，一开始的工作并不是很顺利。第一次去报销的时候遇到了很多的问题，还好有一个学姐陪着他走完了报销的所有流程。并且小组在平时每周会有两次在办公室值班两个小时的惯例，如果是早上第一班的话会比较忙，额外增加一些比如给团委的所有部门分发报纸或者送信件或者打电子屏幕等琐碎事务。如果是周一早上第一岗的话还要做会议准备，因为每周一早上是各学院团委书记到学生活动中心开会的时间，会议过程中还有可能需要做一些诸如会议记录等的工作；而在其他的时候值班的话就是做一些比如挂摘展板、给来活动中心借教室的同学做记录或者开门、检查各个活动室的卫生以及帮老师去取快递或外卖等等比较琐碎的工作。团委办公室的事务性很强，虽然他并不是太喜欢这样的工作，但还是收获了很多，后来还在团委评上了“优秀学生干部”的荣誉称号。由于身处团委，朱元鞠也比其他的同学们更加快速地了解官方的权威消息，同时还结识到了很多在学生工作方面很厉害的老师和同学。这些对他来说都是很珍贵的财富。后来由于他准备要去中南大学参加为期一学期的交流活动，于是在大二下学期的时候辞掉了这些社团以及团委的学生工作。可以说朱元鞠的大二生活有很大一部分是在社团以及团委里面度过的，这些经历使他更加老练地处理一些学生事务。他一直很庆幸能够参加这些组织，并且感谢这些组织带给他的成长。虽然很大一部分精力放在了这些学生活动上，但是他也不敢落下比较繁重的功课。总之，大二时期是到目前为止在大学学习生活中比较忙碌的时间。在去中南大学交流之前朱元鞠做出了转专业的选择，这在现在看来并不是一个特别明智的选择，因为这个选择，他不得不边学习驾驶边进行小学期的机械课程设计，还要准备转专业的材料以及面试。而且因为这个选择，朱元鞠失去了保研的机会，但是他并不后悔自己做出的这个选择。因为转专业，他遇到了很多志同道合的朋友，还有学习抑或是工作方面很出色的同学。

外闯三湘大地，内修八斗高才

这一年，称他为“学长”的人又翻了一倍，这很容易让人意识到大三的来临是多么猝不及防。

大三是朱元鞠大学生活中浓墨重彩的一笔。他在大三上学期到湖南长沙岳麓山下中南大学进行了为期半年的交流，在那里，体验到了不同的学校之间的差别。和北科大相比，中南大学很大，光一个校区就可以抵一整个甚至是两个北科。两个学校各有各的特点，中南大学管理相对松散，这给了学生更多自由的空间，北科大管理相对严格很多，使学校看起来更有秩序而显得井井有条，但是北科大管理工作有很多地方并不人性化，有的时候对于制度遵守过于死板。在中南大学期间，朱元鞠参照北科大的教学计划选满了必修课的同时还选修了一些专业选修课。他很珍惜到中南交流的机会，因此学习也很认真。他特别喜欢在中南大学选的 MATLAB 课，老师教得和学生学得都很认真。在易昆南教授的帮助下，他还和一个同学完成了一首曲子的基于 MATLAB 的音乐合成。当然在过程中也遇到很多困难，但是在老师和同学们的帮助下解决这些困难给他带来了很大的愉悦感。由于是自己 DIY 的课程表，所以在很多时候都是插班上课，这使得朱元鞠认识了很多新的同学。中南大学的同学们很是热情经常带他出去游玩，还带他去看橘子洲头每周一次的烟花。全班还去参观了市中心的太平老街，到梅溪湖湖畔感受音乐喷泉的美好。最后告别的时候和他们对接的冶金 1202 班还带他们去农家乐玩了一天。最后朱元鞠取得了比较好的学习成绩，圆满结束了他的长沙之旅。大三下学期是他整个大学生涯中最苦的，因为他一回来发现自己竟然差了19个必修课学分，于是开始了他辛苦的生活，总共上了17门课，其中11门必修课，5门专业选修课。这是他整个大学中最黑暗的时光，不过如今看来这段经历纵然可怕，但也最终成为很值得怀念的一段时光。站在特等奖学金答辩的讲台上，纵然外表光鲜，可是除了自己，又有谁知道他在私底下付出了多少呢？记得答辩的最后有一个低年级学生问朱元鞠怎样在短期之内提高成绩，他觉得这种想法就是不太好的，即使找到了应试的方法也只会是华而不实。成功是没有什么捷径的，学习也是一样，除非只是在乎一个卷面的数字。

蓦然回首，却发现应该感谢所有人

大四之后很多人都变成了老油条，朱元鞠自己也觉得变了，变得更加现实。以前一直想的是既然他已经按照家人的安排在学校学习，而且自己也算是对于学习比较感兴趣，所以打算就这么随波逐流下去。本科，硕士，博士，最后应该会成为一个教授吧，他以前一直这么想的。但是在经历了保研流程以及目睹了考研中的喜怒哀乐后，他释然了，其实并不是他想象的那么美好，按照写好的剧本不过是“媳妇熬成婆”罢了，那并不是他想要的生活。虽然还是“对于自然科学有广泛的兴趣”，但是即使他在体制里成功了，也不会快乐的，因为不会有一个潜心的环境。或许不按照以前的剧本这么下去是对的，朱元鞠很庆幸他的家人对于他的支持。尽管家人们很希望他一直这么读下去，但是家人们也尊重了他的想法，有时候觉得世上最为可贵的就是亲情了吧。今年的春天也和以往一样，很美好，可是朱元鞠说他心里面有一种很奇怪的感觉，不知道是舒服还是别扭。漫步在学校中，他时常在想，今年不知道还能不能最后看到学校里漫天飞舞的萤火虫，这是对于这里的最后的期待。

将近四年的时间，仅剩短短的两个月了，他感谢这四年里所有遇到的人，是他们的陪伴与支持，让自己尝到了成长中的各种滋味。

回顾在这四年多来，尤其是后两年他感触良多，经历的种种，使得他现在不仅仅是一心只为学习了。也许大学的经历在每个人的心里都会有伤感、有快乐、有失意、有感动，但是这段迂折的经历使得自己从一个理想主义者变得更加现实，在这一点上，对于朱元鞠来说应该算是好事吧。他的母亲希望他能够留在家人身边，但是他却总是一意孤行要远走，他总觉得对于父母有担负不完的责任，真希望自己成长所要花费的时间能够赶上家人老去的步伐。

毕业了，多么想留住那些温暖的日子，但又多么渴望着能早日投进新生活的洪流。以往的同窗生活，是一串甜美的糖葫芦，那些迷人的甜与酸，将永远回味不完。

新的一段征程开启了，脚步在前行。

青春不落幕，一直在路上

——记智建康

智建康，男，机械 E121 班，学号 41204017，共青团员。曾获新生奖学金、人民三等奖学金、人民二等奖学金、校级“优秀团员干部”、北京科技大学物理竞赛二等奖、北京科技大学第十六届“摇篮杯”大学生课外学术科技作品竞赛三等奖、北京科技大学传感器创新大赛三等奖；曾参加北京科技大学红十字协会、学院力行学会等。

那一刻，踏上了四年的青春旅途

跨入北京科技大学大门的那一刻，智建康踏上了四年的美好青春旅途。

写过了大一总结、大二总结、大三总结，终于还是开始写大四总结。也许这算是最后也是最美的一段青春时光的总结了吧。

已经不太记得从家到北京的火车上是多么不舍，已经不太记得报名的操场上空的大太阳，也已经记不清军训基地回荡的《我的歌声里》，那么多记忆那么多画面渐渐模糊，因为四年即将悄悄地走完。在这个时候还是有伤感的情绪，伤感和同学们的分离，伤感和自己大学四年时光的告别。

大一，对未来还是那么迷茫，考入理想大学的梦想已经实现，那下一个梦想呢？他说当时想好好学习，因为有了坚实的基础才能去追逐自己的梦想。

有人说大学就是大大的学习，并不能放松，刚高考完的智建康非常有信心能够做到这一点，仿佛过完安逸的暑假马上就能回到高三时候一般的学习状态，但事实并不是他想的那样，他的大学学习还是太安逸了。很多人都说过，大学是一个人学习的黄金时间，智建康在大一过完便对这句话有了一定的认识。大学和以前所有阶段的学习很大的一个不同点就是学习的自主性。不同的人思想不同，所放的重点也不同，再加上每个人勤奋与懒惰都有区别，学习的结果真的很不一样。而且大学课程的编排也不像高中那么满，每个人都有很多时间由自己来掌控，再加上大学有着藏书丰富的图书馆，大学生有很多机会去学习各种自己感兴趣的东西。智建康在大一时候还算是用功吧，刚刚进入大学校园，对一切都充满新奇感，全新的课程，全新的讲课风格，一切都是新的，智建康也很愿意认真上课，晚上自习，过着很有节奏的生活。慢慢的课程加多、课外活动也加多，对每门课程的掌握便不再像以前一样，很多都成了过了考试便不记得学过。他知道这样是很不好的，浪费时间自己又学不到东西，但是考试过后便再不复习真的很难去真正掌握一门课程。同时学习的内容不光是课上的内容，更多的是与课本内容相关的、自己感兴趣的知识。智建康的成绩在大一时候是比较理想的。

除了打好学习的基础，智建康对社团、各种部门工作也很好奇。大一时在学院加入了力行学会工程实践部。这个部门主要负责举办学院的一些活动和社会实践的事情。加入工程实践部后，他和部长以及其他部员一起，举办过一些活动，开过一些会议，感觉这期间自己也成长了许多。从参与很小的事情，比如写会议记录，到了解如何举办一个比较大型的活动，这都要感谢加入工程实践部的半年。智建康还加入了北京科技大学红十字协会，走进志愿活动，帮助需要帮助的人。在大学中参加各种活动，做过各种工作，不仅是一个有趣的过程，更是一个收获的过程。

调整自己，不再迷失

快乐的大一生活很快结束了，迎来的是史上最短的暑假，接着便是大二生活。他们不再是这个校园里最新鲜的血液，而智建康也一度迷失了自己。

大二时候总是因为懒惰，总是贪图娱乐享受，结果在学习方面没有达到预期。虽然会在考前突击，熬夜学到两点钟，但是光靠考试周的突击得不到好的成绩。大二是他个人成绩最差的一年。在其他方面好像也没什么成绩。在力行学会换届的时候，智建康并没有想要竞选部长，因为他认为自己没有能力做好，同时这也不是他的兴趣所在。但是现在的智建康觉得自己当时错过了一个锻炼自己的好机会。

大二学年，智建康继续担任班上的宣传委员。一次五四外展中，从游戏想法到道具制作他都参与其中，其中一棵形似“青年”二字的许愿树就是他主导制作的。参加这些活动不仅是对自己策划、交流能力的锻炼，从另一方面讲也是在忙碌学习中的一种放松。在工作过程中他也犯过错，这些对他的成长都很有帮助。宣传委员的一个主要工作是写新闻稿。这需要智建康更加关注平时班里发生的事情，也锻炼了他写新闻稿的能力。他有时候会帮助班长搜集一些同学的信息，这增加了他和同学们之间的互动。作为宣传委员还有一个重要任务是拍照，这其实是很有趣而且很有意义的工作。到现在，翻看之前的照片、视频，一段段经历重新浮现脑海，看着大家从青涩到成熟，真的是有很多感触。总之，不管在担任宣传委员这个职务中有多少成长，智建康都觉得他的所有付出、所有经历都是有意义的。

在大二学年结束时，成绩的下滑和生活的无聊让智建康意识到自己不知不觉间已经迷失，没有了冲劲，这让他决心要在以后的生活里做更多的事情。

再努力一点，再勇敢一点

智建康从性格上讲是一个很被动的人，容易错过很多机会，前面提到的竞选部长是一次，在竞赛方面也有一次。机器人校内赛是学校很热门的一个比赛，当智建康一个进入校队的同学找他来组队的时候，他担心自己没有基础，结果直接放弃了这样很好的一个机会，以致后来一直很后悔。事实证明没有基础并不是障碍，比赛便是最好的学习过程。很多事情已经错过，能吸取教训就好。

智建康希望自己能够再努力一点，再勇敢一点，身边的朋友也跟他说要多参加比赛，现在不参加还等什么时候。于是在大三一年，他还是做了一些事情，获得一些成绩。

在大二学年智建康作为队长和同学一起进行了一个大学生创新创业项目，在大三时候参加“摇篮杯”大学生课外学术科技作品竞赛，获得三等奖；与宿舍同学一起参加了传感器创新大赛，改良制作了高范围的温度传感器，获得了三等奖。通过这些科研竞赛，他获得了独立思考、亲自动手的能力，开发了创新思维，培养了科研兴趣。通过与同伴的协同合作，学到了组织管理、沟通协作与团队合作等。这些经历和荣誉对大学生活以及考研保研找工作都是有帮助的。特别要说的是作为队长参加的 SRTP 项目，这个项目算是智建康投入最大的项目，虽然很多关键的工作都是团队成员完成的，但是他还是付出了很多。从假期开始构思，到每周讨论改进方案，再到熬夜写报告、申报“摇篮杯”比赛，整个过程算是一个很好的锻炼经历。当然在过程中他们也有拖延的毛病，以至于最后很遗憾没有做出实物。另外，对于他来说印象深刻的还有参加了学院的歌手大赛。他爱听歌、爱唱歌，其实从大一时候自己就跃跃欲试，可终究没能战胜自己的不自信。大二又到了歌手大赛，心里又开始痒痒，但还是不敢参加。宿友也都鼓励他去，但他还是觉得自己虽然喜欢，但唱得不好。最终让他决定去参加的是一个室友，他要和自己组队参加。结果他们就一起参加了比赛，最终在学院排名前八名。虽然结果可能不算太好，但他从心底是高兴的，因为他开心自己迈出了这一步。在准备比赛的过程中，他们有默契，也有分歧，在产生分歧时，智建康是属于比较固执的，而且不去隐藏，很直接表现出自己的不悦，这也使他有了放弃的念头，但冷静下来想想，还是都退一步，其实也没什么。在这个过程中他们有很多尝试，也放弃了一些东西，直到比赛的那一天，他们两个完全没有杂念，一心认真比赛，一心为对方加油，这是智建康从未体会过的美好的感觉。这一次比赛真的是值了。现在的智建康更加自信，也准备学习一些东西可能来年再战。能够在自己喜欢的领域去努力是一件很美妙的事情，过程就算再累再苦也是快乐的。他喜欢音乐，不只是唱歌，他平时会自己哼一些旋律，当不经意间哼出一条自认为不错的旋律时会录在手机里，他期待有一天也能写出自己的歌。同时他也开始学习吉他，但也只是开始，希望自己能尽快学会。

参加比赛并且赢得比赛是一种快乐的体验，特别是体育类的比赛。由于智建康不爱好体育也不擅长体育，所以这种体验不多，仅有的一次便更让人印象深刻。大三上半学期的时候有一二·九定向越野比赛，由于当时班上同学都不愿参加，最后由他们三个班委参加。共 12 个定点，三个人每人四个，他们制定了很好的策略，三人一人跑一个点轮流跑，这样便比每人连续跑四个点有优势，有更多时间去恢复体力和寻找下一个点。他们每一个点都跑得很努力，最终仅以几秒的劣势拿到第二名。对智建康来说，这已经是一个很好的成绩，是他大学中第一次在体育类的比赛中获得名次，而且是团体性的名次。

当一切尘埃落定，祝福所有人，包括自己

现在智建康已经保研到北航，保研的事也算是比较波折的。他是一直想考研的，“对外宣称”也一直是考研。结果迟迟没有联系导师，在大四上学期开学后才开始着手这件事。那时已经比较晚了，结果发简历大多数没有回，便投了更多简历，其中有一位导师回复了他。和这位老师电话联系之后智建康又开始纠结，因为这位老师的研究方向不是他感兴趣的。在迷茫的时候是智建康的父亲点醒了他：不满意就应该考，他相信儿子能考上。在听到这话的当下，智建康觉得老爸不理解他，因为考研并没有那么容易，况且他也没有好好准备，所以真的很难。但是挂了电话，一个人边徘徊边考虑，没几分钟他便想通了：不能做让自己后悔的决定。于是智建康马上给这位导师打电话，表达了感谢后便拒绝了这位导师，在最后一两天内智建康又继续找老师，甚至直接去北航找老师，也见到他现在的导师。当时，他并没有直接接受智建康，而是让他参加北航的研究生面试。之后便是漫长的准备、体检、交材料等等。终于到了面试那天，智建康的面试表现没有太好，他觉得一定没有办法成功了，便拍了几张北航的照片留念，心想这次是来不了了。没想到当天晚上竟然收到了面试通过通知。这期间智建康一直没有和父母说，直到最后北航接受了他，他才如释重负，第一时间告诉了母亲。最终智建康找到了自己满意的导师和专业。在这件事情上，父亲的态度对他来说非常非常重要，他相信自己没有让父亲失望。他也开始相信，要想得到，便不能怕失去。

最近智建康在跟着研究生导师做毕业设计。他非常重视，这是大学阶段最后一次锻炼和证明自己的机会。他会认真对待，对自己负责，也不让导师失望。

开心的是身边的朋友也都有了很好的结果，保研、考研、工作都有了着落，大家即将面对新的旅程、新的挑战。有他们在智建康的追梦道路才不孤单，他们的感情越来越好，远在北京，他们已经是可以把彼此当做家人的好朋友了。从一点一滴的小事到一起努力一起奋斗，一起熬夜看电影、唱歌、谈心，生病时有人关心，难过时有人安慰。希望未来的一路上大家还能彼此相伴。更开心的是大家基本都还在北京，所以见面的机会还是很多的。

智建康是任性的，有自己的生活方式，有自己舒服的生活圈，所以当一些事情发生的时候他会不舒服，其实可能根本不是什么要紧事，但有时候还是会直接表达出来，这会让大家尴尬。但是他身边的人从来没有因为这个而疏远他，他们更多的是包容。当智建康听到一首歌中有这样一句歌词是“一个人的任性需要很多人的爱来成全”，他是多么理解这句话，这首歌叫《感恩节》，他知道自己是很幸运的，他应该感恩，感恩包容他的父母、朋友，但他更应该不断地学习，慢慢丢掉自己的任性，丢掉自私，同样宽容地去与每一个人交往，毕竟不是每一个人都能宽容自己。

他真心祝福每一个人，同时也祝福自己，希望大家一切都好。

要毕业了，智建康很开心能够来到北京科技大学，很感谢北科给他带来的一切，很开心自己作为钢小伙的这些日子。很感谢每一个老师教会他的东西，很感谢每一个朋友每一次的帮助，很感谢父母亲人一直以来的陪伴，也很感谢自己的努力。

新旅程马上开始。现在正是四月，窗外淡淡的绿色的新芽，淡淡的粉色的花，淡淡的蓝色的天空，一切都是淡淡的，充满生机的，就像青春，还要继续下去……

致 青 春

——记邢磊磊

邢磊磊，男，冶金 E122 班，学号 41202029，中共党员。曾获新生奖学金、“北京科技大学 86 校友”奖学金、国家励志奖学金、校级“三好学生”、校级“优秀三好学生”、校级“优秀学生干部”等；曾担任中国金属学会学生会员、校团委办公室主任助理、冶金 E122 班班长、学生业余党校班长等。

北科大，梦开始的地方

邢磊磊来自河北省石家庄市的一个小村庄，家境不算很富有，从小艰苦的生活环境造就了他坚强不服输、各方面力争优秀的性格，努力培养自己成为于国于社会的有用之才。他未曾失去过对梦想的追求，始终坚信：“拼搏，才能为自己撑起一片天地。”

2012 年金秋时节，北科大 60 年校庆刚过，邢磊磊怀揣着渴望与梦想，来到北京科技大学，进入了高等工程师学院。志存高远，脚踏实地。在这个高手云集的学院里，他奋斗着，坚持着，拼搏着，用实际行动证明着，北科大是他梦想花开的地方。

“三观”养成记

邢磊磊积极向党组织靠拢，从大一刚开始就递交了入党申请书。在校期间，他珍惜每次和同学们沟通交流的机会，并为他们提供力所能及的帮助，渐渐地和同学们的关系也变得非常亲密。在不久后的推优活动中，他被同学们推荐为首批入党积极分子。期间他参加了学院党支部组织的社会实践，在延庆县的河东村进行了一系列帮扶活动，包括看望村里的老党员，向他们学习、在村里布置了板报，同时进行了一些宣传教育活动，除此之外还给村里的小学生进行一些电脑知识与小常识的宣传。由于他在党校各个活动中表现突出，被推荐为学院的首批中共预备党员，并参加了学校的预备党员提升班，使自己的党性修养和政治思想素质得到提高，并最终成为一名中共预备党员。在写入党材料个人总结的时候，他对自己进行了更加深入全面的分析，意识到了自己的优点以及不足之处，同时也增强了自己对成为一名预备党员的信心和决心，明确了自己今后学习和生活中的奋斗方向。

学习这件“小”事

“学习并不是人生的全部。但，既然连人生的一部分——学习也无法征服，还能做什么呢?”大学生活伊始，邢磊磊便把学习当做了第一要务。因此一直以来，他都坚持自主自觉的学习方式，学习态度端正，学习努力刻苦，把握学习方法，扎实学好专业知识，与此同时，尽量拓宽自己的知识面，坚持课外阅读，以此辅助自己的专业学习。他非常注意培养良好的学习习惯。每天准时起床，上课从不迟到，认真听老师讲解，课后按时按量完成老师留下的作业，并做好预习和复习工作。因此，在学习成绩方面，他一直都名列班级前茅，从大一的专业第二名到大二的专业第一名，再到大三综合成绩全学院第一名。最终他以专业第一名的加权成绩，成功保送到清华大学材料学院直接攻读博士学位。

“工作狂”是怎样练成的

为了全面提高自己，尤其是在自己比较薄弱的社交能力方面有所改善，邢磊磊积极参加班级工作和学校活动，在工作中锻炼自己，积累经验。从大一时候最基层的宿舍长和课代表，到大二成为业余党校的班长，以及加入校团委办公室，再到大三成为主任助理分管活动中心活动室，并通过面试成为辅导员助理，并在班里担任班长一职，以及在暑假期间成为首钢生产实习总队长，最后是在大四成为了高工 1504 班的小班主任。在每个职位上无论高低，在每个活动中无论大小，他都尽职尽责履行着自己的责任，努力实现着自己的价值，提升着自己的能力，为自己的大学生涯描绘着绚烂的画卷。

实践是检验真理的唯一标准

在实践方面，邢磊磊也不断成长着。从大一的暑期社会实践——大学生手机控调查团，到大二党支部“红色一加一”活动——走进“河东村”社会实践团；从参加材料力学科技实践活动——饼干实验、大二作为SRTP团队队长进行了铁矿石颗粒特性对其烧结制粒性的影响研究，到大四负责国家重点实验室的科技创新项目——炼钢过程新型脱磷剂及合成造渣剂研究开发；从第一次日照钢铁有限公司两周的认知实习中的组员角色，到今年暑假首钢京唐钢铁有限公司五周的生产实习中扮演总队长的角色；从校内的勤工助学活动，到中国民生银行的兼职工……生活处处留心皆学问，做任何事情，要学会思考与总结，只有这样才能真的把在课堂上学到的知识用到实践中去，只有把它们灵活地运用在生活、工作上，才能锻炼出属于你自己的经验。

采访的最后邢磊磊也表达了自己的感恩，他说：“我真的非常感谢高等工程师学院这四年里对我的培养，我的班主任、辅导员和冶金E122的同学们一直以来对我的支持、帮助和关怀。如果不是你们，我肯定不会坚持下来，也不会走得这么远。谢谢你们，在未来的日子里，我一定不会让你们失望。”

“路漫漫其修远兮，吾将上下而求索。”时光如水，岁月如歌，转眼间大学生活马上就要结束，但是北科人“学风严谨，崇尚实践”的优良传统早已深深融入了他的内心，并且将会影响他的一生。在未来的生活中，他将一如既往地坚持着党员标准，以坚强的意志脚踏实地地去追求自己的梦想。学习上坚毅、工作上认真、生活上热情、思想上积极，用辛勤的汗水和默默的耕耘谱写更美好的明天！北京科技大学，高等工程师学院，一个圆梦的地方，一个让他卓越的地方，一个让他大学四年无悔的地方！

青春美好梦

——记甘鹏

甘鹏，男，冶金E123班，学号41202048，共青团员。曾获新生奖学金、人民一等奖学金、人民二等奖学金、国家励志奖学金、“优秀三好学生”、“优秀学生干部”、“三好学生”等；曾担任冶金E123班团支部书记、校学生会办公室干事。

转瞬光阴，似水流年，四年的大学生活即将过去，作为一名毕业生，在踏上新的征程之际，总会回头看看曾经走过的一段路，四年的大学生活，酸、甜、苦、辣，尽在其中，大学四年生活使甘鹏更加成熟，使甘鹏学到了很多很多，无论是理论的知识还是人生的认知都使他受益匪浅。大学生活是一个自我磨炼的过程。在大学时光中，若没有经过艰苦的奋斗，没有经过辛勤的付出，人生将毫无意义，就如同蛹没有经过痛苦的挣扎便永远不会变成美丽的蝴蝶、河蚌没有经过沙砾的磨炼便永远不会孕育出晶莹高贵的珍珠一样。大学是一片给予每个人最多人生思考、最多汗水和最多欢乐的地方；大学是一生中储备知识、性格趋于成熟的最为宝贵的时期。大学生活美好却显短暂，回首四年阳光灿烂的日子，他思绪万千，有遗憾，但更多的是欣慰。

对未知的探索

新生的一年，是充满新奇、神秘色彩的一年。来到一个新的环境，面对着陌生却不乏亲切的面孔，甘鹏开始了人生旅途上的另一种生活。他在大学之前从来没有体验过集体生活，这对他来说又紧张又兴奋。首先迎接他的是军训，那时的他虽然每天在烈日下训练，每天都是大汗淋漓，但是很充实，每天都在盼望着会下雨，这样就可以休息了。晚上睡觉的时间是最幸福的时刻，终于可以歇歇脚，聊聊天。疲劳之下，每天晚上都是倒头就睡，一觉睡到天亮。万事开头难，军训作为大学的第一炮已经打响了，他相信后面的路一样可以走得很精彩。

诚然，大学生活的确是比高中丰富许多，比如中秋节猜灯谜、拍摄情景剧、百科知识竞赛、国防论文、一二·九长跑等，使得他像许多人一样，感到迷茫，不知道自己该干什么，目标是什么。与此同时，入住寝室，使得他长期的独处习惯也被迫改变，生活上得靠自己，没有父母在一旁为他出谋划策，让他的生活一度快要陷入困境。大学远不同于小学、中学时代，中小学时期家长、老师牵着向前走，而如今已经不再是中小学生了，他必须学会独立，学会自主。很多事情都要自己决定，自己做主，还要为自己的选择负责，要为自己的行为负责。

随着时间的进一步推进，他慢慢适应了这样的一个变化过程。饿了就去吃饭，累了就去休息，脏了就去洗澡洗衣服，病了就去医院，想家了就给家里打个电话、发个短信抑或与父母视频聊天，尝试着自己独立地去做一些决定，当他做到这些之后，他发现其实这并非想象中那般困难。

战胜自己

与大一相比，大二这一年有了很多新的变化。有些人开始早晨不起床，不愿上课，对社团活动不积极，缺乏进取心，同时却又期待自己能在各个方面获得进步，幻想自己达成奇怪的成就，失去了对大学的新鲜感，体会到一年无作为的苦恼，同时也未感受到即将进入社会的压力，进而产生放纵与幻想。这也就是时下很流行的“大二病”。

大二，课程开始多起来，有些同学觉得过于枯燥乏味开始吃不消，不过庆幸的是，这在甘鹏的身上并没有体现出来。也是在刚上大二时宿舍有了电脑，他也会用电脑做些实事了，电脑不只是游戏机，也是影碟机和学习机。大二暑假参加了系里的社会实践，也算是第一次踏进社会走了几步，虽然时间很短，但是真的学到很多技能。总之，大二的甘鹏比大一成熟了，懂得的多了学到的也多了。

认识与提升

与大二相比，大三这一年有了很多新的变化。有些人找到了自己的目标开始奋斗，有些人还沉浸在过去不能自拔，大三一年算是大学生活中最为关键的一年，很多人以后的生活都会在此发生改变。不过对甘鹏来说，大三一年的结束，并不是结束，而是新的开始。通过这一年，他更加认识了自己，为了自己的目标而努力。

大三的课余时间大多数是用来看书，不单单是专业方面的书籍，还有不少是经济学、心理学、管理学文学之类的，整个大三他都沉浸在知识的海洋里，因为大学前读的课外书太少，懂的也太少了。这样的阅读规模既可以提高他的阅历，又可以提升他的思维境界，让他受益匪浅。

迷茫与未来

时光荏苒，不知不觉已经度过了大学生活的最后一个年头。正如美丽的风景不会常在，美妙的聚会终有结束的时刻，甘鹏的大学生活也终将告一段落了。在学期一开始，离别愁绪就笼罩了他们，可在他们还来不及伤感时，就得开始忙论题大纲、材料册、开题报告；他们还得收集论文资料，选出参考文献……

大四是充满机遇和挑战的一年。对有准备的人来说，机遇是无处不在的。而相反，也有人感到无所适从。大四的他们最容易陷入迷茫困惑，但却不能陷入迷茫困惑的境地。他们必须尽快寻找并确定自己的方向。对甘鹏而言，大四学年总的来说过得充实而又时常带有许多盲目。充实是因为每天都有事情可做，盲目是由于对自我的认识不足和自我定位的不明确，许多时候不知道该如何选择。

学习方面

大学的学习，对甘鹏来说应该是一个考验。从高三到大学，简直就是地狱与天堂的转变。涅槃后重生，但却并不是凤凰。大一是高中到大学的过渡期，新的教学方式，新的学习方式，一切都不再那么循规蹈矩了。经过高中那般疯狂、高压管制的学习，到了大学瞬间就觉得“解脱”了，再也没有人像你的父母、老师那样守在你的身旁督促你去学习，一切都要靠自己。起初甘鹏也像大多数人那样，天天没课就宅在寝室，捧着手机，挥霍着自己的青春。渐渐地，他发现这不是他想要的，他不想将自己的颓废作为当年奋斗拼搏的结果。于是，他背起书包，走向了自习室。自习是大学与高中最大的不同。大学不像中学，会在一节课上讲述很多知识但是往往会消化不良，因此自习的重要性就体现了出来。他们需要课前预习，课后复习，认真、自觉、独立完成课后作业，来巩固自己所学的知识，来帮助自己加深理解。开始上自习后以前无所事事的他突然发现他要做的有很多很多，不懂的知识有很多，这便为他的自习赋予了价值。学习讲究的就是耐心和坚持，看到不懂或者不熟悉的知识，要有耐心，舍得下重本去弄懂它，而不是一带而过、似懂非懂。看到别人在玩，在睡觉时，要懂得坚持，不把自己要弄懂的东西弄懂就坚决不去放松，坚持下来，光明就在前方。因此，大一他的学习成绩还算不错。

进入二年级后，他能够坚持认真学习，不旷课，不迟到，不早退。课前预习，上课认真听老师讲课，课后认真完成作业。与大一不同，大二多了很多实践的内容，其中金工实习更是给他带来了很多以前不曾有过的经历，像第一次独立操作车床、铣床，当了一把钳工、焊工等等，这些以前只能在电视电脑上看到的技术如今的自己也有机会实践，自然收获不小。由于对计算机方面有很大的兴趣，甘鹏积极备考，并最终以优秀的成绩通过了全国大学生计算机二级考试，拿到了二级证书，算是对他努力的一点小小的褒奖。此外，他也通过了大学英语四级考试，并且参加了大学英语六级考试，不断地深化和加强自己的英语学习。

大二开设了很多与专业有关的课程，如机械设计制图、材料力学、物理化学、冶金传输原理、炼铁学、炼钢学等等，让他们对自己所学的专业有了更深一步的了解和认识，进一步加深了自己的学习热情和学习兴趣。大学是一种靠自觉、自律进行学习的地方，在这里想不想学到东西，完全靠自己。学习有了自主权，想学什么，应该学什么，可以学什么，愿意学什么，怎样去学习，现在都要自己去安排了。起初专业课都是很抽象的，但是在他的认真努力，积极思考之后，成功克服困难。与大二一样，大三有很多实践的内容，不过却比金工实习更为直观地让他们了解了实践的重要意义。大三他参与了认识实习和生产实习，在钢厂的切身体验也让他更为直观地感受到了现场感，对钢铁生产流程有了更清楚的认识。甘鹏在平时的学习中保持着积极的态度，积极钻研不懂的问题、习题与自己未曾消化的知识，在实在不懂的情况下也会积极主动地向周围的同学和老师们请教，使得自己的知识水平得到了更大的提升，因此他在整个大三学年的学习成绩依旧保持得相当稳定。他认为一个人在大学是去通过学习发现自己在学习中的不足并改正，从而提高自己的学习能力。正所谓“授人以鱼不如授人以渔”，在他看来，在大学与其说是学知识，倒不如说是来提高自己的学习能力的。

工作方面

在大学一年级的第二个学期，通过对外的宣传，甘鹏了解了校学生会的招新信息，便毅然投身于其中。经过笔试和面试的层层考量，他很荣幸地加入了校会办公室，为办公室及校会的建设贡献出自己的一份力量。加入办公室的大家庭，认识了很多朋友，同时也是对自己一成不变的工作、生活方式带来了一些改变。每周的例会，通过协助部长处理校会内部的建设和管理，他学到了很多从书本上很难学到的知识，自然对他来说是不错的经历。从管理早操打卡、输入数据，到后来参与辩论赛的物资准备，再到参与“吾肆放歌”校园歌手大赛的各项准备活动，他的工作能力和成长得到了进一步的提升。他明白了团队合作的重要性，凝聚力是合拢整体的必要的添加剂，使他受益匪浅。

而到了大二学年，一个巨大的不同就是他开始担任班级的职务，处理班级的相关事务。这对他来说，是另外一种能力的提升。大一学年结束后的班委换届上，他担任了班级学习委员这一职务，他总相信，在做事中，总可以或多或少地学习到东西。在大学，学习委员似乎并没有像班长、团支书那样的绝对权威，但毕竟学生最重要的还是学习，因此学习委员还是体现了一定价值。担任学习委员基本算是他自初中以来第一次担任班级职务，这对他来说是一个不大不小的挑战。从第一次以班级名义统一买书时的慌慌张张，到现如今交代班级对于期末考试的细则要点的平静，这也算是他个人的一点进步。在大三时，甘鹏在工作方面又踏上了一个新的台阶，他担任了班级团支部书记这一职务。担任团支书相比学习委员工作任务相对重了一些，但这难不倒他。因为他相信，“做中学”更能提升自己的能力。学生工作使他的性格从内敛走向外向，增强了他与班级内部、班级外部同学的交流与沟通能力，使他不断取得进步。他也学会了吃苦，但最大的收获还是懂得了细节、责任心与执行力在一项工作中的重大作用。一个人的能力固然重要，但责任心是必不可少的，只有这样才能保持自己的激情，准确及时地传达老师的意愿，时刻为同学们办好事，也许这就是他的收获吧。接下来他仍然会虚心地向其他同学学习，取长补短，争取不断提高自己。

他觉得整个人在思想上成熟了很多，也变得更加乐观了。人总是会从年少到青春到成熟最后老去，只是每个人的经历不同而已。一天天的他们总会长大，也可以说，人的一生就是在与时间赛跑，在这个过程中，他们不要过多地在乎得失，重要的是要明白生命的目标和意义。人长大了，变得成熟了，做事也应该更加全面、冷静。在这个学期，他也为自己设定了目标，不管是近期的还是长远的，然后一步一步去完成。所以，一定要时常地为自己设定目标，这样才能更有效率地去完成。他现在很喜欢一句话：“幸福不是对往昔的回忆，而是对未来的憧憬。”他觉得很有道理，人的一生也就几十年，应该向前看。也许成长就是如此吧！他还是把自己思想上的成熟归类为自己成长的一个过程。人生也是一个不断沉淀的过程，这样久了，生活才有韵味，思想是一切行动的指南，提高思想修养，提高自身素质永远是一个人立于社会的不变真理，同时，一个社会进步与否，文明程度高还是低，他认为都是取决于这个民族的思想道德水平。提高思想修为的主要方式有学习，工作，社会阅历和书籍，前面三者已经做了总结，在阅读书籍方面，在大三一年中，他看了《麦田里的守望者》《爱因斯坦传》《基督山伯爵（上）》和一些中短篇小说，读这几本书他自己觉得大有收获，虽然没有做摘抄，但里面的一些经典还印在他的脑海里，留在他的思想中，也在潜移默化地影响着他，特别是后面两本书给他的影响很深刻。

如今，甘鹏又将迎来一个新的起点，回望过去的岁月，有着不尽的感慨。大学四年，带着他一步一步地从校园走向社会，大学使他的身心更加成熟，也让他懂得了珍惜，珍惜过去的岁月，珍惜青春，珍惜他们共同拥有的日子。

四年的时光，不仅仅是教授了他专业知识，也传授了更多的做人道理；四年的时光，已在他心中留下了不可磨灭的印象，为他今后的生活道路指明了方向，也在他心中树立了做人的航标!

未来的生活怎样他无法知道，但历经这四年大学生涯的磨炼，他确信，未来的日子将会是绚丽多姿的。经历了又一个人生的路口，他更加明白了自己要走的路。青春是无悔的，岁月是无悔的，坚持自己的信念，勇往直前，他终会有所作为！若干年后，当他们再聚首，感慨岁月的同时，他们仍旧会说：“青春无悔!”

韶华次第新

——记张连富

张连富，男，资源E12，学号41201007，共青团员。曾获国家奖学金、国家励志奖学金、人民一等奖学金等奖学金；曾参加2015年全国采矿模型大赛并获得物理模型一等奖、“华山论剑”国防知识竞赛中获得团体二等奖等。

初到北科，张连富一直在思考如何适应大学生活，以期高效地学习。一年以来，他做了很多尝试，有了很多收获，虽然还有很多事没有做好，但他仍觉得这些方法对他的学习有很大的帮助。

学习小记

在高等数学的学习中，张连富一直坚持独立思考与探索。有疑问的时候，他经常会一遍一遍地思考细节并求教图书馆和互联网。这些的确很有好处，因为在独立思考时，一个问题可以被想得很深入、很全面，在脑海中留下深刻的印象，不过有时的确很耗时间，所以还是有必要听取同学的想法。图书馆和互联网的作用很大，关键是在于合理地使用。在大一的学年里，他充分地利用了图书馆资源，每次遇到棘手的问题，他都会到图书馆寻找思路，因为那里的书写满了颇具启发性的例题。并不喜欢题海的他会找一些典型的题研究一番，以求得到足够的拓展。

大学物理和高数的学习过程有一定的相似性，但又有其不同的地方。大学物理不是简单的公式推理，更多的是理解与应用，所以他会对一些知识点作深入的理解。在做习题的时候思考这些概念是最好不过了，因为在应用的时候，思考会让自己理解得更全面，并且日后也能获得很好的记忆。但是这种方法也不尽理想，因为如果没有把知识点提前掌握好的话，这种理解相当不容易，很可能会走弯路。

对无机化学，仅仅靠理解是远远不够的，毕竟概念太多，很容易混淆，这时候就要经常翻看，多练习，多记忆。

没有计算机基础，大一下学期学的C++程序设计对他而言很难，他一直为不能理解某些概念而头疼不已。渐渐地，他发现程序设计虽然开始时比较棘手，但只要坚持打好基础，并且在上机实验时多尝试、多练习，就会对知识点有很好的把握。尤其是程序设计时，不仅仅要求对编程语言有所了解，更要求有探索的态度与毅力。每每完成了一次编程，他便对编程有了更深的理解。

英语学习的确是辛苦的事，但只要付出就会有收获，而一旦撂下就可能很难捡起来。一年的时间里，他的英语老师敦促他努力学英语，并且积极地提供英语学习的方法，为了让他们不放松英语的学习，老师让他们在大一的学年里完成四级和六级考试。最初的时候他很怀疑自己，因为在高快班里他是属于中下等的。这种自愧不如的感觉，不断逼迫着他学习。有人说，如果不喜欢，就不可能做好。这句话也许以前他会相信，不过如今他已经彻底地否定它了，在他的周围，并不是都爱英语本身，他们真正追求的是通过英语获得一条学到更多知识的途径。所以，他坚持着紧张的节奏，向那些强者看齐，坚持着平淡的英语日常学习。

学习方法本身就不是一种可以准确描述的东西，但是相信有人还是能从中窥得它的秘密。大一学年已经结束，新的课程已经开始，好的方法必定是要继承的，而做出必要的改变的人才是最明智的。

前程犹忙碌

有人说，大二承载着大一的疯狂迸发，最后跌入大三的平静深谷，而他们会在这剧烈的变化中收获成熟与坚毅。回望这一年，张连富只想说，够了，不要再有了，太累了！但他依然热切地期待着明天，明天意味着新事物，意味着他在困苦中尝到的苦果会在新的环境中令他茁壮成长。

上学期，他在大一的良好结局中走向这新的阶段。人的成长是分阶段的，虽然这种分法多种多样，但划分的标准却又可以琢磨。每当你遭遇困境、孤立无援时，你依然站起来，向着期望前进，那么你将获得积极的信号，那意味着你获得变得强大的机会，新的阶段便开始了；如果你胆怯了，退缩了，那么你的行动将变得悲观与短视，而你的前途也会岌岌可危，新的阶段也将开始，而你却有了相反的命运。所以，人生阶段的变化取决于自身，路在脚下，只有自己才知道怎么走。他坚信于此，并勇敢地走下去。

但他发现，空有一腔热血不能获得满意的回报，有时又会陷入绝望的窘境。课程安排令他吃不消，如此多的课程往复将知识送进他的大脑皮层，花样百出的题目使他疲于奔命，不得喘息。他当初是如此的热情，以至于傲慢地笑道："这不就是让他多专心一会儿嘛，和高中比还不算坏。"可后来他知道，坏了，因为高中三年的时光里就是为了那几门课程，反复地学习和记忆，而大学学习可谓日益更新，而知识的学习又是永无休止的。所以，大学生要么荒废在玩乐上，要么荒废在题海中，学渣和学痴都是尴尬的极端。他试图在其间平衡，可日渐发现，他的肩膀要挑起这个杠杆实在是吃力。

熬到了学期结束，他偷闲回到了老家，真正玩了几天，让自己的身体从紧张的节奏中舒缓过来，因为过不了多少天，他又将回到北京——那个金色殿堂继续他的学业。他一直不能在做题的时候静下心来，因为他感觉那太累，这一点他必须做出检讨，否则辜负了父母的期望和老师的栽培。但下学期的经历告诉了他，他竟然可以这么力不从心！他也乐意为了一些问题沉思许久不能自拔，但让他为了考试去做题却很难有这种境界。他相信，在他心中有一种情绪叫做自负。自以为所有的都懂了，便可以撒手做一些自己喜欢的事，做自己该做的事。可现在想来，如果不能把这些成绩弄好，似乎很难有其他说服别人的特长。

大二的确忙碌，这一点是肯定的，但也就是一年，一个阶段而已。而人生还足够漫长，谁能说往后的生活可以永远舒适安逸呢？不能。所以还是不要放弃这种磨炼吧。他还记得那些美好的事情：金工实习、社会实践、勤工助学、志愿服务等等。忙碌是必要的，成功的蜜糖需要汗水的参与才能产生持久的香味。他在这种持续高负荷的前进中看到了生命的真谛，那就是知易行难。侃侃而谈容易，然而能真正做出业绩的人才是创造成功的人。他却惯于对待事物浅尝辄止。这是可怕的，即使是伟人，他们也不敢把问题等闲视之。

所以，在大三的新时期里，他把自己的精力更加集中一下，把手上该做的事做好，并且尝试避免懒惰，尽量丰富自己的生活体验，努力走进生活中，在工作或者志愿服务中发展自己。大三的生活看起来并不会轻松，他刚刚要迈进专业的大门，新的事物都在等待着他去接触，而这些他都不够熟悉。他的确对自己能否胜任一名矿业工程师抱有疑问，但他相信，如果没有选择，那就走下去，反正路是可以走的。现在他应该思考的是，他能不能走得聪明点，不要被顽固的自信与坚持所绑架，如果只把采矿当作自己的方向，未免有点一路走到底的傻劲，思考多点是应该的，毕竟未来的路只有自己能走得出来。

那就继续前进吧，在大学的第三个年头，他庆幸自己的雄心壮志没有被无情的岁月所消磨，相反，它汇聚了流逝时光的悲喜与沉浮，在这个艰难的时代，依然告知了他它的存在。它对他说，去吧，总有你的路，你现在要做的是找到理想的方向！

博梦才青春

张连富来自农村，那里除了天更加蓝，空气更加好，不会给人太多的印象，如果还有的话，那就是闭塞与贫穷。他是村里有幸考上一本的屈指可数的大学生，自然家里人会感到很荣耀，但上大学并不是想象中那么美好，你要得到，必须付出，你要学习知识，家里就得供得起你读书。正是这种困境让他产生了深深的危机感，他不得不为大学梦而搏一把。

他的态度是端正的，不会嫉妒家境好的同学，也不会嫌弃那些比他条件更差的，毕竟，自己要努力才行，心理上的危机只会让人崩溃。于是，他沉浸在自己的学习世界中，忐忑地思考着下一步在哪里。渐渐地，他交到了更多的朋友，他感觉得到，他们和他一样，没有优越的家境，但都对大学有着美好的期待。他们一起学习，一起谈天，一起了解北京——他们生活的新世界。三年中，他们成了知己，生活中互帮互助的伙伴，他明白了朋友不是幸运的礼物，而是时间的积淀。

大学的学习依然是忙碌的，这和他期望的是一样的，因为他只有努力，珍惜大学时光，做一些有意义的事，或许会改变一点命运。大一大二的基础课，他学得有滋有味，虽然比高中时的内容提高了一个层次，但学习只要掌握方法，都会变得很高效。尤其是他在学习高等数学的时候，他第一次感觉到方法的力量。他高中时数学并不好，高考时发挥得也马马虎虎，所以高等数学对于当时的他来说就像一座山，爬过去会很累，或许过不去。他的危机感又使他开始思索出路，于是他不停地出入图书馆查资料，渐渐地他的努力获得了巨大的回报，那些原本生涩的题目变得迎刃而解，最终他在大一上学期考到了 96 分的高分，并进入了工科实验班。这件事之后，他变得更加自信，一路走到今天，他感到收获良多。

大学少不了社会实践，它更像是把人陷入困境，然后任其选择走出困境的方法，但无论如何，他们一旦走出来，都将获得成长的巨大力量。他和舍友一起参加了北京社区青年汇新青年学堂，在那里，他作为一名语文老师，给众多已近而立之年的成年人授课，他们只为了参加成人考试并顺利考入大学，但他要付出的努力却是超乎常人的。他每天都要备课，并在课堂上根据学生的实际情况教导他们，给他们基本的指导。刚开始他也感到害羞，毕竟人家都是比他年长，他一个乳臭未干的大学生在此太嫩了。好在班主任鼓励他，他积极地融入课堂，与学生们打成一片，获得了学生们的赞赏与肯定。两个月的时间过得好快，他享受着教书育人的快乐时光，也为他们的未来助力加油。后来，他的一位学生告诉他，她顺利考入了北京联合大学，他特别有成就感，其实他没有帮助太多，但走过他们的人生，看到他们的精彩时刻，或许也是他人生中精彩的一瞬。

在学习之外，他经常参加志愿活动，希望多见见世面，多结交一些朋友，他去过五棵松引导游客，去过国家图书馆整理图书，每次他都受益匪浅。但真正获得一份工作或许更有意义。他就尝试去旺德福学院路店当服务员，店主娜姐告诉他临时工每小时 14 元，干不干？他说愿意，因为他不打算拒绝，毕竟这是他第一份工作。他会在他排班的时候步行到店里工作，每天工作四五个小时，有时候也全天值班，虽然累，但长了很多见识，结交了一些朋友。他在那里干了一个多月，后来觉得店里生意不景气，工作太少，就换了另一家图书编辑的公司，公司很小，但里面的人都很厉害，他在里面学习软件应用，也学习待人接物的种种。

他参加了很多有意义的活动，比如辩论赛，尤其是在“华山论剑”国防知识竞赛中，他率队取得了团体第二名的不错成绩。科技创新上，他们选择制作液压挖掘机物理模型，从零基础，他们不断摸索、制作，最终依靠团队的力量取得了满意的结果，并在项目评审中获得优秀的表彰。最近，他也在参加各种创新活动，他相信，大学时光不应被荒废，尤其是当他还没有能力为它埋单时，他能做的只是更好而已。

这便是他的大学生涯，在困境中挣扎，也在困境中成长。

汗水自有滋味，甘苦不改初衷

张连富已经是直博的大四学生了，还有不到一个学期他便要告别大学时光，四年光华如过眼云烟，他不记得他如何度过这些百味交集的时间。付出的过程就像游泳一样，身处其中的你总觉得自己有溺死的危险，每次喘息都仿佛在向命运争取，只有当你真正游到对岸，才懂得自己还可以付出更多，而得到的足以令自己快乐。

张连富的父母是干苦力的农民，农闲时也会随着亲戚出去打工。打工这个词说起来并不恰当，因为没有人愿意雇佣文盲，讨生活是他们的真实写照，收废品赚点差价，或是帮人搬家，用肩膀把冰箱抬上三楼。父亲待人好，长得也老实，所以那些经常要搬东西的老人会和爸爸聊会儿天。过年回家的时候，父亲告诉他："记得吗，咱以前帮着抬冰箱上三楼的那个老头老了，以前经常照顾他，多好的人啊，儿女也都争气！"老了就是死了，这是家乡的惯常说法。他当然记得，那次扛冰箱很吃力，父亲本来就有高血压，还是得干这种活。他在旁边搭把手，如果不是他放假在那里的话，父亲就该一个人扛了。想到这他就感到内疚，却只能默默地读书。父亲已经五十多岁了，不是卖力气的年纪了，但现实却是，他除此之外无以为生。

他省吃省穿，只为能减少父母的负担，多拿点奖学金，会更多地解放父母的身体，因为他们太累了。

每次母亲送他走，都会抹眼泪，他不敢安慰她，怕自己也会哭出来让母亲更难过。母亲总对他说，回到家就给你做好吃的，说得他好心疼。其实母亲已经不能干体力活了。要在两年前，她为了挣钱，什么体力活都敢干，择菜，扛包，打农药，她拼命挣的钱也不过在一年内花光。哥哥结婚，父母借了钱，所以一直在还债。可母亲积劳成疾，腰椎有毛病，总是疼得她夜里睡不着觉，白天站不住脚。去年父亲陪母亲看病，并为她的腰做了手术。后来还是疼，就做了第二次手术。现在的她虽说不那么疼了，却也不能干活，而因为这两次手术，家里就花了几万元。他都不知道父亲怎么做到的，反正是心力交瘁，以至于弟弟上大学也是靠贷款，平常父亲只能供应他生活费。

平常人看他家孩子多，觉得这样热闹，但现在的年轻人都知道养孩子的成本太高。而父母有了他们这三个儿子后，一直疲于奔命。只要在家，他就会帮母亲干点家务，体力活他也干不了，体质不行，只能搭把手，但临近回学校时，他就会有莫名的压力，一种来自于贫穷的压力，一种来自于父辈的压力，这让他毅然走出去，告别祖辈的农村，来到首都北京，靠学习让自己获得生活的能力，获得改变自己的能力。大城市的压力很大，即使在校园里，他也能感受到。大学是一种竞争体制，他满足了人进步的愿望，却也会将没有达到要求的人逐出赛场。他需要努力学习，让自己更加优秀，更加出类拔萃。

这一年，他的努力收获了回报，成功保研，获得国家奖学金。这一切让他相信付出是值得的。同时，他感谢帮助过他的人，因为他们的善举，他得以继续求学，并收获成果。他会更加努力，不辜负辛劳半生的父母，不辜负培养他的社会。

无悔是青春

——记赵紫薇

赵紫薇，女，高工1501班，学号41518022，共青团员。曾参加学院学生会学习部、力行学会学术科技部。座右铭：路是靠自己走出来的。

启程，是蜕变的开始

赵紫薇，从未远离过父母的身侧，从未体验过住宿制的生活，刚收到大学录取通知书的时候，她是忐忑不安的，不清楚自己能不能适应远离了父母的生活，但是她又明确地知道，她必须学会去适应。离不开父母的幼鸟，永远无法真正地展开翅膀，永远无法真正地翱翔于蓝天，也永远无法蜕变成一只真正的鹰。

不管怎么说，她是这么想的，但是，刚刚报到的时候，她又开始胆怯。是的，报到是不允许家长入内的，她努力地克服内心的怯懦，坚定着自己的信心，勇敢地迈出了离开旧巢的第一步。

其实，当她迈出了这一步的时候，发现努力地去使自己独当一面并不像想象中那么困难。在这一瞬间，仿佛有一束阳光透射进了她心灵的缝隙中，她不再担心曾经担心的远离父母之后的各个方面的问题，她知道自己会努力去适应一切，努力地做到自立，努力地不让父母担心从未远离过的她。此时此刻，她的内心似乎经历了一次蜕变，不再有彷徨与不安，剩下的只有坚定的信心，还有对未来的期待与向往。

或许是真的从心灵上有所成长吧，她会时常与父母联系，哪怕是在最忙的时候，每周也会与父母联系一次，但是，在这么多次的联系中，她从未向父母抱怨些什么，相反，在父母思念她的时候，她会主动去宽慰父母，不让他们担心。

她清楚地明白，父母对于只身在外地求学的她是担心的，所以报喜不报忧成为了她的习惯，她也乐于如此。

如今，再一次走在新生报到的体育馆门口，回想起当时的自己，她有种恍若隔世的感觉，她改变了良多，改变得差点忘记了过去自己的样子，她十分庆幸，自己在启程的时候选择了勇敢地前进，而不是畏缩不前，也许正是她自己主动地坚定了信心，她才实现了人生中重要的蜕变。

启程，是蜕变的开始，勇敢地向着前方大步走去，才会蜕变成你内心中最期待的样子。

公益，是净化的开始

大学的生活，总是离不开志愿活动。赵紫薇也知道，作为学生，在空闲的时候去做一些志愿活动是一项利己利他的事情。但是，她是一个内向的姑娘，不会主动地去申请志愿活动，尽管内心深处还是想去尝试的，但是却始终找不到机会。

所幸的是，她们班级安排了一次支教活动，尽管路程比较近，没有什么支教的感觉，但是，她还是很高兴的，能够在空余时间做一些志愿活动，她感觉到了内心的充实。

作为内向的姑娘，她很难与孩子们打成一片，她宁愿选择静静地在一旁看着孩子们与同来支教的同学玩闹，尽管没有直接与孩子们接触，但是，仅仅是这么静静地看着，她就感觉到了心灵的放松。不知道是不是孩子们的欢乐影响到了她，慢慢地，她也在竭力去尝试与孩子们交流，竭力去体会孩子们的欢乐。

为时不久的支教很快就结束了，她感觉到了不舍的情绪，她还沉浸在欢乐中，却被突然叫停，感觉意犹未尽，却又无法继续下去。依依不舍地与孩子们告别，她回到了学校。细细地品味支教的点点滴滴，她感觉到自己的心灵好像被涤荡了一样，由内而外地感觉到了世界的明亮，阳光的明媚，整个人仿佛被净化了一般，不再有烦恼与忧愁，全身上下通体轻松。

在今后的生活中，她在完成自己身为学生应该做的事情之后，也有意无意地留意着有没有什么可以参加的公益活动。

她体会到了公益活动的快乐之处，体验到了参加公益活动给自己带来的重大影响。她认为多参与公益活动，自己也会变得越来越快乐。

或许，公益的迷人之处就在于此，并不仅仅是被帮助的人感觉到了社会的温暖，帮助他人的人也会感觉到自己的心灵被净化、被涤荡，变得愈发纯净。迎着早晨的微风，她眺望着远方，恍惚之间好像看到了远方的地平线上出现了耀眼的光芒，大概是朝阳吧。

组织，是能力的开始

赵紫薇并没有参加大一上学期的班干部竞选，或许是只求躲个清闲，但是慢慢地，她发现班干部们为班级、为同学付出了很多，她认识到了他们的艰辛，她也看到了班级组织的团结一心，她开始向往这种团结协作的氛围，在大一下学期的学生会招新的时候，她毅然地加入了学生会。

没有经历过面试，刚开始的时候她是有点紧张的，幸运的是，她成功了，她成为了院学生会的一员，她开始憧憬着尽自己的能力，与其他人团结协作，共同做好一项工作。

只有当人身处具体的环境中时，才会了解其中的困难与欢乐。她就是这样，与并不相熟的人、甚至可以说是以前没见过的人一起共事，刚开始并不是一件容易的事情。

为了增进彼此之间的沟通，主席建议每一个部门表演一个节目，她们的部门经过商讨，打算在表演的时候进行合唱。或许是节目的排练增进了彼此之间的了解，她不再感到紧张与不安，她与其他人相处愉快。渐渐地，在节目的表演过后，她与其他人的合作也更容易进行，尽管在过程中可能会存在一些需要磨合的地方，但是，正是磨合提高了彼此之间的默契度。

逐渐地，她知道了在合作过程中需要注意的事情，她也会主动提出自己的观点。她的改变她自己也感觉到了，她感到很开心，感觉到自己的能力提高了，也感觉到了自己的成长。

她知道，她正向着理想中的自己努力，并且已经看到了些许成效，她期盼着，在经历了学生组织的锻炼之后，她能够看到一个不一样的自己。

除了学生会之外，她还参与了另外一个学生社团。在那里，她结识了一些有相同兴趣爱好的人，也变得更加开朗了，再也找不到以前怯懦的影子了。

她表示，加入学生组织一定是所做的选择中最正确的一个，在这里，她得到了快速的成长，变得更加适应社会的要求了。

既然选择了远方，便只顾风雨兼程

回想起来，赵紫薇步入大学的校园已经快一年了，在这一年里，她改变了许多，改变得连她自己都快忘记了自己之前的样子。对于这种改变，她自然是欣喜的，毕竟这是她自己渴望的改变。

每一个人心中都有一个理想的自己，尽管这句话用在这里可能不是那么贴切，但是其实它们之间是相通的，“幸福的家庭总是相似的，不幸的家庭总有各自的不幸”，理想中的自己也是这样。每一个人心中对自己的不满意之处可能会各自不同，但是，对于理想中的自己的标准总会有一定的相似度。

她知道，自己永远也不会成为理想中的自己的样子，但是，她相信只要自己向着这个方向努力，总是会离理想中的自己越来越近，越来越相似的。这对于她来说就足够了。

或许，前进的道路上会有很多艰难险阻，不管是自己的原因还是客观事实导致的，总归是无法避免的。但是，她并不害怕，也一定不会放弃。

远方的路是她自己选择的，那么无论路上有多么猛烈的暴风雨、道路有多么的崎岖坎坷，她都会风雨兼程地走下去。或许她并不一定会取得成功，但是，她知道，只要自己努力过了，哪怕是失败了，终有一天，她也可以这么劝说自己：“毕竟你努力过。”

既然选择了远方，便只顾风雨兼程；既然选择了继续，就不要害怕失败；既然选择了努力，就不会担心后悔。

不忘本心，是她一直以来的坚守，而她也一定会一直继续坚守下去的。

万里风云从此始

——记王雪

王雪，女，高工1502班，学号41518032，共青团员。曾获新生奖学金、国家励志奖学金、校级“优秀学生干部”、校级社会实践金奖团队、校级社会实践先进个人、学院“最美实习生”、北京科技大学第十届全国大学生节能减排大赛校内选拔赛一等奖、北京科技大学第十八届摇篮杯创意赛三等奖、北京科技大学2017年度机器人校内赛三等奖等；曾担任学院力行学会秘书处部长、北京科技大学学生学习与发展指导中心学生讲师团线性代数负责人、招生助理团组织部部员。座右铭：人之所以能，是因为相信能。

学生工作试身手

在大学之前，王雪一心专攻学习，而没有太多地参与学生工作，组织管理能力有待提升。为了改变、提升自己，在大学，她积极从事学生工作。大一下学期，她已经是高等工程师学院1502班的学习委员、招生助理团组织部部员、高等工程师学院团委组织部干事。这些工作都带给她非常丰富的体验。

首先，说一说她在班内的职务——学习委员。

在第一届班委竞选时，竞争非常激烈。因为担心自己能力不足，她没有勇气竞选班长和团支书。不够自信的她，仅抱着试一试的想法，却又满怀希望地参与了竞选学习委员，并得到了女生们的支持。她以一票优势，领先票数紧追的“学神”，成为学习委员。

学习委员一职，在锻炼了她的组织管理能力的同时，也激励她努力学习。同时，身为学委，她也得到了很多熟悉班内同学、结交其他班级同学的机会。

学习委员其实是个比较轻松的职务，只在考试之前工作会略多一些。同学们都很努力，班级的成绩是每一个同学努力的结果，是集体的荣誉和骄傲。但在高兴的同时，她也曾为捍卫班级的名次而担忧。

接下来，说一说她在院内的职务——院团委组织部干事。

来到院团委才发现，原来院团委真的比自己想象得要更强大。院团委只有两个部门，办公室和组织部。人员并不多，两位主席，四位部长，七个干事。然而，工作却非常多。也是因此，每个人的能力都得到了极大的锻炼。

刚加入组织部，四个干事便被分配了工作。这时分配的只是每年都要做的大工作，其他不断到来的工作此时还并不计算在内。其中，她被分配到的是“骨干成长工程”。2016 年 3 月 27 日的那场面向院团学组织的素质拓展活动，便是由她着手策划的。这是她第一次策划一场活动，提前一周便开始准备，花费了非常多的时间和精力，但收获颇丰。虽然那次活动对第一次做策划的她来说有困难，但那次活动的成功于她也具有巨大的意义，仿佛开启了她真正参与学生工作的大门，翻开了她人生新的篇章。

她不曾想到，她一直期望的锻炼能力的地方，居然会是在院会。这真的很出乎她的意料，然而，她确实在这里很快地成长起来。

最后，说一说她在校内的职务——招生助理团组织部部员。

招生助理团成立之初，面向大二及以上年级招收干部及部员。那时，她是被同学鼓励才报名的。很幸运的是，虽然最初招生助理团并没有招收大一新生的打算，但她和其他几个大一新生还是被留了下来。自此，她便是招生助理团组织部的一位部员，也是第一批加入招生助理团的成员之一。

身处组织部，工作相对比较繁重。一方面，面向招生助理团，要负责招生助理团的管理，如值班安排、业务培训、考核、制度试行等等；另一方面，面向招生工作，要率先学习业务知识，起带头作用，并引领全团一起工作，为考生及家长答疑解惑，并且协助招生办的老师做招生工作。

在招生助理团，她才发现，原来招生工作需要花费那么多的时间和精力。一项表面上看不出来什么的工作，背后却是一个那样庞大的运营团队。成员每周都有固定的值班，值班期间会有许多工作要做，工作太多的时候还会需要加班，并且自己部门的工作需要自己另外抽时间，真的是非常忙碌。

曾经那个填报志愿时迷茫不已的她，也咨询过许多大学的招生办。这时，她才第一次了解到那时的电话及官网身后站立的团队。这些团队，为那些因填报志愿而忧心忡忡的考生们，带来了光明。

志愿工作担责任

校运会开幕式历来有一个壮观的项目——千人团体操。其中每个学院84人，三个教练员，王雪便是学院三位教练员之一。作为教练员，她花费许多时间和精力学好团体操，同时还要教会大家。她需要参加每周的教练员培训，之后还必须反复学习。自己控制好节拍，方能带领大家训练成功。每个早操，她都要带领部分同学训练。然而因为任务量大，时间紧张，最初几周会在周末加训，临近开幕式的几周还要在平时的晚上加训。

参加团体操是一项志愿工作。教练员得到和大家同样多的工时，但是要肩负更大的责任。教练员的工作，直接影响到团体操的进程和效果，同时也会影响到学院的荣誉。因此，她花费了很多的时间和精力，自己努力学好，同时帮助大家学好。她和大家打成了一片，取得了大家的信任，为与同学间的默契配合打下基础。

她努力过，付出过，烦躁过，劳累过，但也感动过，欣慰过。当看到大家整齐的表演时，她觉得一切付出都是值得的。

文体活动炼气场

在众人面前比较容易紧张的她，希望通过文体活动锻炼自己的台风和气场。王雪参加的每一次文体活动，在她看来，都那么不易，值得感动。

她曾加入小队在学院的迎新晚会上表演了一支舞蹈。为了那次的演出，她们在军训期间组成小队，返校便开始练习。这个小队的领舞做大家的老师，她们每天训练两个小时，用了两周时间学完了这支舞蹈。那次表演，她们一起走上了舞台。也许，那不像明星团队的表演那般耀眼，然而，那确是一场勇气的历练，也是一次非常值得感动的经历。

上一次团日活动时，班级拍摄了一部微电影。她担任剧组的幕后工作人员，负责道具租借，全程跟随拍摄，并且参与了剧本的创作。剧组用两天时间便拍完了那部微电影，每个人都付出了巨大的努力。四个主演、一个导演、一个幕后工作人员。大家聚在一起，几小时内商量出剧本的思路。导演用一天一夜赶出剧本，幕后的她则是立即租借道具及服装等。服装租回来已是晚上，大家立即聚在一起开拍。一边背台词，一边拍摄。那两天，整个剧组成员起早贪黑，整天待在高工楼304里进行录制。这部在短时间内完成的微电影还赢得了一笔奖金，这是一次让她难忘的经历。

最重要的是，这次团日活动的小品，以及为工程师文化节开幕式准备的节目中她终于有了戏份。之前跟随剧组的经历，让她对这些场景不再陌生。也许，她有时太拘束，有时又会笑场。但她已渐渐能够适应舞台，将角色展现出来。

文体活动在丰富了她的生活的同时，也锻炼了她的台风和气场，帮助她自信适应各种场合，充分地展现自己。

潜龙奋起，九天雷雨及时来

也许，曾经的王雪不够优秀，苍白得近乎一张白纸。可是，她想要的，已经渐渐到来。一切，会是她想要的样子。

为了锻炼自己的能力，她积极参与学生工作、志愿工作、文体活动等。然而，还是有不得不说的，这便是学习了。

大一上学期，也许是还没适应吧，她没有专心于学习，成绩不理想。大一下学期开始，事情越来越多，但是学习必须是她心中最重要的事情。即使有再多的工作，也要抓紧时间努力学习。这一次，她一定要考出让她自己满意的成绩。大学四年，她会更加努力地学习。希望有一天，学习也是她可以拿出来仔细说一说的事情。希望有一天，她的学霸梦想可以实现。

是第二次写她了。终于，这一次写到她时，不再只有高考。能从她身上想到的，也不再只是那份苍白和辛酸。现在，她所做的一切，都在帮助她变强。一定会看到——一个优秀的她以及为此坚持努力的她！

大学初体验
——记王优

王优，女，高工1502班，学号41518031，共青团员。曾获人民三等奖学金、校级“优秀共青团干部”、北京科技大学百优志愿者、北京科技大学大学生工程能力综合竞赛一等奖、北京科技大学第二届“青年之声”模拟政治提案大赛特等奖、北京科技大学2017年节能减排大赛（队长）一等奖和三等奖、北京市大学生工程能力综合竞赛二等奖等；曾担任学院团委组织部部长、学校创新创业基地305学科交叉实验室副主任；曾以队长身份参加国家级SRTP项目“‘s’型无碳小车的行走轨迹”。座右铭：一切都是最好的安排。

第一份工作

大学伊始，王优迎来了人生中的第一场面试，军训团委管训组的面试。抱着能减少在大太阳下面训练时间的想法，她坐在了面试的教室里。面对的只是几个学长，她却比在台上发言更紧张，两条腿一直在抖，讲话的声音也在颤。面试结束一个小时后本以为很失败的她收到了来自管训组学长的短信，恭喜她通过了面试。就这样，她开始了大学生活中的第一份工作，拥有了大学的一个身份——北京科技大学2016级军训团团委管训组干事。

本想借此机会不参加训练，没想到这份工作给她带来了更大的挑战。工作的第一天就迎来了军训团宣教组的面试，她和三个伙伴风风火火安排上百人的面试。四个连名字都叫不出的素未谋面的伙伴一同肩负起一份需要默契的工作，这其中层出不穷的问题让她更加清楚地认识到团队合作的重要性。接下来的一周里，她在蚊子出没的小房间里给大家发放军训物资，在细雨蒙蒙的天气里挂横幅，穿过大半个操场跟着手推车搬运凳子，听着同学们嘹亮的歌声做歌唱比赛的上台引导，牺牲午休时间负责各个讲座的签到工作，在定向越野赛的终点为大家读成绩。尽管如此，不可避免地，总会有同学说管训组的同学待遇太好，不用上早操，不用训练，不用站岗。但是只有真正接触到这份表面风光的工作的她才知道，有多少次她们在凌晨五点惊醒担心因为下雨没能挂完的条幅，夜晚在同学们的鼾声中归寝，睡觉时死死抓着被子怕着了凉身体不适会影响第二天的工作。刚开始工作的时候经常赶不上大家吃饭的时间，工作结束后去食堂只能看到大家已经收拾好的桌子，只好饿着肚子开始下一轮工作。后来，团委的老师们体恤她们，总是安排她们提前去吃饭，却总是被不明情况的教官训斥，说她们不懂规矩不知道等同学到了再吃饭。忙前忙后组织全校的同学去洗澡却独独漏了自己，军训一周的时间她从来没去过澡堂。每天晚上都有总结会，宿舍已经熄灯她却还跟组里的伙伴在办公楼开会。她整天穿梭在军训的场地，各种各样的工作都接触过，付出了很多想不到的辛劳，但也收获了不少宝贵的经验和非比寻常的友谊。

第一次解说

随着对学院了解的不断加深，高工楼给王优上了一堂生动的名为“楼不可貌相”的课。高工楼虽然其貌不扬，但是楼里面有很多高科技高智能的产品，以及高工创新实验基地。听说 305 实验室在招募华北五省机器人大赛解说员志愿者，她当然要积极参加。在她眼中，机器人是很高端大气上档次的高智能产品，第一次亲身到机器人大赛的现场，并且自己也能作为解说员参与其中是一件很令人激动的事情。各种类别的机器人应有尽有，有专门负责跳舞的机器人，还有专门负责踢足球的机器人，他们的智能程度超出了她的想象。最让人感兴趣的是机器人 DOTA 赛，各位学长学姐操控各种造型的智能车突破重重阻碍冲向敌方阵营。心思机巧的机器人操纵手们控制着大赛配发的仿生机器人做出各种一字马的姿势守在自家高地上，或是直接倒地不起，大有一副想攻占高地就先从我的尸体上跨过去的劲头。这些机器人智能车的设计者让人敬佩。这学期，她有幸加入到了高工 305 学科交叉实验室参与音乐机器人的项目编曲。她这才了解到，每一个机器人每一辆智能车的背后，都是学长学姐们的辛劳付出。从设计到动手制作，每一项都是整个团队全身心的投入，他们可以整日整夜投身于实验室，把实验室当做自己的宿舍，不断地改进机器人的每一处细节。能够做到这种程度，更多的是由于他们对于机器人的热爱，不仅仅是为了自身的发展，这更是一种情怀。正是这种情怀，伴随他们走过实验室一个又一个孤寂的夜晚，带来了那些完美呈现的机器人。

第一个社团组织

随后不久，王优加入了学生讲师团的管理组组织部。她曾多次萌生退意，因为学生讲师团机构尚不成熟，规模不够大，还在蓬勃发展中。但是渐渐地，她发现，讲师团的每一位学长学姐开设习题课都是没有酬劳的，但是他们却始终以最大的热情积极地筹备每一堂习题课。听说过很多小的机构慢慢成长的励志故事，但当她真正接触到这样的团体的时候，才知道这样的团体中的每一个人都是积极热情的，每一个人都是永远充满希望时刻准备向前的热血青年，这样的精神深深感染着她。她坚信任何一个能够始终保持这样的精神的团体都能够逐渐壮大、蓬勃发展。

这学期，学校的各种校会组织、学院的团学组织、各类社团开始了全面的招新活动。本想静心做一名读书人的她，也没禁得住“诱惑”，申报了学院的团委组织部。再次坐在教室里面试，与主席们交流的时候，她的腿没有抖，说话声音也没有颤，跟第一次面试比起来多了几分淡定从容。每一段走过的路总会用另一种方式在人生历程中留下痕迹。刚刚进入组织部，她只是协助部长做好推优入党的工作。以前的推优大会给她的感受很简单，只不过是走流程投票而已。但是当她真正接触到这份工作时，她才意识到，每一份看起来很简单的工作背后都有大量的筹划需要完成，所谓的简单也只是在繁复的筹备工作的基础上呈献给其他人的感受。就像推优表，一丁点的错误都有可能导致返表重写。每一次收到推优表，都感觉沉甸甸的。她作为入党推优工作的督察员，需要参加每一个班级的推优大会，各个班级不同的推优大会时间把整整齐齐的自习时间划分得零零散散。她倒是乐在其中，每一次推优大会总会多认识几个优秀的学长学姐。但是这样一份工作总是会带领她去品尝世间的人情冷暖，每一个风光的工作背后总会有不为人所知的心酸，但是这也使每一份工作更加珍贵，更加独一无二。每一份工作都需要她认真谨慎地对待，每一处细节都是至关重要的。这些也是团委组织部工作带给她的初步感受。

大学时光已经匆匆流过近四分之一，但很多故事才刚刚拉开序幕，还有更多的第一次在未知的远方等着她去一步步经历。希望未来的每一个第一次她都能像今日一般用尽全力奋勇向前。

少年当绽放

——记王迪迪

王迪迪，男，高工1503班，学号41518063，共青团员。曾获新生奖学金、人民三等奖学金；曾担任学院学生会志工部部长、国防体育协会俱乐部部长；曾参加“天使齐飞”志愿支教活动、北京科技大学高等工程师学院与科大附小学“大支小”项目。座右铭：你很忙，但知识不慌张。

生命是一朵花

王迪迪报名参加支教活动的时候，对那些郊区的小学一无所知，除了开学和班级一起去海清小学上了一节实验课外，再没有其他的印象。每当想起孩子们做实验时的认真模样时，他的心中总是会有一股暖流流过。育华小学会是什么样的呢？

他第一次去育华小学的时候，没有想到学校会是如此偏僻。他们一行六个人坐了一个小时的公交车，到了学校所在的村庄，却完全不知道学校在哪里。他们询问了两个路人，得到的回答却都是不清楚。他忽然意识到：这里的流动人口是如此之多。

经过努力，他们到达了学校。一个很简单的铁门，进去后是几排房间。学校真的很小，就像是家乡的一个小庭院，完全没有学校的感觉，更比不上家乡的小学了。学校后面是一片树林，因为还不是很暖和，没有什么叶子，光秃秃的。白茫茫的天，再加上光秃秃的树干，给人一种很荒凉的感觉。

但是，有了孩子们真的是大有不同。下课的时候，孩子们欢乐的嬉笑声让这个庭院彻底活了起来，充满了生机。虽然有些喧闹，但真的让他有一种很舒服的感觉。

他走进教室的时候感觉教室真的很小，就像他的宿舍一样大。一个小小的房间里摆放着十几张桌椅，坐着来自各个地方的孩子。上课的时候，他给孩子们讲了好几个故事，孩子们听得很认真，时不时还会有几个小问题，完全没有隔阂。上课提问的时候，他们都是很愿意参与的。孩子们的想法很多，而且都很愿意说出来与大家分享。他们回答问题很踊跃，很勇敢，丝毫没有被这个环境所束缚。

这里的人很让他由衷地钦佩。老校长，他是所教的班级的班主任，还有其他的老师，他们愿意在这片小小的土地上坚持着，真的是很不容易的一件事情。

他认为，这些孩子就像那些寒冬的树木，虽然他们现在的状况不是很好，但随着他们的成长，总会迸发出自己的生机，证明自己生命的价值。而那些老师，以及和他一起支教的人，也会因为曾经陪伴过他们的岁月而欢愉。

在他的眼中，支教不仅仅是一种志愿性地服务他人，更是自己的一种成长。和孩子们在一起的时候，可以放下大学里所有的东西，去陪伴孩子，放下一切，去上好每一节课。

用生命奔跑

王迪迪报名参加五公里长跑比赛的时候，他觉得五公里，不是很长。他参加社团训练的时候，哪一次不是四五公里？他参加定向越野类的训练和比赛的时候，哪一次不是四五公里？可是，这一次，五公里真的很长。

他去北京建筑大学参加五公里越野赛的时候，由于路途有些遥远，很不幸的，他出现了晕车的症状。到达目的地的时候，感觉头昏昏沉沉的。然而由于时间很紧张，没有做太多的休息，直接去吃午饭。之后，休息一小会儿便开始热身了。

来参加的人很多，来自各个大学，其中不乏清华北大这类名校。比赛的路线是环绕大学两圈，之后再经过二百米的冲刺。这是速度与耐力的竞争。要把握好自己的节奏，不能跟着别人跑。这是比赛之前领队老师告诉他们的。

发令枪一响，选手们纷纷起步，争先恐后，开始奔跑。这个场面，真的是蔚为壮观啊。然而他无心想这么多，只是在奔跑。

刚开始跑的时候，大家体力都很充足，跑得很平稳。但由于实力的差距，还是落下了好多。他看见前面是一群人，后面依旧是一群人，他感觉到了压力。

突然，他被几个不知是哪所大学的女生超过。那几个女生的速度很快，不停地超越，她们应该是练过的，而且应该是下过苦功的。这样的选手，确实让他很有压力啊，也很让他敬佩。但他还是保持自己的节奏，他明白：自己必须保持体力。之后是不断地超越与被超越，但他依然以自己的速度奔跑着。

第二圈的时候，由于体力的消耗，不断有人落下。奔跑的队伍不再拥挤，只有少数人在前面跑着。他也在奔跑，但他真的有些累了。第二圈过一半的时候，他感觉体力有些不太够了，跑起来明显感觉吃力，不知不觉放慢了脚步，结果被别人超越。他听到后面有人在呐喊，他感受到了压力，调整自己的步伐，加快脚步，努力不让自己被落下。

最后二百米的时候，体力明显支持不下去了。但他咬着牙，不让自己的疲惫影响自己的脚步。他摆动手臂，开始加速冲刺。他感觉有一股力量充满了全身。虽然说最后的结果并不尽人意，但他觉得自己获得了更多的东西。他感受了生命的力量，感受了澎湃的生命力，充满激情，热烈而奔放。这就是生命的力量啊，这才是青春的力量啊。

青春，应当如此，富有朝气，充满生命力，去迎接一切的挑战。

学习是一种态度

入学之初，向王迪迪迎面而来的是一个完全陌生的环境，全新的老师，陌生的同学，以及各种新的学习科目，这些都让他有些无所适从。

大学的上课与学习，与高中完全不同。不再有高考的压力，不再是满满的课表，不再有高考时那样清晰而明确的目标。突如而来的大学生活让他有些无所适从，甚至有些迷茫。

不知该如何学习，如何应对这种改变。他却没有自己的安排，只是被动地上课，和同学一起自习。学习似乎成了一件不再那么重要的事。

时间总是这般匆忙，不知不觉半个学期就过去了。期中考试的成绩，很不理想。他感受到了压力，暗暗下定决心要倍加努力。他明白了学习的重要性，但他却没有任何计划。他只是把更多的时间用在了学习上，却没有太多的思考。他只是一味地勤奋，以为自己能像高中那样用时间来提高自己的成绩。他错了，这样的方法效率实在是太低，而且，他也不可能将自己所有的时间都花在学习上。学院里会有活动，班级也有活动，这都会占用他的时间。

长时间的学习，其中用心投入的时间并不太多，让他对学习似乎都产生了一种厌烦的情绪，学习状态并不好。期末的时候，成绩自然并无太大提高。他明明付出了比别人更多的努力，但别人似乎就是看不到，甚至老天爷也没看到，没有给予相应的回报。

他开始反思，他发现自己的勤奋总是流于形式，并且容易自我陶醉于“我在进步”的假象当中，反而疏忽了去做那些真正有助于自我提升的事情。他只是长时间地做一件事情，却缺乏思考。只是每天去自习，看起来很辛苦，却没有效率。

他忽然明白自己只是肤浅地停留在勤奋的表面，而忽略了勤奋的实质意义。更可怕的是自己习惯了这样的过程，很容易得到满足。最后，发现自己没有得到应有的回报。

他开始想办法让自己脱离这种状态，他开始为自己制订计划，确定自己每天要做的事，让自己的学习目标更明确。

学习状态的改变，让学习效率有了很大的提高，学习不再是那样的重复性的工作，而是需要练习和思考的过程。他回想自己上学期的学习生活，他感觉自己只是在用勤奋，掩饰自己思想上的懒惰。重复性地做一件事情，每个人都可以。

他终于明白坚持事情很重要，但坚持做事情的同时如何提高自己的效率，更快、更好地做事情更重要。就像看完一本书很容易，看懂一本书很难。看书不是目的，更重要的是应用。

这才是学习的态度。

无大学，不奋斗

三年后会是什么样子呢？

三年后自己的水平要达到什么程度呢？

三年后他会以怎样的状态毕业呢？

王迪迪说他有时候会这样想。

三年的时间很宝贵，也很短暂。

未来的三年里他要充分利用自己的时间，去提高自己的阅历，去参加一些校外活动，多读几本经典的书，去尝试不同的东西，让自己的生活更加丰富多彩。

同时，学习也是不能落下的。他要坚定自己的学习态度，适应校园的学习气氛。在适应的过程中不随波逐流，倾听自己内心的声音。另外在大学里，参与各项活动，注重自己综合能力的培养以及全面素质的提高。

在大学里为自己的前程努力奋斗，并学到让自己终生受益的东西。不仅是学问，还有做人。

这才是他想要的大学。

明月清风不必寻

——记李昕怡

李昕怡，女，高工1504班，学号41518098，共青团员。曾获第二届中国"互联网+"北京赛区二等奖、第二届中国"互联网+"校内赛银奖、"绿色中国，你我共创"全国大学生绿色梦想共创计划大赛一等奖、"创青春"首都大学生创业大赛铜奖、机器人校内赛一等奖、"摇篮杯"校内赛二等奖等；曾参加学院文艺团、校团委创业中心。座右铭：运气也是实力的一部分。

春意盎然一尽显艺术之美

在工科实验班里，相差悬殊的男女比例，让李昕怡在班委选举会上毫不费力地担任了文艺委员。对于选择这个职位的原因，她其实就是想找个事少有头衔的职位，在不太劳累的同时，还能兼顾父母，并且想锻炼自己的能力。

聪明反被聪明误。这是一句老话，更是一句真理。初来乍到，不知山高水远，妄想要要小聪明，却发现现实与理想之间不仅仅隔了一山一水。

她上任一周之后，陆陆续续接到了很多的工作安排。团日活动的微电影、新年晚会的舞蹈编排、班徽班旗的设计比赛……望着手机备忘录里的一件件事，她无奈，但同时又莫名地跃跃欲试，想在班级学院里证明自己，展示能力的想法成为了走完这条路源源不断的动力。

"我宣布，第三届高等工程师学院班徽班旗设计大赛一等奖的得主是，高工1504班！"雷鸣般的掌声和欢呼声在她周围响起，她内心翻涌，一瞬间，所有的心酸、担心、烦恼伴随着欣慰涌上心头。差点哭出来的她站在领奖台上，手足无措。

大学是一个全新的开始，对于新上任的班委来说，如何在最短的时间里树立威信，与同学搞好关系，顺利开展自己的工作任务首当其冲。作为平时不怎么管事儿的文艺委员，她接到负责班徽班旗设计大赛事宜的通知时，内心也是倍感压力。她怕自己能力不够，拖累了整个班级；也怕同学们意见不统一，自己优柔寡断，判断失误；更怕班级没有凝聚力，工作无法展开。

大学人才济济，英雄辈出。每个人都不再是懵懵懂懂的少年，而是有了自己完整人格、独特人生观、世界观的成年人。她知道，在这样的情况下，自己还没有任何威信和影响力，想让大家信任自己，协助自己，并不是一件容易的事情。但是自己选择的路，再难也要走下去。抱着一种明知山有虎、偏往虎山行的心态，她用心写了一个通知，发布在班级群里。

结果没有任何意外，同学们几乎没有任何回应。也许是因为学习紧张，也许是缺少相应的才能，整个工作很难展开。虽然提前做好了心理准备，她还是没忍住情绪，发了一通火。而面对比赛一天天临近，这个本应该班集体完成的作品，真真正正变成了她必须独立完成的任务。

而对于李昕怡来说，没有任何 Ps 技术，也没有做过类似的设计成为了最大的难点。可是作为比赛的负责人，她只好从 Ps 的入门开始学习，向老师同学求助，上网搜索资料，借鉴优秀的作品……终于在努力了一周后，得到了第一个完稿。当她展示给班里同学看时，大家觉得这个方案并不是很好。克服心里的委屈，克服时间上的难处，她没有抱怨，熬夜赶出了第二幅设计。而这次吸取了上一次的不足之处，她增加了更多的含义，从颜色、整体形状、部分形状来看，体现出一个班集体的青春、热血、坚持、疯狂。无论从寓意还是美观来看，她都尽量做到尽善尽美。

当这个设计最终被做成样品发到同学们手里时，得到了大家的赞美和肯定。最后在比赛中，她慷慨激昂地讲解，不慌不乱地答辩，更是赢得评委老师的赞赏和观众的掌声。

这是一个好的结果，也是一个好的开始。像万物复苏的春天，让她看到，努力的人不会被辜负，坚持和自信会让人看到繁花似锦的春天。

火伞高张—大战高数之敌

作为高中的数学课代表，李昕怡真的没有想到自己有一天会在数学面前如临深渊。大一第一节课就是高数课，她听得很认真。可也许是因为高中放松了一个假期，大脑里的学习细胞还没有苏醒，再加上完全不同的教学方式，更是让她摸不着头脑。在图书馆，对着课后作业一筹莫展。想要向同学请教，又没有相熟的朋友，只能靠手机，一知半解地往下做。而平时被其他杂事占据了大部分时间，却又缺乏管理自己的时间，如何协调学习和生活，她度过了一段迷茫无助、心烦意乱的灰色期。

结果很明了，期中考试，在全班平均分达到80多分的时候，她作为仅有的三个不及格同学之一，心情真的糟糕透了，“同学们会不会因为成绩笑话我，父母知道了该有多失望担心，我是不是真的不行……”无数消极的小念头像密密麻麻的虫子，占领了她的内心。晚上居然开始失眠，整个人也变得焦躁，喜怒无常。

好在生活在一个乐观的家庭里，父母从小对她潜移默化的影响，让她没有继续消沉下去，而是重新燃起了斗志。放下手里的一切工作和玩乐，全身心投入学习。也恰好在这个时候，她认识了班里一个高数成绩特别好的男生。两个人有相同的爱好，十分聊得来。于是，在男同学的监督和帮助下，为期两个月的备战高数期末考试拉开了帷幕。

上课靠咖啡提神，坚持不用手机拍PPT，改用手抄笔记，增强印象，防止走神；下课必须到图书馆复习一下上课内容，才去吃饭；除了老师布置的作业，还找来更多的题目练习；周末早上不睡懒觉，在图书馆预习高数，做做试题……日复一日，从未间断。她惊讶于自己的毅力，也十分感谢朋友的陪伴。

在考试周的第一天，去图书馆的习惯依然没有间断。7点钟的食堂，暖暖的阳光，安静的图书馆，陆陆续续走进来同学，断断续续的翻书声。她渐渐觉得，这便是生活里最美好的画面，最安心的音乐。

最终的考试很简单，没有想象中难。坐在考场里，她觉得很安心，笔下的每一道题也都能完完整整地作答。也许是备考的作用，也许是运气好，最终考出了高数93分的成绩。她没有欣喜若狂，反而觉得很平静，努力了很久，得到该得到的结果。她始终相信，运气也是实力的一部分。

秋兰飘香—奉献公益之心

学习工作之余，李昕怡也希望通过一些志愿公益活动来充实自己的生活。

正好遇到去敬老院陪伴爷爷奶奶们一天的志愿活动，就和班里同学一起报了名。

在学长的带领下，坐了很长时间的公交车到达回龙观镇敬老院。这个陪伴爷爷奶奶们的下午，很多的感悟触动了她的内心。

有位爷爷，因为身体不好常年卧床。可他的心态十分乐观，闲暇时候听听小曲儿，还开心地用笔记下了每一个志愿者的名字和家乡，念叨着以后要去拜访大家。这位开心乐观的爷爷，在提及自己家人的时候，有过半分钟的沉默。她觉得自己的心被刺痛了。

想起自己的爷爷奶奶，爸爸妈妈，她在心里暗暗发誓，以后无论多忙多辛苦，也绝对不让他们孤孤单单地过完一辈子。

另外一个坐在轮椅上的爷爷，很开心地听着手机里放出的老歌曲，《糖葫芦儿甜》《太阳红》《黄梅戏》……虽然没有无线网，一直在用流量，她也没有一点点不愿意。每个人都有一段美丽而珍贵的青葱岁月，当我们老了、牙齿掉光了、记忆也不再清晰的时候，有一些声音、一些人、一些味道会一直是我们心底最柔软的地方。一想起来，就是甜的，是笑容，是歌声。

而此时此刻，她在心里默默地告诉自己，大学四年，要更多地去做志愿者，帮助需要帮助的人，帮助社会，在自己最美好的岁月，留下最有意义的回忆。

雪照云光一天高任鸟儿飞

时间很快，李昕怡渐渐发现，家里人都不再称呼她小名，改称呼大学生了。如同蚕蛹化蝶只在一瞬间，成人的转变也就在走进大学的这一刻。

未来的路在何方，必然会有迷茫，如同在漫天飞雪的山崖上，看不清脚下路和眼前山。也许你会觉得寒风刺骨，会觉得孤独无助。此时此刻，请你一定记得抬头看看天，那些密布的乌云后面，是灿烂的阳光。你只需要走到最接近天的地方，等待阳光照射下来，雪融化了，就是春天。

海阔凭鱼跃，天高任鸟飞。她相信努力的人不会被辜负，也相信自己会有好运气。

奋斗篇

生命不息，奋斗不止

不论荆棘路有多长

都要一如既往，砥砺前行

任重而不言辞，道远而不言弃

——记李建兴

李建兴，男，材料 E111 班，学号 41103010，中共党员。曾获人民二等奖学金、建龙二等奖学金、人民一等奖学金、2012 年度首都暑期社会实践优秀成果、2012 年度首都社会实践优秀团队、2012 年北京科技大学暑期社会实践银奖等；曾担任卓越传媒主席、材料 E111 班班长等。

人们说没有参加过社团的大学生活是不完整的，李建兴说他当时心里想咱不能有遗憾呀，必须得参加社团。当时也没有考虑什么社团牛、什么组织棒，就觉得对宣传挺感兴趣的，就参加了“卓越传媒”，从最基本的拍照、写新闻稿、Ps、视频制作学起，后来发现学了很多软件，还是用得不明白，就去了编辑部，写写新闻稿，拍拍照，挺自在的。关于那段日子，很多记忆已经模糊了，只记得进入社团的第一天，部长让他们每个人都宣誓，誓词早已忘记，大概就是承担责任、忠于组织之类的，当时觉得有些奇怪，但也没有在意，可是随着时间的推移，他才发现当时那份誓词的意义。

在“卓越传媒”的那段日子，他唯一学到的就是两个字——“责任”。社团并不是什么强制性的组织，很多时候干多干少、做事认真不认真没人关心，与其辛苦工作，还不如和老师套个近乎来得快。但他现在想想那段日子，每天拍照端着相机一站就是几个小时，写新闻稿写到深夜，觉得还不错，起码挺充实的。后来在“卓越传媒”一干就是三年，走的是一般大家都会经历的过程：部员—部长—主席。

他回想起那时也觉得自己可爱到傻，记得当时为了学生会要成立宣传部撤销他们这边一个部门和当时的主席吵得不可开交，还因为工作上的事情和别的部长争了起来，有一次因为部门事情在社团例会上大发雷霆，这些事情真是数不胜数，他说现在想想都觉得自己当时好傻。可是假如再让他选择一次，他仍然会那么做，但方式会委婉一点，这是他的责任。

想到社团，他脑袋里闪现过很多画面，每周的例会、端着相机的部员、一群人聚在一起嬉笑的画面、深夜挑灯赶视频的情景、一张张可爱的脸：猪哥、娉姐、纪相……一点点碎片，拼成了他在卓越传媒三年的生活，有过泪，有过笑。

与班级的兄弟姐妹

社团是带给李建兴快乐和实现自我的地方，而班级则是带给他家的感觉的地方。在经过分班等一系列变化之后，班级总共21人，人数不多不少，每个人在班里都很自在。他想到了女生节，一群男生陪着女生过节；想到了考试前那一厚沓的复习资料；想到了银杏树下的一张张笑脸；想到了那一个个学习小组；想到了很多次大家一起嬉笑的画面；想到了毕业典礼上每个人那自信的样子……这些小小的碎片，拼成了他大学时最温馨的一份想念。

温馨的画面一闪而过，接下来便是一些不得不提起的“痛苦”记忆，那就是学习。大学的学习压力还是很大的，尤其在高工学院，加权80分的压力，外加老师一上课就会说：“你们可是高工学院的学生……”所以每每到考试周都有一点点紧张。

李建兴说有一段日子，每周除了正常上课外，要额外上5节实验课，每个实验都是厚厚的一沓实验报告，那几天每个宿舍都买了充电台灯，一直写报告到深夜，路过各个宿舍，看到大家都在熬夜写报告的场景也不失为一种莫大的震撼，相对于震撼，他感受到的更是一种认真的态度。他还记得考试周的时候，当时在考大学物理实验，还没到考试时间，大家都已经早早地到了实验楼，而且顺着楼梯整整地坐满了整个楼梯，那个场面想想都觉得霸气十足。他还记得大家在思想政治考试前，几乎所有人都是努力地背诵直到深夜，有的同学甚至怕影响其他同学休息在厕所里背诵。他还记得同学们带着绘图纸天天奋斗在经管楼绘图室的场景；还记得同学们机械设计中完成的一份份设计；还记得同学们写的那厚厚的设计报告书；还记得同学们在毕业设计时，奔波在各个实验室的时光……

投身实践，身体力行

一名合格的大学生不能只是“两耳不闻窗外事，一心只读圣贤书”，应在更为广阔的天地施展自己的才华，拓展自身各项素质。李建兴在2012年暑假期间，组织成立了“环而卫之”实践团，开展了以“体验环卫生活，关爱环卫工人”为主题的社会实践活动。在此次社会实践活动中，他自己联系相关单位，自己招募队员，自己设计实践形式和内容，深入社会底层，和环卫工人一起生活，一起工作。虽然环境恶劣，但是他们一直在坚持，他们用自己的行动在为一个特殊的群体服务，他们证明了自己。

同时他还在2013年暑假期间担任中国科学营北科大分营的科技辅导员，在科学营期间向广大高中生展现了良好的精神风貌。他在实践中不断地锻炼自己的能力，不断地超越自己。

大三暑假他前往太原钢铁集团实习，每天拿着一个本子和一支笔跟在师傅后边问个不停，现场需要他们学习的东西太多了，很多设备根本无法在书本里掌握，必须通过现场的实习得以认知。轰鸣的机器、繁忙而有序的现场、火热的钢坯，还有刺鼻的酸味都让他无法忘记，在那儿他才知道大生产过程和实验室的区别，在现场考虑的永远是效益，所以很多模型和工艺参数的修改都只是一个微调而已，都是不断试验和尝试；在那儿他才知道，实践是多么重要，面对整条生产线，书本上的知识还不如一个普通的操作工的知识更具实践意义；在那儿他才知道，一个工程师的成长不仅需要深厚的知识，更需要实践和经验的磨炼。

笑对生活

生活的滋味到底是怎样的，其实取决于你以什么样的态度对待生活，所以李建兴的宗旨就是笑对生活。不管是每天乐呵呵地和班级同学们待在一起，还是在学生工作中面对不同的人，或是在工作或学习中遇到不顺心的事情，他的笑容一般都不会停止，因为他觉得没有什么不能用微笑来化解的。

所以在日常生活中，他和每一位同学都相处得非常愉快，每天都能充满激情地投入到学习或工作中去，开开心心的就已足够。不被那些噱头所困扰，任何出彩的现在，都是万千细小的过去拼凑而成，所以不要想其他的，简简单单地、认认真真地做好自己就可以，因为只要对得起自己，就是一条卓越的道路。

他很喜欢席慕蓉的诗，遂以此诗结尾：所有的结局都已写好/所有的泪水都已启航/却忽然忘记了是怎样的一个开始/在那个古老的不再回来的夏日/无论我如何地去思索/年轻的你只如云影掠过/而你微笑的面容极浅极淡/逐渐隐没在日落后的群岚/遂翻开那发黄的扉页/命运将装订得极为拙劣/含着泪，我一读再读/却不得不承认/青春是一本太仓促的书。

人生在勤，不索何获

——记乔双

乔双，女，材料E111班，学号41101005，中共党员。曾获两次国家励志奖学金、宝钢优秀学生奖等奖学金、校级“优秀三好学生”、校级“三好学生”、校级“优秀学生干部”、学院“院长奖章”、北京市普通高等学校“优秀毕业生”等；曾担任学院学生会求是学会会长等。

2011年的9月，乔双很荣幸地成为北科大高等工程师学院的一名新生，在激动与兴奋的心情中开始了大学生活。不知不觉中，她已经在高等工程师学院度过了四年的时光，在这四年的时光里她学习到很多。

回顾过去的本科四年生活，学院给了她很多的帮助，也让她在这四年中成长了很多。作为教育部“卓越计划”首批实施高校，北京科技大学于2010年9月成立了高等工程师学院，全面执行“卓越计划”，开创具有本校特色的“卓越工程师”培养工作。

高等工程师学院作为学校的工学学院之一，是“卓越计划”的实施内容之一，也是学校特色的工程教育培养模式。学院秉承“学风严谨、崇尚实践”的办学传统，以“实践和创新”为特色，致力于培养“厚基础、宽专业、强实践、重创新、懂管理”，具有国际视野和跨文化交流能力，了解专业技术发展前沿和国内外行业发展状况，满足国家钢铁工业技术创新所需要的高素质创新型工程技术人才和行业领袖。

乔双身为高等工程师学院招收的第一届高考生源，在学院学习生活的四年中，通过切身参与学院大大小小的活动，真真切切地见证了学院在这四年的成长与进步。学院的每一个成员都见证着学院的成长和进步，每一阶段都让他们获益匪浅，学习到很多东西，自身也获得了很大的提升。学院以“卓越计划”为宗旨，对学院的每一级学生都举办各具特色的“卓越素质训练营”活动。在此基础上，学院举办“卓越素质训练营”系列讲座，邀请校内校外的知名人士为大家传输知识，增长见识；举行辩论赛、演讲赛和篮球赛等活动，扩展大家的兴趣范围，丰富大家学习之外的活动。

作为“卓越素质训练营”活动之一，大一暑假小学期，学院安排大家进行英语夏令营活动。这是一项很有意义的活动，学院邀请了来自美国、英国和加拿大等国的外教老师，带领他们进行为期两周的英语夏令营活动。在此期间，大家每天都能接触到纯正的英语口语，通过听英语、说英语等，不断锻炼提高自己的口语和听力，与此同时，外教老师还带领他们进行英语辩论赛等活动，让他们在玩中学习英语，激发他们对英语学习的兴趣。英语夏令营活动是学院的特色活动，带给大家乐趣的同时，收获很多，是学院提供的一个机会，让学生能在轻松愉快的氛围中学习和提高自己的英语水平。

学生工作共成长

大一期间，乔双曾担任过班级学习委员。在这一学期时间里，她积极配合老师并联系其他班委开展各项活动，以身作则，为班级的建设贡献出自己的一份力量。作为一名班干部，她能和同学相处得十分融洽，能用自己较高的热情与责任心去感染同学们积极地参与到班级活动中来，在班级这个熔炉中得到不少的锻炼，办事精干、处事果断等能力慢慢得到了培养，在思想、学习、工作等方面取得了较大的进展。为增加同学们的学习兴趣，她在班级组织开展学习兴趣小组，定期开展学习交流活动，提高同学们的学习成绩；接学院的通知，在班级内组织“追梦莎士比亚”英语话剧，并在学院成功演出；同时协助班长组织了班级同学聚会，加强了班级同学凝聚力。在工作期间，她始终以“奉献学院，服务同学”为宗旨，真正做到为同学服务，代表同学们行使合法权益，为班级建设尽心尽力。

同时，身为宿舍长的她，一直带领宿舍成员进行积极向上而又有意义的宿舍活动。宿舍四名同学，分别来自三个不同的专业，大家的上课作息时间不一，但在大家的积极配合下，宿舍整体学习生活氛围浓厚，大家都能做到互帮互助，相亲相爱，作为宿舍长的她，也感到非常荣幸，能有这么一个和谐的宿舍。目前，宿舍四名成员均通过硕士研究生推免，顺利报送为硕士研究生。

大二至大三学年，她在学院求是学会担任会长一职。在学院积极开展各种活动，并积极配合其他部门的工作：举办2012级卓越训练营开营仪式暨2011级闭营仪式；举办2012级卓越训练营系列讲座；举办2012级新生“卓越杯”辩论赛；协助校求是学会进行演讲大赛、宣讲大赛等活动；协办学院毕业生照片墙、电影放映……她积极参与学院学校的建设，在学生会这样一个舞台上培养锻炼自己，努力提升自己，并通过大家的一致努力，把他们学院的学生会推向了更大的舞台。

大四学年，宿舍楼成立党支部，作为预备党员的她很荣幸地担任党支部的学习委员，在党支部开展的各项活动中积极参与，配合并认真执行上级下发的任务。在这个过程中，她了解了党支部的运行模式和思想提纲，这对她的思想觉悟提升也有很大的帮助，让她在日常生活中，深入了解党的思想任务，学习党的政策纲领，积极向党组织靠拢。

各种活动的参与，使她体会到大学生活的乐趣，也使她在这些活动中增长了见识，交到更多志同道合的朋友。大学提供给他们这样一个平台，他们应该有效地利用这个平台，在学习工作之余，参与各种活动，锻炼提升自己。

重实践、助学习

学院在大二学期以及大三暑假均给各个专业安排了钢铁企业实习活动。大二上学期，他们去了上海的宝钢集团进行认知实习。宝钢集团是中国最大、最现代化的钢铁联合企业之一。宝钢以其诚信、人才、创新、管理、技术诸方面综合优势，奠定了在国际钢铁市场上世界级钢铁联合企业的地位。《世界钢铁业指南》评定宝钢集团在世界钢铁行业的综合竞争力为前三名，认为也是未来最具发展潜力的钢铁企业之一。

为期两周的上海宝钢认知实习结束之后，虽然时间很短，但在这短短十多天的时间里乔双感觉自己成长了许多，学到了很多东西：在宝钢人才开发院，宝钢的工程师生动详细地讲解了关于原燃料准备、焦化、烧结、炼铁、炼钢、连铸、轧钢等各生产工序的工艺、流程、装备及其功能和原理，详细讲述了宝钢在这些方面的独到之处，并耐心为他们答疑解惑，让他们学到了很多课本以外的知识；参观宝钢的生产车间和生产线更是让他们直观地了解了很多钢材的生产过程和工艺，让他们亲身体验到企业真实的工作情况，感受到企业的先进文化。

大三暑假，学院选择了太钢、首钢京唐、邯钢和莱钢等六大钢厂，让大家根据自己的意愿选择自己生产实习的地点，她被安排在首钢京唐。首钢京唐地处河北省唐山市曹妃甸区，是首钢搬迁调整的重要载体。建设首钢京唐公司钢铁项目，是党中央、国务院的重要战略决策，是国家“十一五”规划的重点工程，是完全按照循环经济理念设计建设的具有国际先进水平的大型钢铁项目。首钢京唐公司是国内第一个临海靠港的1000万吨级钢铁企业。作为具有国际先进水平的新一代钢铁厂，首钢京唐公司具有以下显著特点：区位优势，产业支撑；布局合理、流程紧凑；设备大型、技术先进；产品高端、循环经济等等。

在首钢京唐实习的近一个月里，学院给每位学生配备了一位资深的现场师父，带领学生进入现场，引导学生参观以及查阅资料等，了解热轧生产中包括原料准备、加热、除磷、定宽机减宽、粗轧、切头尾、精轧除磷、精轧、层流冷却以及卷取打捆等各热轧生产工序的工艺、流程、装备及其功能和原理，体验企业真实的生产生活状况，感受企业的先进文化。

面对未来，更加精彩

四年的时间，不知不觉间已走到了尽头。乔双感谢学校学院提供了良好的学习和生活环境，让她能无忧无虑的学习和生活；感谢学院的“卓越计划”，让她有不同寻常的体验，见识到更多的新东西，扩展了自己的视野。作为2015届毕业生，她所在的材料专业，通过学院四年的辛勤培养，大家都有自己的选择和出路，一大半的学生都进入研究生阶段学习，部分学生选择出国深造。

这四年中经历的每一天，都已在她心中留下了永久的印记，因为这些印记见证她的成长。四年的锻炼，给她的仅是初步的经验积累，对于面对未来、迈向社会的她来说是远远不够的。因此，面对过去，她无怨无悔，来到这里是一种明智的选择；面对现在，她努力拼搏；面对将来，她期待更多的挑战。战胜困难，抓住每一次机遇，相信自己一定会演绎出精彩的一幕。

一个苟活于世间的小人物

——记朱可

朱可，男，材料E121班，学号41203008，共青团员。曾担任校团委宣传部部长助理、北科大青年读书会会长。

“材料”源起

回忆初始，时间倒回那个炎热的夏天，树上的知了正不知疲倦地嘶叫，朱可怀着复杂的心情看着填报志愿的书，一方面是高考取得高分的激动；另一方面是他和父亲填报志愿时候产生的冲突。“学中医”这个朴素的想法早在高中甚至初中就已经形成，针灸、把脉、阴阳辨证这些词汇吸引着他的注意力，中医能治病，效果甚至比西医好（西医治标，中医治本），这让他感到神奇，于是非常向往自己成为一名中医，祛病救人，救死扶伤。

不过这样的想法到了父亲那里就戛然而止，他的想法最终遭到了父亲的强烈反对，原因大概是因为医患关系紧张、学医太苦（毕竟读书的时间更长）之类的。在填报志愿的书上，他时常看到蹦出“卓越计划”、“卓越工程师”的字样，于是上网查了一下对这个词的解释：“卓越计划”是国家教育部贯彻落实《国家中长期教育改革和发展规划纲要（2010—2020年）》和《国家中长期人才发展规划纲要（2010—2020年）》的重大改革项目，也是促进我国由工程教育大国迈向工程教育强国的重大举措，旨在培养造就一大批创新能力强、适应经济社会发展需要的高质量各类型工程技术人才，为国家走新型工业化发展道路、建设创新型国家和人才强国战略服务，对促进高等教育面向社会需求培养人才，全面提高工程教育人才培养质量具有十分重要的示范和引导作用。一看这么高大上，就选这种带“卓越计划”字样的志愿了。

在那茫茫的文字中，他找到了“北京科技大学”的身影，一查该校专业排名，“材料科学与工程”这个专业高居全国第二，于是就在那几分钟的时间，人生接下来的很多东西就决定了。读这个专业是他和他父亲意见的妥协，自此他想当一名中医悬壶济世的梦想破灭了。

最后反思填报志愿的错误，还得归于整个社会环境。在高中的时候，大家都是一股脑地读书，反复地练习考试，只关注最后的高考成绩，可是从来没有多少人想过未来会干什么，或者说想过未来要干什么，但是教育缺乏相关的职业规划指导，大学里倒是有许多职业规划、指导的课，但是那时候有点为时已晚，毕竟本专业的东西放在那里了，想转行要付出比别人多很多的努力，而且转行的机会和选择也不是太多。

学习与生活的平衡

说到学习，当寝室都还在睡觉的时候，朱可就起床出去读英语，这种行为连他自己都被自己感动了。但是一到考试的时候，他又会生出各种想法，无法集中精力。其实，平时大家都差不多，关键就在于考试周及其前两周，他无法收心学习，最后的结果可想而知。

专业基础课和专业课倒没什么令人可以回忆的，本来他就对本专业没什么兴趣。不过，选修课有让他受益匪浅的，一个是股票与中国市场，让他明白了股票的运作道理，让他接触到了一些基础金融知识；另一个是新能源技术，让他了解到一些中国能源的问题；还有一个是《资本论》与当代世界，余斌老师是特意被请过来给他们讲《资本论》的，余老师的授课打开了他对于世界的新的认知。

社团方面，其实他大一上学期就参加过社团活动，后来大二上学期就在读书会干活外加校团委宣传部舆情组干活。社团内的牛人很多，他学到了很多以前从未学到的思想，这是上课所不能带来的，同时他也开始思考社会，思考这个世界上为什么会有穷人和富人，为什么穷人成功很困难，而富人成功却很容易，人生来是不是平等的诸如此类的问题。寻找这些问题的过程就成了他学习社会科学知识的过程，他逐渐接触到马克思的一些经济学理论，并开始有自己的判断。

很感谢在社团的那些日子，他如饥似渴地学习到很多关于社会的知识，建立起全新的世界观，他想这个世界观将来也会对他的人生有帮助，因为这个世界是动态的，中国也在不断改革，抓住机遇就有可能改变历史，他指的未必是他个人的东西，或许整个社会都会发生翻天覆地的变化。

因为社团的特殊背景，他有幸又同时在校团委干活。在校团委中认识了许多人，或许以后都不会再联系了，但是在校团委中还是锻炼了他的人际处理能力，还有一些做社会调查的技能。

如果再给他一次选择社团的机会，他依然会选择读书会，并且会花更多的时间在读书会上，而不是游戏上，毕竟游戏常有，而读书会却不常有。在读书会的这段经历，他想他会铭记一生，读书会是对他人生观、价值观塑造影响较大的一面，他学会了如何更加全面地去分析一个问题，辩证地去看一个事物的两面（正面和反面），甚至三面或四面。

有一次不经意听到四斋楼下的打印店老板说的一句话，情景是他在批评一个同学："一看你就不是搞科研的，世界上任何事情都有解决的方法，只是你没有找到而已。"这句话触动了他。人类发展到现在，还真没有因为任何一件事情而阻止前进的步伐。

打印店老板的话非常富含哲学意味，在大学中可能你遇到了许多头疼的事，但就像打印店老板说的，世界上任何事情都有解决的办法，找到办法把那些头疼的事一一处理了，那也就不头疼了。

实践出真知

朱可去报社实习是在大四下学期考研之后的两周，其实早在考研前两周，他就决定不想考研了，至于为什么，可能还是因为不太喜欢搞研究外加压力比较大吧。

虽然报社实习只有两周，但是给他很多启示。第一是，职场不是学校，职场是给老板干活的，即使你有千万个理由，如果你没把分内的事情做好，那么老板就会对你有不好的印象。学习应该是在职场之外做的事，也就是说学习不能占用职场里的时间和精力。第二是，要向老板低头，一件事情如果你认为老板错了，你应该更多地保持沉默，也许是你本身的经历有限，老板见多识广，判断得比你准确，顶撞老板的后果很严重。

因为做的是社区记者，所以走访社区比较多，在大街上整天走也容易发现很多问题。就像北京车多的问题，致使街道两旁本来的自行车道全部变成了停车道，又如收废品的车子影响市容、卫生之类的，听惯了居民们的吐槽，便觉得身为北京人也不易，既要忍受雾霾又要接受人多、车多带来的问题。

本来朱可学习不太好，但看到很多同学保研了，所以对研究生生活非常向往，于是他也参加了考研的复习大军。在考研期间，最让他满意的大概是十一放假期间，那时候的他真的很拼，每天8点多骑上自行车去吃饭，然后去学院302教室看书。记得每天早上是两小时背单词，阳光从窗户直射到他的座位旁，外边的鸟儿欢快地鸣叫，空气中弥漫着阳光的味道，那种精神上的享受恐怕只有考研的人才能懂得。考研复习的时候，有时候会被自己感动。

但是复习着就容易陷入迷茫，他真的喜欢他的专业吗？他适合做科研吗？这样的问题萦绕在他的脑海，最后他做了一个他不后悔的决定：不考了，去工作吧，他不愿意把大好精力放在实验室搬砖上。扯到这个问题，就联系到他报社实习的经历，也正是因为放弃考研的这个想法，才会让他萌生当一名“正直”的记者的想法。后来实习后才发现“正直”的记者真的很难当，再加上老板没有想给他留在公司的机会，于是不得不放弃了这个比较难实现的梦想。

因为朱可心中已经无上研究生的愿望，所以研究生考试也就是重在参与，不过最后结果也就数学考得比较糟糕，其他还是能让人接受的。考试没过，当记者的梦想又破灭了，那只能全身心投入在春季招聘的大军中。不过感觉专业比较尴尬的原因，名义上是“材料”，实际上是“轧钢”专业，让他找工作不好找，尤其是现在钢铁行业不景气的背景，想找一个合适的钢企简直比登天还难，其实这还归结于他加权成绩不高，六级没过，但是这个又得归结于他大二就萌生了考研的想法，所以学习也就没怎么上心。人有的时候是矛盾的，尤其是在不同的时间点上，想法总是被新的想法推翻、取代。

由于成绩不太好，个人也比较自卑，所以找工作自然是比其他人更艰辛。投过许多简历，但收到面试的甚少，最后很有希望的比亚迪可能是因为他专业原因没有给他offer。不过因祸得福，他就这样稀里糊涂地签了日照钢铁，走向了专业的延续。其实他想回南方就业，家乡附近就有钢厂，无奈没有来招聘啊。他的打算就是先干几年，如果有晋升机会，他当然选择留下来，如果没有就回家干吧，毕竟家里也有个照应，父母年纪也大了。

人活着的意义到底是为了什么？为了追逐快乐？为了做一些有意义的事？为了帮助其他人？在朱可看来，人的本质意义和动物、植物、细菌、病毒等一样——生长和繁殖。人类社会不停地生长和繁殖，为了更好地生长和繁殖，他们从山洞搬进草房，然后是木房，然后是钢筋混凝土房子，目的在于保护他们免受大自然的侵害，他们的科技发展也是为了更好地生长和繁殖，交通工具的不断进化使他们的物质交流越发充沛；信息工具如互联网的普及使他们的信息交流越来越充分；新能源的开发和利用则保证了物质交流和信息交流中的能量损耗问题。

就像一幅漫画《人生的意义与甜甜圈》里说的，人生是没有意义的，人类存在于这个世界上只有几十万年，天上的星星都存在几十亿年了，你以为宇宙真的在意你和他吗？当然不在意，他们只是尘埃罢了。但是这不代表他们应该放弃一切。他们的人生没有意义，他们只是宇宙的尘埃，总有一天他们会被遗忘，在这样的艰难现实下，他们仍然可以活着，享受这个世界的美好。对啊，他们的存在对于宇宙没有任何意义，但是他们的存在最大的意义是对于他们自己，找到自己内心的富足，在离开这个世间的时候，道一句“这个世界我来过”，足矣。

今朝一步一天涯

——记赵博

赵博，女，冶金 E122 班，学号 41202039，共青团员。曾获新生奖学金、人民奖学金二等奖、人民奖学金三等奖、校级“三好学生”、北科大第十五届“摇篮杯”大学生课外学术科技作品竞赛三等奖；曾担任北京科技大学附小、清华大学附中等学校航模课教师等。

说到毕业，赵博首先想到的是这么一句话：我在路上走着，遇到了你，大家点头微笑，结伴一程，能不远不近地彼此陪伴着，不是已经很好了吗?

那时我们有梦

赵博在大一积极参加了学校举办的各项活动，在大一上学期的新生运动会中参加了方队的训练，以及龙卷风的比赛项目，在龙卷风项目中与队员共同获得了第三名的好成绩。大一上学期在学长访谈活动中，参与撰写了学长访谈录，获得大家的一致好评。在 2013 春季运动会上担任健美操教练员，不仅参加了团体操的表演，还荣获了“优秀教练员”这一荣誉称号。

谈到冶二这个集体，“我总是能感受到温暖，大家像兄弟姐妹一样一起学习生活，一起开玩笑打雪仗，一起为了班级的活动和比赛出谋划策，总觉得冶二是最温馨最有爱的集体。”她说道。

大一开始她便积极参加各种社团活动。大一上学期作为志愿者顺利加入高等工程师学院学生会权益部，积极完成各项工作，大一下学期继续在权益部工作，继续为维护学生权益服务。在一二·九长跑活动中担任工作人员，辅助老师和学生会成功举办了这次活动，保障了同学们的安全。大一下学期，作为高等工程师学院权益部的代表与其他学院代表共同参加了与学校后勤集团的座谈会，向后勤集团提出了切实的建议，反映同学们的心声。从小就一直热衷于志愿活动的她不仅加入了校青年志愿者协会，还陆陆续续地参加了很多志愿活动。

当然，大一学年让她最难忘的就是在宿舍的生活了。六个性格迥异的姑娘生活在一起，她在心里早就把她们当作自己的亲姐妹。虽然有时也会有小的摩擦，但是最终大家都能解除误会，相互理解，相互信任。作为宿舍长，她带领宿舍成员在宿舍卫生检查中多次获优，并在高工学院举办的宿舍文化节中获得综合成绩女生宿舍第一名。

她说："我们总会经历这样的时刻，在新的环境里，风景与我们想的不太一样，需要适应、需要摸索，总要走弯路，才会想到：啊，前辈们说得真对啊。可是那时我们有梦，现在想到也会觉得是一件很好的事情。"

纸上得来终觉浅，绝知此事要躬行

大二上学期赵博延续社会实践的内容，与实践团的小伙伴们参加了校级"摇篮杯"比赛，五个人在学生活动中心开会讨论、熬夜做答辩 PPT，现在想起来觉得大家一起为了一个目标努力的日子特别好。在她们的努力下，课题"额尔古纳生态经济调查"也拿到了校级"摇篮杯"三等奖。社会实践让她们收获的不只是证书、称号，更是收获了几个人一朝一夕的相处而培养的珍贵友谊。

大二因为一个偶然的机会赵博得以继续留在青协做新闻办公部副部长。尽管她是后来才加入的，和其他部长少了四个月的相处，但是青协依然是让她感到特别有爱的一个集体。大二时和大家一起筹备讲解大赛、筹备志愿者联欢会，感受着大家的努力，和大家一起付出和成长，让她收获颇多。

大二下学期她加入了美新路公益基金的大朋友项目，其实就是每月和与自己结队的河北贫困地区的孩子通信，每年至少回访一次。当初她听朋友介绍这个项目觉得特别好，想到自己上初中的时候也特别希望能有个大朋友，她就报名参加了这个项目。通过严格的考核和专业的培训，她成为了"大朋友"中的一员。赵博说："回头想想，其实陪伴和理解是一件很难的事情，我们总是想教导、想建议，总是很容易以自己对这个世界的认识去思考问题。通过每次回访和分享，自己有了新的领悟和成长，开始慢慢接受其他人的不同，认真聆听和交流，用爱陪伴生命。”

她也在大二加入了学生创业团队“追风果缘”，她说这是大二学年让她成长最迅速的一个集体，这个集体由各个年级的学生构成，有优秀的研究生学长学姐，也有刚刚走入大学的学弟学妹。虽然都由学生组成，但盈利组织毕竟和社团不同，更加注重多劳多得，也更加注重个人能力的发挥和团队合作的精神。在这个集体中，她作为小店长负责人，参与筹备了实体店开张、周年庆等等一系列活动。大三的时候虽然付出了很大精力去经营，但是因为很多原因后来还是决定退出这个团队。其实加入“追风果缘”的初衷不过是想接触下创业团队，最后的收获却比预想的要多得多。

大二赵博尝试了很多从来没做过的事，也是最忙碌的学年。也许他们对未来还很迷茫，他们渴望成长、渴望成熟、渴望独当一面，最终也一定会是如此，还是要将“绝知此事要躬行”牢记在心。

“人是一根会思考的芦苇”

大三学年成绩在保研的边缘，除了“大朋友项目”，赵博停止了其余的活动。她在面临保研与考研的选择时，迟迟不能决定，不知道到底怎样是最好的。最后虽然仍决定提高自己的加权成绩，拿到保研名额，但也做好了保不上而考研的准备。开始对自己的未来负责，认真权衡和思考的时候，大概就真的成长了。

大四学年，虽然课程不多，但她仍然认真地听课复习。课余时间为了丰富自己的经历、锻炼自己的能力，她在北京科技大学附属小学和清华附中朝阳学校小学部兼职航模教师。她说：“四年下来，觉得自己是一个足够幸运的人，身边有太多好老师、好师兄师姐、好朋友，他们都耐心地听我说话，陪伴我、支持我、帮助我，可是好像唯一能对他们说的也只有谢谢你们、祝福你们。马上要毕业啦，希望再见依然一笑作春温。当然，也要谢谢自己，谢谢自己的坚持与善意，我依然爱你，依然爱你们。”

回顾四年，赵博慨然。很多事情大概只有当时发生的时候情绪比较强烈，现在想想其实是再正常不过的事情了，一切真的都是最好的安排。四年的时间，说长不长说短不短，成长是不知不觉的，某一件事对个人有多大的影响，在当时是感受不到的。人们总说：勿忘初心，方得始终。也许就是不要在教条和目光里失去自我吧。生活可能不像我们所想的那么美好，它也有物质和功利的一面，也需要人们忍受甚至斗争，可是值得去爱的东西仍有很多，请好好努力，善待别人也善待自己，难过的时候也请对生活说一声谢谢。

步履不停

——记李露露

李露露，男，资源 E12 班，学号 41201011，共青团员。曾获新生奖学金、三晋奖学金、国家励志奖学金、校级“优秀学生干部”、连续三年获得“三好学生”等荣誉称号、北京科技大学数学竞赛三等奖；曾担任资源 E12 班班长、学校求是学会部员。

“学习机器”是李露露初中老师对他调侃性的评价，因为那个时候他的生活几乎只有学习。高中的情况和初中比，是有过之而无不及。为了能在“千军万马”之中又快又好地通过高考的“独木桥”，他拼了命地学习。那时候的他是个名副其实的书呆子。

拒绝继续成为书呆子

怀揣着自己的梦想和憧憬来到北科后，李露露突然发现，这里的一切不只是学习，更有丰富多彩的生活。要想活得精彩，就要全方面地发展自己。在这一年里，他积极参加各种活动和比赛，不会就虚心求教，在综合素质方面有了很大的提高，尤其是在计算机方面和人际关系方面。一开始，他是个计算机小白，甚至不懂如何给邮件添加附件。利用星期日和假期自学软件，一年后，他不仅熟练掌握了 Word、PPT、Excel 等最基本的办公软件，还学会了 Photoshop、会声会影、CAD、Inventor 等软件。后来他利用这些技能为社团活动和社会实践团队做出了贡献。

人际交流上，他开始的表现有点差劲。由于来自农村，没有太多见识和锻炼，再加上有点口吃，他在开始的时候总是过于内向，不善于或不敢与人沟通，在讲话的时候只要人一多就面红耳赤，失去了讲下去的勇气。为了提升自己这方面的能力，他在参加各种活动时总是不断强迫自己在众人面前发言，说出自己的心声。他通过了阳光心理协会的多层选拔，成为了一名心理健康快车活动的主持人。

拒绝成为书呆子，是他大一的终极目标。通过努力，他的综合素质得到了很大的提高。学习上，在高中的惯性作用下，他的成绩依旧名列前茅。

大一的生活如白驹过隙，眨眼间就溜走了。走过大一，他不再是一个只会学习的书呆子，而变成了一个在各方面都努力发展的大学生。如果将大学比作是一篇优美的散文，大一的日子肯定是一个巧妙的过渡句。过渡之后就是发展和精彩的高潮。

让生活忙起来

兰晓龙在《士兵突击》中有一句话很质朴但是很有道理：你现在混日子，小心将来日子混了你。大一的窘况，已经让李露露认识到了技多不压身的道理，他决定要让自己的生活忙起来。

第一个目标是经济独立。

“成功的花/人们只惊慕她现时的明艳/然而当初它的芽儿/浸透了奋斗的泪泉/洒遍了牺牲的血雨。”这段经济独立的经历背后也有些许心酸。他来自山西省朔州市的一个小农村，爷爷和母亲是孤儿，父亲下岗。而他和哥哥先后进入大学求学，花费巨大。在这样的情况下，他深知家里面的每一分钱都来之不易，所以他一直暗暗下决心要实现经济独立，在他自己的努力和学校的帮助下，他获得了助学金，并且在勤工助学中心找到了工作，同时在校外也找了兼职工作，实现了自己的经济独立。但是这个过程真的是用他自己的勤劳吃苦换来的。比如去展会兼职，一般一站就是一天，期间还要不断地讲解，走动。一天下来，腿累得打颤，嗓子也快冒烟了。再比如给小学生办活动，要搬东西，照顾他们，教他们操作，短短的几小时，就能把人累得不轻。虽然是劳累了点，但是他还是坚持了下来，实现了自己经济独立的目标。

第二个目标是在社团活动中进一步提升自己的能力。

也许每个高中生都对大学的社团充满了向往，希望能够在其中交到更多志同道合的朋友，提升自己的能力。他也不例外，“百团大战”那天，他就早早来到操场，从许许多多的社团中选择了求是协会的外联部。他觉得能够从商家手里拿到活动的赞助费是一件很棒的事。

求是协会的活动很快就开始了，但事实却和他预想的出现了偏差。能拿到赞助费真的很棒，但是过程却没那么容易。商人是要挣钱的，没有利益，他们怎么会给你赞助费呢。所以要开动脑筋，站在商家的立场上想问题，看到他们想要什么，然后在他们得到想要的东西的同时，拿到活动需要的赞助费。经过电话中的一次次谈判和游说，他和其他部员，为求是协会的演讲比赛拉到了一笔赞助费。钱虽然不是很多，但是能成功迈出这一步，真的不是很容易。

社团是个活动的场所，也是一个大家庭。通过一次次的活动，他在社团中交到了很多志同道合的朋友，性格也变得更加开朗起来。或许人这种群居动物，就需要相互碰撞，才能擦出灿烂的火花。

第三个目标是让成绩更上一层楼。

大二的时候，课程突然像夏天的雷雨那样，没什么征兆就扑面而来，让他有点应接不暇。也是从这个时候，他开始迷茫，开始思考，这样忙碌的学习到底有多大用处。

还好，他这个人比较“傻”，他觉得想不通的时候，也要做好。与其想不通自己心烦，还不如先坚持看看，或许再走一段就会像桃花源那样豁然开朗。事实证明，学生的本职工作是学习，知识永远不会成为累赘。大二学年，虽然忙着各种活动和挣钱，他的成绩依旧稳定，却没有进一步提高。

珍惜每分每秒

大四学年的上半学期，保研的事宜如约而至，沸沸扬扬的前奏也终于落幕。接下来就要忙着找导师、交各种材料、准备面试等等。终于第八周左右的时候，李露露的保研尘埃落定，而大学仅剩的几门课程也完成了考试。后八周虽然有课程设计，但是突然变得异常清闲。对于习惯忙碌的他来说，还真有点不习惯。

春节过后，就是大学四年的最后一个学期了。来到学校后，他不禁感慨：大学怎么只有四年，这四年怎么过得如此之快，感觉做大学生刚刚可以做得“像模像样”就要结束了。如今也要重复古人早已嚼烂的语句：天下没有不散的筵席，这里面的种种感慨，也许真的只有即将分离的人才能感受到。既然终将面对分离，那就要将毕业季过得精彩一些。为此他积极参加学院毕业季的各种活动，好好组织每一次的班级活动，努力为自己的大学生活画上圆满的句号。

一切都将会过去，过去的会成为亲切的怀恋。大学是他心里永远都在激荡的怀恋。有人说母校就是你骂了无数遍，但不许别人骂一遍的地方。北科，高工，这些字眼他也许曾经吐槽过，甚至骂过，但在毕业之际，这些统统化为了浓浓的思念和不舍之情。“今日你以北科为荣，明天北科以你为傲。”长路漫漫，道一声珍重，我的北科。

我的卓越路

——记朱言晨

朱言晨，男，材料 E13 班，学号 41303009，共青团员。曾获人民三等奖学金；曾担任科技馆志愿者；曾参加北京科技大学青龙湖社会实践团、计算机协会、足球协会。座右铭：比起地球的运转，我的速度不算什么，我会尽全力，不输给这个世界。

“能在北科大高工学院学习真的是我的荣幸，在这条卓越路上我的基础知识、专业知识得到了充分的补充。更重要的是这里的学生活动、体育活动、志愿活动、科技创新、社会实践等非常多，这就相当于让我们提前去适应、去了解这个社会，为将来打下了很好的基础，而且这里的教学方式非常卓越，教会了我什么是爱国、乐群、自律、修身。卓越路上——我的大学非常精彩。”

学习是一种态度

学习是伴随我们一生的，学生的天职就是学习，现代生活的快节奏，要求人们必须学习一生，国家的快速发展更需要有知识有激情的青年人的建设。大学时代应该是人生中最轻松最惬意的时光了，通过大学的努力为将来打好基础，一方面是对自己的学习成绩的一种肯定，另一方面也是完成学业回报父母、减轻父母生活负担的最好的方式。大学是人生最好的学堂，这里有丰富的知识、渊博的学者，在这里你的知识得到丰富，情操得到陶冶。朱言晨大学期间在学习上学会了新的方法，重新学会了独立思考的角度，懂得了运用学习方法同时注重独立思考。要想学好只埋头苦学是不行的，要学会“方法”，做事情的方法。但说起来容易做起来难，朱言晨换了很多种方法，做什么都勤于思考，遇有不懂的地方能勤于请教。在学习时，以“独立思考”作为他自己的座右铭，时刻不忘警戒。随着学习的进步，他不止学到了公共基础学科知识和很多专业知识，其心智也有了质的飞跃，能较快速地掌握一种新的技术知识，在他看来这对于将来很重要。在学习知识这段时间里，他与老师建立了浓厚的师生情谊。老师们的谆谆教导，使朱言晨体会到了学习的乐趣。他与身边许多同学，也建立了良好的学习关系，互帮互助，攻克难关。他认为这是他大学最大的收益。在高等工程师学院，他也学到了很多，但是他并不想说学到了什么知识，他只想说说体会：高工生活的主要特点表现在生活上要自理，管理上要自治，思想上要自我教育，学习上要高度自觉。尤其是学习的内容、方法和要求上，比起中学的学习发生了很大的变化。要想真正学到知识和本领，除了继续发扬勤奋刻苦的学习精神外，还要适应高工的教学规律，掌握大学的学习特点，选择适合自己的学习方法。高工的学习既要求掌握比较深厚的基础理论和专业知识，还要求重视各种能力的培养。高工教育具有明显的职业定向性，要求大学生除了扎扎实实掌握书本知识之外，还要培养研究和解决问题的能力。因此，要特别注意自学能力的培养，学会独立地支配学习时间，自觉地、主动地、生动活泼地学习。还要注意思维能力、创造能力、组织管理能力、表达能力的培养，为将来适应社会工作打下良好的基础。高工学习截然不同的特点是依赖性的减少，代之以主动自觉地学习。高工教学的目的是培养德智体全面发展的社会主义事业建设者和接班人，教育的内容是既传授基础知识，又传授专业知识，教育的专业性很强，还要介绍本专业、本行业最新的前沿知识和技术发展状况。知识的深度和广度比中学要大为扩展。课堂教学往往是提纲挈领式的，教师在课堂上只讲难点、疑点、重点或者是教师最有心得的一部分，其余部分就要由学生自己去攻读、理解、掌握。大部分时间是留给学生自学的。因此，培养和提高自学能力，是学生必须具备的本领。高工的学习不能像中学那样完全依赖教师的计划和安排，学生不能只单纯地接受课堂上的教学内容，必须充分发挥主观能动性，发挥自己在学习中的潜力。这种充分体现自主性的学习方式，将贯穿于大学学习的全过程，并反映在大学生活的各个方面，如学习的自主安排、学习内容和学习方法的自主选择等等。

社会责任在我心

大一暑假朱言晨参加了社会实践活动，通过这次实践，他在这炎炎夏日收到了累累硕果。社会实践使每个人都得到了很大锻炼，也收获了很多：幼儿园之行，懂得了幼教哺育祖国下一代的艰辛；走访小苑上村，看到了村民们积极向上的生活态度；举办红歌比赛，体会到了村民们丰富多彩的业余生活。朱言晨的团队尽自己所能，让村民们获得更好的服务，正像他们的口号那样："扬北科风貌，促青龙腾飞"。幼儿园之行，他主要负责协助幼教管理小朋友们，通过一天与小朋友们的相处，他们小组的每一个人都颇有感触。首先是收获了与大学生渐行渐远的童心，即使这一天再苦再累，看着小朋友们天真无邪的笑脸，每一个队员都觉得无比满足；其次是通过这一天与幼教们的工作交流，他感受到了幼教们的辛苦，她们对待幼儿园的小朋友们就像对待自己的孩子一样，事无巨细，无微不至。走访小苑上村，朱言晨观察了村民们一天的生活，使他印象最深刻的就是晚饭后村民们的集体活动——广场舞。随着社会的不断进步和发展，广场文化作为一种社会文化现象，越来越受到人们的关注。村民们充分利用他们的业余时间，晚饭过后聚集到一起。跳广场舞的过程，不仅仅是锻炼身体的过程，更是一个村民之间互相沟通互相交流的过程。在他们身上看到了日渐丰富多彩的农村文化。最让朱言晨感动的是那场"迎八一建军，创文明青龙"的唱红歌比赛，本以为村里的人应该不擅歌舞，所以他们是本着庆八一建军节，顺便让村民们懂得充分利用公共设施而举办的这个比赛，没想到一开唱就把他们震住了，那一首首老歌在村民们深情的演绎下，唱出了古朴的味道，真的是深藏不露啊。他突然觉得举办这场唱红歌比赛很有必要，不仅仅让村民们学会了充分利用村里的公共设施，更丰富了他们的业余生活。在实践的过程中，他们十个人之间的相处也更加默契，团结一致是朱言晨小组最大的收获。

大学生时间比较充裕，同时大学生应该对社会有很强的责任心，因此相比其他在职工作人员，大学生更加应该去参加志愿者活动，来丰富自己的日常生活。他去过学校支教，在前往支教前，他们还进行了一些筹款活动，以此来为当地的小朋友购买一些学习用品之类的。这样既可以利用一定的时间与这些孩子进行交流，也可以让他们这些大学生能够更快地成长，更珍惜现在的美好的生活。还有去敬老院看望孤寡老人，帮他们打扫卫生，听他们唠唠家常之类的。这些看似简单的公益活动，对于受助者来说却是至关重要的。其实和老人聊天的过程中，他们会得到许多学校里学不到的知识，那些老人很多都是受过高等教育的，他们把自己的一生都奉献给了国家，他们身上有这个民族的精神和精华，他们就是历史，他们本身就是巨大的宝库。通过和他们聊天，给他们带去欢乐，同学们也可以更深地了解这个民族和历史，更加爱国。虽然说大学生参加志愿者活动有着极大的好处，但随着志愿者活动数量的增多，一些弊端也不可避免地显现出来，比如说参与时间短，热情度很容易迅速降低，同时有些大学生可能会意气用事，这些都会对公益活动的开展产生一定的影响，希望大学生能够有所进步，不过不可否认，大学生真的是志愿者活动的主力军，他们的付出，值得肯定。

竞技场上洒汗水，社团活动一起来

朱言晨的大学生活当然离不开体育活动，学校有很多体育比赛，高工篮球赛、足球赛、羽毛球赛，还有运动会等等。朱言晨是一个爱运动的人，所有的运动比赛他都会积极参加。他认为重在参与，不论一个大学生的运动天赋好与坏，运动本身就没有好坏之分，也不应该有什么奖励和成绩。运动的精神在于不断地自我超越，不断地自我挑战，不断地开阔胸怀。这才是真正的运动。平时他也很喜欢运动，只要学习任务不是很重就会去打球。篮球是一项锻炼性运动，它不仅具有很强的娱乐性，还能增强体质。它不仅可以使人从紧张的状态得到放松，促使身心健康发展，更能从体能上得到锻炼。篮球运动还是一种精神，不仅可以磨炼人的意志，还可塑造人的品格，是一种拼搏精神，一种永不言败的精神，一种奋发向上的精神。它不仅需要从个人的自身技能方面来提高，还要有对团队很强的责任感、良好的默契和团队合作精神。朱言晨懂得了在大学中体育更有助于大学生培养良好的合作和竞争精神，对心理健康有着良好的影响。可以通过体育活动调节情绪状态，增加自尊自信，形成更加坚强的意志品质。

朱言晨还加入了计算机协会，并且作为其中的主力队员，带领团队努力发展得到了不错的成果，积极举办各种电脑比赛，每周会有义诊，教同学们如何正确使用电脑，如何进行电脑配置检查和设计，还有 Ps、视频剪辑等软件的使用。丰富的校园生活，使他得到了各方面的锻炼，不仅是与人沟通和组织活动的能力，而且最主要的是对于学习和工作协调的能力的提高；还有就是快速学习能力，通过踏实认真的努力使自己各方面的能力可以实际地转化为具体的工作实力、实际生产力来完成每一件具体的工作与学习任务。

最后，朱言晨说出了自己的大学感悟。大学生活中他认识了很多志同道合的朋友。最重要的是他懂得了在爱这个国家、爱自己的父母的基础上脚踏实地，自觉自律，任劳任怨，就一定会活得很好，一定可以在这条卓越路上留下自己清晰的脚印。

一句话作结：“比起地球的运转，我的速度不算什么，我会尽全力，不输给这个世界。”

少年奋斗自强

——记彭世清

彭世清，男，材料E14班，学号41403027，中共党员。曾获新生一等奖学金、人民特等奖学金、国家励志奖学金、校级“优秀学生干部”、全国大学生物理竞赛北京市三等奖等；曾担任班级学习委员以及多个科目课代表；曾参加学校SRTP项目“船用高强韧钢的热处理工艺及组织性能研究”、钢铁共性技术协同创新中心项目“含铜抗菌不锈钢的成形性研究”、轧钢课程创新课题“含铝汽车用热轧钢板的热处理工艺研究”等。座右铭：非淡泊无以明志，非宁静无以致远。

大一，已经逝去。曾经的大学生活理想，有的已得以实现，有的没有。但不管过去怎样，曾经的印记总能够给我们留下一些为之后的人生提供价值的东西，还有心灵的感动与碰撞。眼光应该放在前方，整理过去的思绪，提炼出生活的精髓，为未来增添无限的可能。丢掉错的，坚持对的，去追求自己的大学生活理想，追求属于自己的卓越。

学习是一种态度

学生的本职工作是学习。每个人一出生就在社会上拥有了一定的地位，同时也有了自己的责任与义务。作为学生这一“职业”而言，要做的就是不断地、努力地学习。从踏入大学的一刻起，彭世清就明白自己又将担负学习的使命。而驱使他的动力，除了将优秀作为一种习惯之外，还有将自己以前的一切不甘与失败刷新的想法。

第一学期，他心态积极向上，努力探寻知识。尽管这些知识很多都是在高中讲过的，但是内心总能够把这些多余的想法剔除出脑海。尽管简单，仍旧用心学，用心记。因为付出的还算多，所以就第一阶段的成果而言，也算是有所付出并且有所得。但是有时候他也会质疑自己这么做的原因究竟是什么，思索良久只好作罢。不去想为什么这样做，只需记住自己应该这样做。

第二学期，积极心态暂缓，彭世清开始把心思放至别处。他曾经在心底暗暗自语：一定要在大二之前实现经济独立。所以外出找了份兼职。一个月如果努力些还是能够维持自己生计的。只是后来觉得这样做总是不值，首先违背了学生第一要义是学习的宗旨，其次只出卖自己的劳动力，而不是兜售自己的智慧。因为这事，占用了不少学习时间，另外工作过后总是觉得心神疲惫，学习没有精力。其实根本原因是彭世清自己也想不通这么一直学习有何用处，想找点新鲜刺激的事情来刺痛自己的灵魂，从而警醒自己还真切地活在现实当中。总而言之，这一阶段他陷入了迷乱。

第三学期，心态持续低迷，他时常停下来后悔自己所做的其实并不是自己真正想做的。只是心中已经有了诱因，并不断滋养，总会生成违背自己本心的罪来。另外又转来了几个新同学，加权分比他高，各种比赛参加得比他多。一开始还有较劲心理，之后也就随它去了。彭世清真正难过的是自己的内心，不知何时能拨开云雾见天明。

学习的态度如上，这是学习的因，会结出怎样的果也就不言而喻了。就重要性而言，学习的动机是最重要的，因为这是你能够不断前进的不竭动力，一旦此处出了问题，就缺少了动力源。时下诸多大学生早已迷失了自我，不知学习为了什么，或者说学习只是为了工作需要。以前那种上大学只为汲取知识、只为修身齐家治国平天下的学生何处寻？所以，学习动机一定要强大，不容自己质疑，为学术也好，为金钱名利也罢，总之要顺应自己内心的选择，自己总不能骗自己。为什么而学习？为修身，为齐家，待有余力相助社会，这就是他的所求。时至今日，彭世清已明确知道自己要的是什么，只需沿着这条道路走下去就是了。学习的根本目的如果已经明了，其余的学习方法、经验都不消多说，总有路让你走的。

实践悟社会

坦白说，学校并不是多么理想的实践平台。如果说社会是地球生态圈，那么大学就是温室。但实践总是有的，并且无处不在。实践是检验真理的唯一标准，而彭世清却说我们掌握的真理是何其少，以至于我们不知道检验的是何真理。

暑期社会实践就是一种深入了解社会的实践活动。只是不知道多少学生只是敷衍了事，从而浪费了学校的良苦用心以及一个获知社会实况的良机。彭世清的暑期社会实践是调研北京市区内几个“蚁族”（此处“蚁族”并不含褒贬，只是人群代称）以及聚居区的“蚁族”人群生活状况。他们去了唐家岭、小月河、史各庄，采访当地居民还有居住在那里的“蚁族”青年们，置身于其境，从而更好地体会他们的生活。大多是青年人，满腔热血到中国的政治中心打拼，想要给自己谋取一个更好的未来，也想给自己的家人一个更好的未来。然而现实是残酷的，想要在北京这么一个地方出人头地又谈何容易，多数还是碰了一鼻子灰，想要放弃北京这条路又觉得面对家乡人时羞愧，又有着坚决不在自己家乡发展的念头，只好蜗居在北京，拼搏在北京。他们可以说是学长学姐，也可以间接地说他们就是我们学生将来一部分人的真实写照。通过调研，彭世清了解了社会现实，这些事实影响到他的心再影响他的行动，而对“蚁族”现象做出思考。当今中国，地区发展差距明显，北京、上海、深圳几个地方无疑是中国发展领先的几个典型城市。财富、资源、机遇、竞争与挑战也属这几个城市最为激烈。学生们将来也要选择去向何方，不妨提前思考自己的未来。是去大城市还是中小城市？他觉得还是以自己的能力为秤来决定。没有金刚钻，不揽瓷器活。在自己能力范围内争取留大城市是上进，而自己能力不足又赖着不走那就是苟延残喘。一切还得看自己的能力。归根结底，大学生还是要好好学习，不仅学知识，还要学修养，学技能。

金工实习是彭世清了解生产流程的实践活动。在实习中，他接触了一般生产所需的各种机器与工具，也算是一种机械生产制造的启蒙。至于实习的过程就没有什么好说的，重要的还是自己从中获得了什么。首先，彭世清见识了生产的流程，明白了任何一个小小的零件之后承载的是这么多人的努力与汗水，从此以后再也不敢小瞧机械制造工人，也不敢小瞧“中国制造”了。其次，他明白了做任何事情都要科学严谨、一丝不苟，否则会出大问题。时下的青年人大多心浮气躁，没有脚踏实地，没有认真对待每一件事情的严谨态度。这种工作作风、做事风气是我们需要的，也是广大青年人需要的。

最后的实践乃是他的日常生活。活着，就得经历事情，就要从中吸取教训。

细心并且聪明的人总能于生活的细微处发现真理或者检验真理。其实大学最重要的不是自己学了多少知识多少技能，而是从进入大学到离开大学自己待人接物的能力长进了多少，这是生活更本质的东西，因为不显于人前，所以没有多少人真正发现并朝着这个方向努力。与舍友相处，矛盾往往是最多的，自己能不能处理好这些矛盾令宿舍生活和谐融洽呢？能不能将心比心，设身处地为他人着想呢？能不能对待舍友等人就像对待家人一样呢？学校是一个微型社会，关系尽管简单，可是也超出了常人的想象。彭世清就当其是为日后踏入社会的操练。

科技创新只是别样的努力

彭世清最近参加机器人校内赛和航模校内赛，终于有机会展示自己的科技作品。机器人校内赛首先就是要自己设计机器人，之后就是自己动手做机器人，最后就是登台比赛。一开始设计的时候，用上了 3D 设计软件 Solidworks，因为他之前在机械制图课上学过 Inventor，所以很快就上手了。为了在考核之前把图交上，他也是费尽心力，在之前一天的晚上熬夜到凌晨 4 点，不过及时交上了并且通过了第一次考核，心里也是如释重负。最近他还在努力把机器人赶制出来。

虽然只参加了少许科技创新项目，但是彭世清由衷地感觉到中国的创新氛围其实并没有想象中那么浓烈，环境条件也不是很好。但是，只要肯去做，总会有成果的。也要多想出点子，从而转化为科技创新。敢想敢做自己才有出路，中华民族复兴道路也会更添光彩。

大学生活对于彭世清来说显得并不是那么精美，还有很多地方值得雕琢。既没有耀眼的光辉事迹，也没有一场轰轰烈烈的恋爱；既没有说走就走的旅行，也没有技术宅男般的神话。他只是一个普普通通的大学生，认真学习，偶尔走神，偶尔玩玩游戏，偶尔还迷茫，偶尔死宅。看不清前方的路，奋力地寻找着还很遥远的目标。在哲学中寻找答案，却依旧让他不明所以；在音乐中寻找安慰，只能是稍减痛苦。生活并不是一件简单的事情，需要付出全部的身心。如果不投入全部，生活就会跟你开玩笑。做我所想，爱我所爱，不论荆棘路有多长，都要一如既往，不忘初心。不管现状如何，他觉得人都不能敷衍着过活，即使是怀着痛苦也要认认真真地走下去。

做最好的自己

——记李雅迪

李雅迪，女，冶金E14班，学号41402014，共青团员。曾获新生奖学金一等奖、两次国家励志奖学金、两次校级“优秀三好学生”、北京科技大学数学竞赛二等奖、北京科技大学物理竞赛三等奖、全国大学生数学竞赛三等奖、校级暑期社会实践优秀团队（银奖）、全国部分地区大学生物理竞赛三等奖、认证杯数学建模挑战赛全国二等奖、全国大学生数学建模竞赛北京一等奖、美国大学生数学建模竞赛（MCM）M奖（一等奖）；曾担任班级团支书、学院团委组织部干事、学生会学习调研部部长；曾赴台湾大学工学院材料科学与工程学系进行一学期的交换学习；曾参加学校SRTP项目“军用船用钢性能的研究”“RH脱碳的物理模拟项目课题研究”“锂离子正极材料制备与应用课题项目研究”，以第5作者完成SCI论文1篇——《The research on the relationship between gas movement behaviors and circulation flow of themolten steel in RH》（已被The Minerals, Metals & Materials Society接收）。座右铭：既异想天开，又实事求是，这是科学工作者特有的风格，让我们在无穷的宇宙长河中探求无穷的真理吧。

进入高等学府深造，成为一名跨世纪大学生，这是李雅迪儿时以来的愿望和梦想。在迈入北京科技大学校门的那一刻，李雅迪儿时的理想终于实现了，也圆了大学梦。大学里浓厚的文化气息和广阔的自由天地让李雅迪有了更好的发展机会和空间。李雅迪就像一块渴水的海绵，贪婪地吸收着知识；像一只久困的鸽子，在广阔的天空中自由飞翔。正是从那时起，她便立志要成为一名思想上进、政治合格、素质过硬，德、智、体全面发展的合格大学生。一直以来，她不断朝着这个目标努力学习，踏实工作，努力提高自身素质。

大学生活中，李雅迪一直在追求人格的升华，注重自己的品行。她崇拜有巨大人格魅力的人，并一直希望自己也能做到。在大学生活中，李雅迪坚持着自我反省且努力地完善自己的人格。两年中，她读了一些名著和几本完善人格的书，对自己有所帮助，越来越认识到品行对一个人来说是多么的重要，关系到是否能形成正确的人生观和世界观。所以无论在什么情况下，她都以品德至上来要求自己。无论何时何地李雅迪都奉行严于律己的信条，并切实地遵行。平时友爱同学，尊师重道，乐于助人。以前只是觉得帮助别人感到很开心，是一种传统美德。现在她理解道理，乐于助人不仅能铸造高尚的品德，而且自身也会得到很多利益，帮助别人的同时也是在帮助自己。回顾过去，李雅迪很高兴能在同学有困难的时候帮助过他们，相对地，在她有困难时她的同学们也无私地伸出了援助之手。对于老师，李雅迪一向是十分敬重的，因为老师在其彷徨的时候指导帮助她。她现在领悟到，与其说品德是个人的人品操行，不如说是个人对整个社会的责任。一个人活在这个世界上，就得对社会负起一定的责任义务，有了高尚的品德，就能正确认识自己所负的责任，在贡献中实现自身的价值。

学习之根本

学生以学为本，大学时代的学习积累是一个极其重要的基础，它甚至会影响人们一生的学习与工作。因此，学习依然是大学生的首要任务，李雅迪清楚地意识到，作为一名合格的跨世纪大学生，必须具备丰富的科学文化知识和过硬的专业技能。因此，“刻苦”、“认真”、“努力”成为她学习上的座右铭。通过与同学进行经常性的学习经验交流，并虚心向老师和同学请教，不断改进了学习方法，使自己的成绩不断进步。

人非生而知之者，而是对于任何事物都有一个从陌生到熟悉的认知过程。回想刚开始大学生活时，心中充满了美好的幻想，想必这是每一个为高考浴血奋战的学子共有的特性：大学里不再有枯燥繁琐的数理化公式，取而代之的是个人之所好的专业知识，大学里基础学科占有举足轻重的地位。

学习是学生的第一任务。初入大学校园，李雅迪就深知，作为大学生，学习任务不能懈怠。因此，大一期间，她勤奋努力，认真思考，勇于创新，第一学期排名专业第一，取得加权 90.6 分的好成绩，获新生奖学金一等奖。大一整个学年以综合加权 91.4 分的成绩排名专业第二，获得国家励志奖学金。

英语学习在大学期间十分重要，作为一名未来的卓越工程师，英语的熟练掌握与使用在引进国外先进技术方面发挥着显著作用。为了响应高工学院的号召，李雅迪努力提高自己的英语水平，在大一上学期和下学期分别通过英语四六级考试，并参加全国大学生英语竞赛，参加英语演讲竞赛，通过“英语角”与国外留学生沟通交流，找到学习英语的乐趣。

在生活中，大学的校园生活是丰富多彩的，李雅迪积极参加学校组织的各项文娱活动，还参加过许多学校举办的舞会，和同学去舞蹈协会学习跳舞，这些经历最大的收获就是让她的身心时刻保持愉快，可以认识新的同学，开阔自己的视野，学习别人的长处。同时，她还曾带过几次家教，这些活动都极大地丰富了她的生活，让她在自力更生的同时，体会到了赚钱的不易，更能理解父母辛苦供其上大学的艰难。如果说大学生活给了李雅迪什么，那就是友谊和经历。友谊让她有了很多新的朋友，经历让她的思维灵活，可以从多种角度考虑问题，为以后的漫长人生路做好了铺垫。

实践出真知

在大一学年的暑假，李雅迪参加了暑期社会实践，参加的团队为“北京科技大学国有钢企冶金类人才需求调研实践团”，非常荣幸他们实践团获得了“北京科技大学暑期社会实践银奖团队”，所写的论文也获得了“北京科技大学优秀实践成果”。

为了解目前冶金专业学生对于国有钢企的认识以及学生对于钢厂的需求，他们在教学周与小学期对冶金专业学生对于今后在钢厂的就业条件与需求进行问卷调查，发放对象以大三和大四本科生、研究生、博士生为主。完成回收并统计有效问卷 486 份（其中本科生 254 份，研究生、博士生 232 份），进行分析总结得到结论，并汇总成论文。

为了解钢铁企业对现代大学生的素质要求并了解目前冶金行业的发展趋势，暑假期间，她开始迁钢方面的实践活动。实践期间，团队每日撰写新闻稿，通过“卓越传媒”宣传实践团的活动；拍摄创意照片，通过微博、微足迹记录实践团的足迹。同时每位队员每天坚持通过日记记录自己每天的活动及感受。

为了使冶金专业的学生能够更加直观地了解本实践团的调查结论，李雅迪团队将迁钢校友座谈会及迁钢家属的采访内容汇总形成访谈录，并编写剧本拍摄微电影，反映钢铁企业的真实情况。以此使学生更加了解钢企，为以后在钢企的工作打下基础。

通过在迁钢的调查，他们发现人才是企业的中流砥柱，是企业不可或缺的资源，是企业继往开来的动力，更是企业生存的砝码。人才对于企业，就如同翅膀之于鸟类，大脑之于人类。同时，企业对人才也是有其自己的定义：为企业创造价值。钢厂对现代人才的要求：勤劳、主动。知识改变命运，劳动创造价值；勤劳是成为人才的基本，勤能补拙，勤劳是中华民族的传统美德，是实现价值的主要途径。21 世纪，是信息化的世纪，信息的分析认识和转达的精确性、快速性是极其重要的，适者生存，不适者淘汰。企业在注重专业知识的同时，更加重视社会实践经验。在大学生普及的时代，专业知识是无可厚非的，实践经历在招聘中反而更能体现一个人的综合素质。同时，对于各个不同的岗位，所需求的专业性人才也是不同的，这对于大学生自身，要有明确的定位和认识。

“艰辛知人生，实践长才干。”通过开展从没接触过的社会实践活动，使学生逐步了解社会，开阔视野，增长才干，并在社会实践活动中认清自己的位置，对于以后自己的职业规划以及发展方向都有一个思考，并发现了自己的不足，对自身价值能够进行一个相对客观的评价。这在无形中使学生对于自己有一个相对来说比较正确的定位，增强学习的信心和毅力，明确自己的方向。

通过此次实践，李雅迪了解到我国冶金行业目前的发展状况及面临的问题，了解学生与钢企的相互要求，使冶金专业学生重树对冶金行业的信心，度过充满意义的大学生活。社会实践使她收获了很多，李雅迪在社会实践中成长，在实践中付出汗水，在实践中收获友谊，实践出真知，实现自身价值。

工作增才干

李雅迪目前担任高等工程师学院 14 级冶金 E14 班级的团支书，并担任学生会学习调研部部长。

作为冶金 E14 的团支书，过去的一年中，她始终坚持“想同学之所想，急同学之所急”的工作理念，帮助同学们解决日常的学习和生活问题，服务每一位同学。在工作中她本着认真、公平、负责的工作态度，积极进行班级建设，组织各项班级活动，带领同学们进行思想政治学习。

作为团支书，入党推优、举行主题团日活动是她的本职工作。入党推优是建设团支部的重要工作，一年内冶金 E14 团支部严格按照要求成功开展两次推优工作，目前团支部推优对象达到 8 人，中共党员 2 人。作为一名团支书，提高政治觉悟，加强道德修养是她的必修课，为使同学关心国家大事，将个人与国家命运结合起来，李雅迪引导支部开展“时事在身边”活动，促进了支部的思想精神建设。大一一年内，为响应院校号召，她认真组织“我的中国梦之钢铁强国”和“文艺”主题团日活动。在大一上学期的“我的大学我的中国梦”主题团日活动中，她结合冶金学院的专业特色，以“钢铁强国”为主题开展活动，重点突出冶金工程对国家富强、民族振兴的重要性，同时也让同学们更加深刻地了解了自己的专业与未来的责任。在文艺主题团日活动中，带领冶金 E14 团支部获得话剧表演二等奖。

李雅迪组织班级每周开展一次“引领护航—班导师面对面”特色活动，师生交流，共同解决疑惑，使每一位同学找到自己的目标与定位；并组织班级的集体自习、出游及聚餐，带领班级斩获高工学院“卓越杯”篮球赛第一名。

李雅迪在大一期间参加 2015 年北京科技大学“十佳团支书”比赛，并进入复赛，感受来自全校优秀团支书的风采，提升了自己的综合能力。

大一期间，为提高自己的综合能力，她积极参加各项社团活动。大一下学期，在高等工程师学院的招新活动中，李雅迪进入高工学院团委组织部担任干事，经过半年的努力工作，成功当选高工学院学生会学习调研部部长。通过团学组织，锻炼自己的组织、沟通、协调能力，实现综合素质的提高。

作为跨世纪的一代大学生，应当摆正自己的位置，立志成才，肩负起跨世纪的重担，勇攀知识高峰，把报效祖国的远大志向作为发奋学习的强大动力，增强自己的时代感，光荣感，使命感，才能无愧于社会，无愧于人民，无愧于迎接我们的这个伟大时代。

回首过去，她心中无限感慨，展望未来，相信依旧灿烂。总结回顾昨天，百感交集；面对今天，信心百倍；展望明天，任重道远！学习中的收获，生活中的点滴，思想上的感悟，让李雅迪久久不能释怀。两年的大学生活是生动的，更是多彩的；是实践的，更是财富的。明天的她，吸取教训，不让自己再次陷入过去的生活中。她将启航扬帆，驶向她理想的目标。总之，过去的两年，是不断学习、不断充实的两年，是积极探索、逐步成熟的两年。对大学学习的规律仍需进一步适应，方法也尚需改进；在学生会的工作中，也要弥补不足，尽最大的努力为同学们服务。

戒骄戒躁、勤勉敬业，在平凡的工作和学习中取得更大的成绩。做最好的自己！

迈步从头越

——记牛子天

牛子天，男，机械 E14 班，学号 41404005，中共党员。曾获两次国家励志奖学金、校级“优秀三好学生”、中国国际飞行器设计挑战赛决赛三等奖、北京科技大学物理竞赛二等奖、北京科技大学航模队校内赛一等奖、第十七届“摇篮杯”大学生课外学术科技作品竞赛三等奖、校级寒假社会实践金奖、演讲大赛“十佳”等；曾担任高工 1605 班学长联系人、机械 E14 班学习委员。座右铭：走，就有希望。

大学是一片新的天地，充满着无限的机遇，也预示着道路并不平坦。需要做的事很多，面对的挑战也不少，用一句话来形容，就是“大学里，雄关漫道真如铁；而今还需迈步从头越”。但牛子天对未来充满着信心，也相信自己可以不辜负最开始的理想。怀着这样的想法，他一头扎进图书馆、教室，获取知识“感觉就像牛进入了菜园子”。因而在大学里收获了很多，主要体现在学习、参加的活动以及平时生活中。

学习上的收获

牛子天听从高工刘院长的教导，坚持每周学习超过 50 个小时，坚持将课程要求的知识全部研究透彻。虽然过程十分枯燥，类似高中，但牛子天很快就尝到了甜头。在 2014 年 10 月，机械学院组织的月考中，得到高数满分（100 分）、制图 98 分（满分 100 分）的成绩。于是，怀着极大的热情和师长同学的肯定，特别是辅导员张勇和小班主任朱维帅的鼓励，他继续努力，获得期末班级第一、机械系第三的成绩。这个成绩对他来说是极大的荣誉和鼓舞。同时，在大一上学期，由于班级同学的支持和大班主任、辅导员和小班的信任，他被推优入党，这是莫大的光荣！2015 年 5 月，他获得新生人民一等奖学金，这激励了他向更高的台阶迈进。同时也通过了党校积极分子考试，成为入党积极分子，离入党更近一步了。后来他在 2015 年 6 月被成功选拔进入高等工程师学院，即将在未来接受更严格的、高标准的培养，这是值得高兴的事。在高工学院学习了半年，他荣获国家励志奖学金和北科大物理竞赛二等奖，这极大鼓舞了他的学习热情。

活动方面的收获

刚刚入学，牛子天就主动当起了宿舍长，想要为宿舍的同学做些事。在当宿舍长的一年里，他带领宿舍兄弟积极维护宿舍整洁与和谐秩序，促进宿舍成员的学习与进步。大二开学不久，他被选上学习委员，这是同学和尤洋洋辅导员、大班主任对他的极大信任，牛子天感到担子更重了，责任更大了，丝毫不敢懈怠。另外，在大二上学期，他参加学校的航模队，和优秀的学长学姐共同学习研究航模飞机。在航模队这里，他学会了飞模型飞机，学会了基本的模型飞机制作技术，令其受益匪浅。大二下学期刚开学，牛子天很荣幸地当上了讲师团的大学物理讲师，为大一的学弟学妹们讲解大学物理题目，不仅体现了自我价值，也从实际行动上帮助了、服务了他们。在大一下学期，他参加了齐民学社，通过与社团同学之间的思想看法交流，以及内部的读书会、讲座学习，初步了解认识世界的方法，培养了心系天下苍生的情怀。在大一暑期社会实践中，牛子天跟随着社团去了深圳，调查那里产业工人的养老保险缴纳情况，并直接进工厂工作，体验产业工人的生活。在这一方面，他收获了一个青年该有的朝气、情怀和志向。此外，牛子天还参加了学校的勤工助学，曾经在寒假里当图书馆搬书志愿者，在平时抽时间做教学楼巡视员。在这些工作中，他体会更多的是能够服务北科师生的快乐，这是最主要的。

平时生活中的收获

大学是个知识的海洋，可以让渴望知识的人尽情遨游。一进大学，牛子天就爱上了图书馆，只要有业余时间，他就会泡在图书馆里看书。不仅如此，他还写读书笔记，在笔记本或书上写感想，以及每天坚持写日记反思，努力做到

“吾日三省吾身”。在日常生活中，牛子天非常注重认真对待小事：起床必将被子、床铺整理整齐；书桌必定整洁；衣柜里的衣服叠得十分整齐，始终以一个军人的标准来严格要求自己。他相信凡事都怕认真二字，牛子天做到最讲认真。虽然课程学习紧张，他仍保持每周跑步不少于3次，每次不低于半个小时，每周至少进行一次不少于一万米的长跑。他认为这个习惯的坚持与养成，将成为一生的财富。

自信人生二百年，会当水击三千里

反思之前一年半的时光，收获很多，遗憾也不少，经过反思与总结，这些遗憾应当在未来大学生活中得到弥补。牛子天对未来的大学生活充满信心。这种遗憾主要是在参加活动上的遗憾。在此之前他参加的活动屈指可数，而北科大为学生提供了丰富多彩的活动平台，应该多去参加，锻炼自己，提升自己。比如说各种比赛、竞赛，之前他只注重课程学习，没有关注这些，这是莫大的遗憾。所以，既然初步掌握了大学学习规律，就应该大胆尝试，参与这些活动，更好地提高自己，学到更多的东西，成为高标准的高工学子。

他自己在北科大的图书馆里看了很多喜欢的书，思想境界上有了成长，尤其是《毛泽东传》里杨昌济先生日记里一句话：“余因以农家多出异才，引曾涤生、梁任公之例以勉之”，对其激励很大。这句话增强了他的自信心，增加了实现个人理想的勇气。

毛泽东在湖南一师的诗句“自信人生二百年，会当水击三千里”恰是当代青年应有的风貌，愿牛子天在北科大的几年学习中，长一身才气，聚一腔豪气，一出校门天下白！

如今的他依旧喜欢在夜晚漫步于校园里，只不过，没了刚来学校的新鲜感，多了耳机里刘欢的《从头再来》。因为他很清楚，过去的事不是用来回忆感慨的，纵使是汗与泪的历程，也只是用来吸取经验教训之用。毕竟，未来的路是雄关漫道，吾等青年仍要从头越。

开宴，上菜

——记许鹏

许鹏，男，高工 1501 班，学号 41518009，共青团员。曾获人民二等奖学金、校级“三好学生”、节能减排大赛三等奖、大学生志愿者千乡万村环保科普优秀志愿者、北京科技大学招生办招生助理团年度最佳助理等；曾担任 AIESEC 北科市场宣传部部长、校招生助理团宣传助理；曾参加 AIESEC 北科实习部市场宣传部、学校招生助理团。座右铭：有趣的灵魂总会相遇。

大学这桌美味的筵席既已落座，便好好享受。

上头牌菜

头牌菜是招牌，许鹏进入大学前就下定决心要做好，将“学习”入锅爆炒做那五花肉。他保持着饥饿感进入了曾无数次幻想的大学：“想象着泡在图书馆的墨香里；想象着能听着自己喜欢的选修课；想象着他能和老师、同学有更多交流与争论；想象着亲自动手做许多东西……”

但是当他真正地跨进大学的校门时，才发现理想的丰满，现实的骨感。初入大学，一切都是乱糟糟的：生活、学习；时间、空间；同学、老师；校内、校外；集体、个人；突破、坚守；过去、现在……图书馆的书入眼便是强烈的专业味道，选修的科目也是强烈的钢铁气味。老师很忙、同学更忙。整个人都感觉凌乱在了没有星星的夜晚。曾感到过寂寞，也曾被别人冷落。风，扫乱他的思绪，他如何整理？

当理想照进现实，要继续前行。他如柳絮因风起、因势而为，把时间牢牢把握在自己手里，攥紧主动权，平平凡凡、认认真真、尽心尽力做好每件迎面而来的事情。抓住机遇，快速积累知识，丰富自己。

“头牌菜”他一直在努力地做。每门课程他都没有放下，认真地尽力地去完成。虽说刚开始的时候有各种不适应：有带着他行走在云端的高数；不明觉厉的机械制图；考试范围拥抱宇宙的化学；沟通计算机世界的大门紧闭……但是，他觉得人真是一个具有极强适应性的物种，随着时间的推移，他花费大量的时间用心和每一个学科交朋友，现在可以在云端分分钟拆积分出来；他戴上耳机，Mooc 的世界向他敞开；他有丁尺在手，白图自会拥有；错过了化学，那就用物理去拥抱宇宙；精诚所至，大门洞开……

"学习"这道五花肉，真正入味在后期的慢炖，于无声处溢满堂香。

清炖白鱼

捞几尾"学校的各种活动"做那清炖的白鱼。

"白鱼"鲜美，回味无穷。"多米诺比赛、建筑大赛、美食节、柔道、支教活动、篮球赛"下锅了。每参加一次活动，多一些别样的体验，许鹏给自己的未来埋下了一颗种子，在将来的某个时候一定会发芽，绚丽多彩的人生是他一生追求的目标。

当初他和宿舍的小伙伴们一起参加的进入大学的第一个活动——桥梁建筑大赛，从一开始便是坎坷多舛。介绍比赛基本规则的宣讲会因为所有队员都有课而没有参加，领取材料的那天也因为班级会议而差点与这次活动擦肩而过。之后他们在一起认真参照纸质的活动规则在网络上积极寻找一切可以学习借鉴的模型范例、测量材料纸张的大小、在稿纸上勾画各自心中的理性模型、计算桥梁各部件的尺寸、跪在地上裁剪着，试验着，一起努力做出最坚实、最牢靠的纸桥。

拎着比赛的前一天赶制完成的纸桥，他迎着阳光和小伙伴们一起走向了比赛场地，却没想到，一道晴天霹雳炸响在他的耳边——"你们的桥规格不合格，没有参赛资格。"站在走廊里，他们沉默、压抑、挣扎、不甘心！回头，从举办方那里借来剪刀，蹲下，亲手一根根小心的绞断昨天才搭好的筋骨；抽线，一起重新一圈圈地交织共同的坚持。"可以再给我们一些材料么?""不行，每支队伍的材料都是一定的。"无声！无奈！无悔！带着别人眼中的一堆废纸烂线，他们依旧是迎着阳光走回了宿舍，把自己第一次的心血悄悄地放在了一个安安静静的角落。

"白鱼不止一尾"，有支教活动留下的感动，有美食节留下的温馨，有多米诺比赛留下的幸福，有篮球赛留下的信任，还有柔道留下的坚韧……在人生这池水中，他垂钓不止。

大煲火锅

兄弟情，炖一锅，香气四溢。每逢周末许鹏总会约上几个要好的兄弟走出校门去北京城遛遛，参观各种博物馆，遍览各种古迹，一起逛商场，去公园踏青，总是让人心情舒爽。慕海昏侯之名就国家博物馆，有怀中华之强大观军事博物馆，念时代之逝登中华世纪坛，思往昔之兴盛游颐和园内。

而在“吃火锅”的时候最悲哀的莫过于刚从兄弟碗里抢过来一块鸡肉，满脸得意地丢入口中却发现那是一块老姜。有一次他陪一个十分要好的兄弟去商场买些东西，两人好久不见，一路上“仰观宇宙之大，俯察品类之盛，信可乐也”。在商场里买好东西，他开始抱怨这个商场的电梯设计真是心机十足，“不把整个商场转一遍，你就买不到想要的东西，就没法结账，就出不去”，“这样虽然能给消费者展示更多的商品，但是这是一种隐形的强迫啊”。

无兄弟，不“火锅”。

小碟淡口

“培养兴趣”做那处处精致的小碟淡口。“淡口的小碟”从轮滑开始，加入轮滑社许鹏接触到许多有同样爱好的同学，其中不乏有人用认真的态度对待这个兴趣，刻苦地练习，不服输、不怕苦的精神真的让人很受感染，一起交流、切磋进步颇多；自学 Photoshop 的过程有些困难，而且总因为一些杂事而中断，但是要采撷那朵美丽的玫瑰又怎么能怕有刺呢？能多掌握一门技能，未来就能多一份机会，不是么？

加油！他要努力做一个会轮滑耍帅的 IT 男。

人生可以说就是一次次的筵席，每次都有不同的菜品被端上桌来，每道菜都是一次极致的体验，无论是酸甜苦辣咸，总归是那人生百味。“食不厌精，脍不厌细”，无论是哪道菜都需要十分的诚意去做，细致的食材，精致的调料，合适的火候才能最终出一道好的菜品。前路漫漫，荆棘坎坷，但无法阻挡许鹏带着一颗体验的心赶赴下一场筵席，再一次努力把每道菜做到极致。

长风破浪少年时

——记刘逸群

刘逸群，男，高工 1502 班，学号 41518037，共青团员。曾获人民一等奖学金、人民二等奖学金、校级“优秀三好学生”、北京科技大学数学竞赛一等奖、北京科技大学物理竞赛二等奖、全国大学生部分地区物理竞赛二等奖、北京科技大学 2017 年度机器人竞赛三等奖、Autocad 认证工程师等；曾担任北京科技大学学生学习与发展指导中心讲师、学院讲师团讲师、学院学生会学习部部员；曾参加学校 SRTP 项目“盾构机轴承钢的主要性能”。座右铭：Everything I meet is all an opportunity for me to rise。

刚上大学，很多人都说人脉交际很重要，而认为学习根本不重要，真是这样的吗？多少人拿着所谓锻炼自己的借口，不去学习。结果呢，毕业之后，两者都没有得到。

学霸是一种态度

大学是一个神圣的殿堂，它会赋予你足够的时间和实践去认真思考怎样的人生才有意义，重新树立你的人生观、价值观、世界观。

刘逸群在成绩这方面相比较而言做得还不错，加权成绩达到了 90 分，他在学习的过程中收获了很多。

他首先是端正了学习态度。在他考进大学时，他的脑子里想的是好好放松，从重压下解放自己。然而很快他就明白了，大学仍需努力认真地学习。看到周围的同学们拼命学习，他也打消了初衷，开始了大学的学习旅程。他每天都去图书馆，成为了每天图书馆中最晚走的几个人中的一个。每天都重复着简单的事情，他的毅力得到了锻炼。日积月累，他的自学能力显著提高。要想学习好，只埋头苦学是不行的，要找到“方法”，做事情的方法。古话说“授人以鱼不如授人以渔”，他来这里的目的就是要学会“渔”。他换了好多种学习方法，做什么都勤于思考，遇到不懂的地方勤于请教。在学习时，他以“独立思考”作为自己的座右铭，时刻不忘警戒。随着学习的进步，他不止是学到了课本上的知识，他的心智也有了一个质的飞跃。

最重要的是他认识到了读书的含义。书向你展现的世界远比你的个人阅历要丰富广阔。读书是为了帮助你思考，帮助你成为一个有温度、懂情趣、会思考、对社会有贡献的人，也许这才是读大学的真正意义。他不会为了学习而学习，为了读书而读书。

学霸是一种态度，更是一种习惯，是一种你对待学习、看待问题不可缺少的态度。学习都征服不了，又何谈其他?

独立最重要

到了大学的刘逸群逐渐学习独立，不再随时寻求父母的呵护，学会去独立思考，学会自己生活，自己独自面对困难，合理规划自己的支出和收入，学会控制自己的情绪，形成自己独特的办事原则，不人云亦云，对于不同的事物能提出自己独特的见解。

如今很多人都在抱怨独立陪伴而来的孤独。来到了大城市，空旷的校园没有一个人可以依靠，过去的欢笑也早已雨打风吹，但他觉得孤独并没有什么不好，在大学孤独是一种常态，每天校园里独来独往的人很多，孤独并没有不好，它会给予你足够的时间、空间去思考，思考自己的收获、自己的未来，思考如何才能让自己过得充实而又富有意义，思考自己想要的生活，思考自己如何奋斗去实现自己的理想，思考自己的价值。

他也有很多烦恼，他也遇到过很多挫折，有时也伤心难过，但他自己的烦恼没有让自己的家人承担。他用距离解释着自己过得很好，他再也不依赖父母，所有的事情都自己承担，他希望四年以后的自己，能够成为一个有温度、有思想、有能力的人。看着不一样的车水马龙，看着不一样的灯火阑珊，这也许就是上大学后他最大的成长。

独立还意味着创新，当你只有摒除落后的观点，脱离前人的思想，用标新立异独树一帜，能够冒天下之大不韪，解决前人所没有解决的问题，这才有创新的可能性。

在大学独立真的很重要。只有具备自强独立精神的大学生，才能够充分地发挥主观能动性，发挥创造力去积极营造各种有利条件，控制和消除各种不良外界环境和自身消极情绪的负面作用，坚持到底，充分利用现实条件，克服困难，才能拥有坚强的意志，能够正确地认识自我及现实的差距，能正确地对待挫折，知道自身的优缺点，明确追求目标，脚踏实地，靠着高度的自觉性、坚定性来一步步获得成功，从而在社会上有立足之地。

人际关系是未来的基石

上大学除了学知识外，能力也不可或缺。其中人际交往能力尤为重要。大学生作为社会主义建设事业接班人，建立良好的人际关系尤为重要。大学是人际关系走向社会化的一个重要转折时期，踏入大学，就会遇到各方面的人际关系：师生之间、同学之间以及个人与班级、学校之间的关系等等。在大学校园里建立良好的人际关系，形成一种团结友爱、朝气蓬勃的环境，将有利于大学生形成和发展健康的个性品质。如何处理好人际关系，对于几年大学生活和未来事业的成就是至关重要的。培养良好的人际交往能力，不仅是大学生活的需要，更是将来适应社会的需要。一个没有交际能力的人，就像陆地上的船，永远不会漂泊到壮阔的大海中去。

每个人的成长轨迹都有别人不能轻易更改的印记。在大学我们会认识未来几十年中重要的朋友。卑微如尘埃，像存在于宇宙中的星光，只有借助太阳才能发光，而朋友就是你未来道路上的太阳，他们会帮助你散发光芒。刘逸群逐渐学会了和同学和睦相处，在宿舍和室友的关系比较融洽，在班上也结交了不少要好的朋友。在学生工作方面，他加入了学院学生会的学习部，认识到了很多有能力、有思想的朋友，学习到了很多，自己也体验到了帮助同学的快乐，自己的社会文化知识和与人交际的能力也得到了丰富与提高，可以说为今后步入社会打下了良好的基础。他加入了班里的篮球队，身为队长的他带领班篮球队参加了院里组织的篮球比赛。他在其中发现了自己的很多缺点和不足，比如不信任队友、特立独行、领导能力不足等。在以后的学习和生活中他会积极改正这些缺点，提高自己的团队意识，信任身边的队友，不断地完善自己的性格。

朋友是你未来道路上不可或缺的一部分，是你未来发展的基石。

选择远方、风雨兼程

前行的路，不怕万人阻挡，只怕自己投降；人生的帆不怕狂风巨浪，只怕自己没胆量。有路，就大胆去走；有梦，就大胆飞翔。大胆，才应该是他们的信仰，不敢做，不去闯，梦想，永远只是梦里的空想，要知道逆风的方向更适合飞翔；每一个险恶的浪，都会有浪花绽放，边冲浪边欣赏，才知道人生的真相。

有位哲学家说过：人生总是很累，你现在不累，未来会更累。你不知道每一次尝试，每一次对自己的宣战，会带来多大的改变。大学不是终点而是另一个起点，在这里优秀需要重新证明，也许也只有在这里你才能明白真的是山外有山，人外有人。所以刘逸群更加认真努力地学习、拼搏，去不断地完善和提高自己。与其用泪水悔恨昨天，不如用汗水拼搏今天，他希望能够通过自己的努力，在四年以后，不会悔恨自己大学生活的碌碌无为，不会悔恨自己浪费光阴，所以他竭尽全力去成为一名基础牢固并具有创新头脑的卓越工程师。

人生之途漫漫无期，正值青春年华的他们，未来的路还很长，前方的荆棘、坎坷还有很多，他从现在开始就做好准备，为他的梦想、他的人生价值拼搏。

长风破浪会有时，直挂云帆济沧海。

让改变发生

——记周昊宇

周昊宇，男，高工 1503 班，学号 41518079，共青团员。曾获人民三等奖学金。座右铭：Nothing can help us endure dark times better than our faith。

十八岁那年的夏天，周昊宇踏进了大学的校园，充满了对未来的美好憧憬，也有对无知的恐惧困惑。转眼间，大一的时光已经过去大半，大学对于他来说已不再是一个充满幻想的陌生词汇，它变得更加现实，其中虽经历过失落失望，却丝毫不减其美好，反而让他充满斗志。

学习是主题

初入大学的时候，种种不适应便不断涌现出来。其中最明显的就是学习方面，例如，高等数学和无机化学的前几章与高中的学习内容有重叠，再加上老师讲课风格的变化，导致他放松了警惕，误以为大学的课程就是如此简单。另外，不规律的作息和一三五的早操无疑是雪上加霜，致使他整个学期的高数课基本就是“睡过来的”。即便到了学期末紧追猛赶，最终也没能取得理想的成绩。于是，从下半学期开始，经过深刻反省，他吸取了上学期的教训，一方面，改变了学习方式，上课跟紧老师，认真记录笔记，下课后经过短暂休息，立即整理笔记，完成作业习题；另一方面，他调整了作息时间，还进行合理的运动，使自己保持一个积极的状态。这样，学习的效果明显提升，而他也不像上学期一样，每天感到莫名的忙碌。

学术研究同样也是学习生活的重要部分，对于一个爱好科学的高中生来说，大学就是学术的天堂。曾经只能在科普杂志、学术期刊上看到的实验、研究、论文，在大学就好像家常便饭。而这一切当他真正进入到这个环境中，便有了更深的感触。尽管只是大一新生，但对于从少年时便决定要以学术研究作为未来职业的他而言，一切并不早。除了认真学习已经开设的基础课程之外，他还利用空闲时间旁听为高年级同学开设的专业或选修课程，去图书馆查阅相关的文献资料。这些优越的条件满足了他的求知欲，也增进了他对研究与学习的兴趣。

除此之外，学院和学校丰富的实习实践活动，也为他提供了更多的选择。SRTP 项目可以让同学们真正参与到科研当中，为未来的工作提早打下基础。高工学院各种先进的平台让大家更方便地得到锻炼，充足高效的实习机会使同学们不再是纸上谈兵的书呆子。

多彩的文体生活

在初高中阶段以学习为中心的周昊宇几乎没有充足的时间投入到文体活动中，而大学这个大舞台给了他更多的机会，从刚入学开始的军训到迎新晚会，再到主持人大赛、吾肆放歌、工程师文化节。一次次活动丰富了他的业余生活，塑造了更完美的他。

刚入学时，他参加了全校的军训合唱团，虽说只有短短的几天时间，却让他们这些互相陌生的“新兵”彼此熟络起来，很快，他便结识了许多其他学院的朋友，也使尚未适应离家生活的他逐渐开朗起来，有了新朋友的陪伴，他也便无暇顾及那与生俱来的孤独与惆怅。

回到学校，生活逐渐进入正轨，他开始勇于尝试新鲜事物。很快，他接到了学院将要举办迎新晚会的通知，便勇敢地报名了主持的任务。虽说并不曾有过切实的经验，但经过准备，他成功通过了面试。这也是他第一次参加学生工作，并在其中展露了头角。经过这次机会，他更加感受到北科和高工这两个大家庭的温暖与和谐。

志愿心，公益行

班级与学院组织的各种志愿公益活动自然必不可少，其中令周昊宇记忆最深的就是到位于回龙观的农民工子弟学校——海清小学进行支教。这里的孩子大多没有本地的户口，在这里无法像本地的其他同龄人一样正常升入中学，只得返回原籍，或者继续在这种条件缺失的民办学校内完成义务教育。面对这样一群本应获得更好待遇的可怜孩子，他和同学们深感任务的重要性。他们为孩子们精心准备了一堂科学课，想要通过实验来激发孩子们对科学的热爱。然而过程却并不像他们想象得那样顺利，“老师们”与孩子们几乎脱节，课堂秩序一度混乱，下面也不时传来“还不如上一节语文课”的抱怨。可是，当他望见孩子们书桌上那一摞课本，他深切地感到，即便他们并未让他们学到什么知识，只要多年之后，他们仍能记起，曾有一群大学生带他们做实验、做游戏，希望他们能用自己的双手冲破限制，赢得更好的未来，他便心满意足了。

大一的下学期，他加入了创行。这一组织旨在运用积极的商业力量，践行企业家精神，共创更美好、可持续发展的世界。与学生会一样，他们同样为校园的生活做出积极的努力。例如，他接到的第一个项目就是调查学校取快递处高峰时拥堵情况，并提出解决方案。

除了同学之间的相互关心，他也学到了很多东西。首先，在与商家或其他社会人员进行交涉的过程中，锻炼了他的社交能力，使他提早接触到社会。其次，他意识到他的责任感、使命感，懂得了牺牲小他、服从大他，对军训时强调的纪律性有了更深的认识。除此之外，如何表达他的真正意图，如何恰当的交流，也是他的收获之一。

经过了半年多的了解，可以说他已经基本掌握了大学生活的节奏。在接下来的三年里，一方面他要坚持已经形成的好习惯、好方法、好态度。另一方面，他已经准备迎接更多的机会与挑战，为未来创造更多可能性。例如，参加数学建模，各种学科竞赛，在大二时参加 SRTP 项目，尽早投身到科研活动当中。加强身体锻炼，塑造一个更健康的自己。

大一还未结束，可以说他的大学生活才刚刚开始，可是细细数来，种种改变已经让他不断成长。每个人都有自己心目中的大学。而他认为，一张完整的大学毕业证书，不在于你究竟记住了多少书本上的知识，也不在于你多么丰富的简历。当你回头看看这人生中最宝贵的四年时光，你是否没有遗憾，你是否得到了能力、体力、心智的提高，你是否从一个少年，成长为你想做的人。也许这，才是他想要的大学。

奋斗在大学

——记李锡滨

李锡滨，男，高工1503班，学号41518072，共青团员。曾获人民二等奖学金、校级“三好学生”；曾参加学院“卓越团队”。座右铭：苟利国家生死以，岂因祸福避趋之。

从理工男到文艺青年

人的命运，离不开个人的奋斗，但是也要考虑历史的进程。刚进大学的时候，李锡滨作为一个工科学生，在理工类专业知识学习之外各方面的体验估计也只能限于看看电影、听听歌、看看比赛，就没有发展的余地了。但他没想到的是，在北科这样一个文化生活多彩多姿的地方，不管是哪个专业的学生都可以在文体、社会实践、人文情怀方面有所发展。他在这样的环境中受益匪浅。

大概是在大一上学期的时候，有一个主题是纪念一二·九运动的团日活动。这个活动要求每个班出一个相关的节目来表现这个主题，然后高工1503班选了微电影，但是他们班并没有拍过微电影经验的同学，这时团支书就找到他说，班委会已经决定了，你来当导演。他说：“你们还是另请高明吧。我也实在不是谦虚，毕竟实在没有经验。”班长也过去劝他：“大家都讨论过了，别推辞了。”当时他就念了两句诗：“苟利班级生死以，岂因不会避趋之。”就这样，他担起了微电影这个项目的大梁。

首先，他组建了剧组，写好了剧本，于是就准备开始拍摄。刚开始的时候，他们剧组还不是很熟练，他常常想要传达的意思不能和演员顺利地沟通，这导致他们的进度一直跟不上。不过，在后续的拍摄过程中，他们相互磨合地越来越好，配合也更加顺畅，大家合作得也越来越无间，最后还是在最后期限之前顺利完成了拍摄。但是，有一点遗憾就是由于拍摄太过仓促，没有仔细阅读活动的主题，导致微电影主题出了一点偏差，所以并没有在团日活动当天放映。所幸的是剧组的成员们都对自己的努力感到满意，即使没有机会在别的同学面前展示，也并没有觉得后悔，而且，大家的感情更近了一步。

有了第一次的经验之后，高工三班又迎来了一次视频制作的机会。这一次是英语老师布置的英语学期大作业，主题是追求梦想。这个作业不仅是一个大家都要完成的任务，更是一次创意的比拼，老师告诉他们评比得第一的小组可以得到额外的加分。就这样，李锡滨所在的第四小组用了一晚上的时间讨论脚本，最终制订了一个完善的拍摄计划。他们花了一天的时间拍摄了这么一个以梦想为主题的短片，后期由各个组员配音。这一次，他们的努力终于得到了回报，最终不负众望地得了第一名的好成绩，各个组员也得到了加分的奖励，大家都十分满意这一次的活动，而他也在这次活动中第一次发挥了自己的价值。

这样的活动之后他终于体会到了，只要敢去做，一直善于学习，即使是在自己并不熟悉的领域也能够收获到一些意外收获，沉溺于高数大物的理工男也有机会变成视频制作的好手，变成一个善于拍摄的文艺青年。

从运动神经虚弱到运动健将

当然，不只是在文艺方面，在体育方面李锡滨也积极地参加了一些力所能及的活动。由于在中小学时没有重视体育锻炼，在大学时他并没有什么体育方面的特长，跳不远，跑不快，跳不高，马马虎虎的体测成绩显示出了他虚弱的运动神经，所以他机智地选择了投身于团体体育活动当中。在高等工程师学院举办的“卓越杯”篮球比赛之中，他以替补的身份加入了他们班的篮球队，虽然得分少，但是出色的防守和巧妙的传球也为队友带来了一次次的得分，并且他也在一次又一次的比赛当中不断进步，一直陪伴班级进入半决赛，遗憾的是最终还是铩羽而归。虽然心里觉得有些遗憾，但是还是对自己问心无愧，在这样的过程中大家的默契程度也越来越高，高工三班也不只是班集体了，在那么一瞬间大家已然成为了一个大家庭。

除此以外，还有一些比较微小的活动，比如高工 15 级的长绳接龙比赛，李锡滨作为长绳队的摇绳队员，也算是做出了一些微小的贡献，最后在大家的努力之下，他们成功在比赛当中拔得头筹，使得本来无聊乏味的早操平添了一丝与众不同的惊喜与欢快。

李锡滨知道，体育运动并不是只靠发达的四肢，矫健的身材，也许你不够高，也许你不够壮，但是体育运动有时候也要考虑自己擅长的部分，身体弱有身体弱的优势，要用自己的策略，这样既能在运动中锻炼身体，又能在竞技中取得不俗的成绩。

将公益进行到底

不仅自己要过充满希望、阳光向上的生活，而且也要试着把希望带给别人。在高工三班举行的支教活动中，李锡滨在其中起到了积极的作用。那一次，高工三班去的是北京的回龙观小学，作为一个条件简陋的小学，学校周遭的环境与学院路的高楼林立，立交桥环绕形成了鲜明的对比。在这里，教学楼破旧，教室拥挤，桌椅都是相当陈旧的，但是那里的孩子们却充满了朝气，他们都乐于学习，乖巧懂事，当看到哥哥姐姐们去他们学校时，即使不是被他们教的班级的小朋友们也十分热情地与他们打招呼。

正式上课时，李锡滨所在小组为小朋友们讲解的是大气压的原理和手工版画的指导，他作为助教，给同组担任讲师的同学板书的同时，也帮助各个小朋友进行演示实验，在后半节课的手工版画指导的时候，他和同学们与小朋友们打成一片，最后，大家在拍照留念之后就依依不舍地离开了。

离开了那一双双渴望读书的大眼睛之后，李锡滨就在想，这些孩子们有着这么单纯的信念，相信学习就能改变命运，但却没想过在求学的过程中他们可能会遇到各种各样客观的难题，如何让他们的生活也充满希望呢？最终，他决定，要将公益进行到底，并且将自己暑假社会实践的方向修改到与公益活动相关的方面，用自己的实际行动，帮助更多的人。

心怀梦想，追逐远方

在经历了这些大大小小的活动之后，虽然李锡滨离“身经百战，见得多了”还差得很远，但也或多或少地积累了一些人生的经验。这是他觉得成长的最重要的一个方面，不只是技能上，而是一种心理上的成熟。他说他不禁想起自己当初什么也不懂，踏入大学时那青涩的模样，曾以为只需要好好学好自己的专业，两耳不闻窗外事，一心只读圣贤书就好，还好北科有精彩的舞台，深深吸引了内向的他，让他有一种追逐精彩青春的冲动，让他能有机会做一些曾经从来没有想过的事，这样才能在这短短半学期中完成这样的成长，他能感受到自己的改变，也非常乐意将这种改变继续下去。

在接下来的一学期中，他相信自己会在文体方面取得更大的进步。因为在百团大战之后，他加入了两个学生社团，这两个学生社团都十分充实、严肃，刚加入没两个星期就开始了各种各样的活动。他又开始了各种写文案、组织、策划等工作，这使得他的课余生活变得更加丰富多彩。他说，这才是成长另一个有意义的方面，那就是成长是永远没有尽头的，只要还活着，就可以一直把自己向更好的方向推进，十八岁有成长，八十岁依然会有成长，但是现在的成长是为未来的几十年沉淀，所以年少的时候应该抓紧时间好好发展一些之前缺少的那些能力。

现在，站在新的起点上，他非常感激北科，为他提供了这样的一个平台，让他能够完成这样的成长，完成这样的蜕变，他非常庆幸自己当时被“内定”为微电影项目的导演。他说，如果当初没有那勇于尝试的第一步，现在的他又会是怎么样呢？一切都不得而知……

青春激扬的号角已经吹响，李锡滨又重新回归高昂，奔向下一段旅程的远方，完成下一段的成长。年轻的心中怀揣着梦想，保护着顽强的战士在青春的战场上飞扬。

感恩篇

不忘初心，方得始终

即使身处喧闹之地
也不改昔日的澄澈
过尽千帆之后
仍要保留年华最初的纯白

感恩高工，志向卓越

——记李波

李波，男，机械 E091，学号 40940175，中共党员。曾获国家励志奖学金、人民二等奖学金、北京市“优秀本科毕业生”、全国大学生先进成图技术与产品信息表达大赛一等奖等；曾担任学院力行学会副主席、常代会主任等。

锐意实践勇于担当

李波同学于 2012 年度赴莱钢特钢厂、中冶京诚工程技术有限公司进行为期 13 周的实习活动，实习期间担任党组联系人和轧钢组负责人，组织同学们共同进行了实习任务的开展。实习期间工作日全部出席，虚心向企业导师学习，主要完成电炉炼钢生产线认识实习，5500mm 轧机轧辊设计及图纸绘制工作，并按期完成任务，得到校企导师的一致认可。

李波在担任中冶京诚轧钢所实习负责人期间，于实习前期积极在企业与学院间做沟通，协助解决了前期企业导师分配资源不均的问题，协助完成 3 人次的企业导师更换任务，并与轧钢所各导师积极阐述学院实习指导方针，让首次接受“卓越计划”实习任务的企业导师对整体实习宗旨与学校考核情况有了清晰的认识，使得实习前期工作顺利进行。实习中组织全队 15 名同学开展学习交流活动，每周一次，共同探讨本周内全队成员学习到的新知识，根据个人工作任务的开展情况，在诸多方面开展了主题交流学习会议，做到互通有无，资源利用，共同进步。实习后期积极组织同学完成实习报告，并协助学院完成学生答辩。期间对于同学的出行情况、出勤情况、报告进度推进与材料总结等多方面做了工作，并积极总结实习经验，为 10 级、11 级学生传授实习心得。于 2014 年与院领导共赴中冶京诚公司完成教育部对企业实习的调研考察工作。

同时在莱钢特钢实习期间，李波结合学校第 189 期学生业余党校的精神，组织开展了党支部走进车间活动，组织实习队员与企业党支部进行交流活动。特别是在企业基层党组的先进性建设、基层党员的模范带头作用、理论知识与实际生产的密切结合等方面做了深入的交流，认真学习企业支部建设经验，体验生产一线党支部的服务宗旨，提升学生党员的工作热情。返校后李波积极向同学们做了关于莱钢实习的总结交流，做了以“莱钢大炼钢”为题的实习交流报告，向全院学生共同分享实习经验。

立足钢铁学以致用

来到高工让李波同学体会最深的便是这里丰富的校外学习实践平台，从企业到研究院所这里包含了一流的学习体验。在首钢，他第一次近距离地看到了钢铁生产全流程作业，见识到了一流的设备；在中冶京诚，他第一次参与了项目的设计开发，接触到了当前世界最先进的轧制设备。京津唐地区重要的钢铁企业都有他的足迹，从产品生产、企业管理到设计研发，高工学院给他们提供丰富的学习资源，为之后的研究生课题研究打下了良好的基础。现场实习与钢铁设计院的学习经历，为他在步入研究生阶段后能快速地进入课题研究，打下了良好的基础。特别是在研究生期间，依旧选择钢铁相关研究方向的他，进入钢厂后能尽快适应新环境，发现问题，并提出解决办法，申请国家发明专利，填补国内空白，与在本科期间的校外实习实践有着密不可分的联系。六年一贯制的培养机制，让他更加认清了在学期间的研究方向与专业领域内的基础知识，从本科期间的广度培养到研究生期间的深度历练，对于他本人及身边的每个高工学子都是一场智力与能力的综合考验与锻炼，期间的收获绝不仅仅是知识的积累，更是对事物认识与问题解决的一次真实磨炼，虽然每个人的感知不同，但收获却都一样，便是自我能力的提高。

热心社团服务同学

高工是一个“优秀”、“有竞争”而又不失“团结友爱”的队伍，这里的学生工作丰富多彩，这里的社团内容精彩纷呈，这里的班级建设有声有色。高工虽小，牛人众多，在这里参与学生工作，不仅能锻炼个人的能力，更是接触优秀人才的广阔平台。以家的氛围营造学院，宽容、和谐、包容、开放，这是李波在高工学生组织最深刻的体会，曾经他也是那个迷茫、疑惑与好奇的“场外”观众，但当其真正进入高工大家庭后才深深地感受到，这里最需要的是你那份激情与热忱，即便你是一张白纸，在这里也能描绘出最美的青春画卷。

有人说大学还是以“学业”为主，这固然重要，但“学业”并不是学习的全部。起初李波也有过这样的顾虑，过多的课外活动会不会牵扯精力导致成绩下滑，但当他一路走来回首北科在学经历，从班级负责人、学生组织负责人、党组负责人，他的成绩始终没有受到丝毫影响，在参与这众多活动的过程中，锻炼了个人的时间规划能力，提高了办事效率。从活动策划、组织实行、文案编排等等过去看来琐碎的小事中，对他的耐心有种潜移默化的锻炼，而这期间的收获更是其一生的财富。正如他所说的一样：对待学习是用脑，服务同学是用心，在高工，他激发了这份存于心脑间的热忱，因为他深爱着北科的这份厚重，高工的这份深情。

发掘自我明确方向

卓越计划的六年一贯制培养机制让他在大学期间学到了丰富的知识，更重要的是为他提供了更加广阔的学习平台。回首近二十年的求学历程，李波以作为卓越计划的学子并以此来为自己的学生时代画上圆满的句号而感到欣慰和自豪。这里有一流的教师队伍，有优秀的班级团体，有丰富的学习资源，有广阔的交流平台，让他置身其中不断地学习，不断地提高。从初入高工学院，到毕业开始走向工作岗位，他深深地感觉到六年间在这里所学到的一切，是其一生用之不竭的财富之源。

如果说学习对于书本而言你得到的是知识，那么领悟对于大学而言你便得到了智慧。在高工，他深深地体会到：学习早已不仅仅是服务于书本的过程，更是一种对大学时代的领悟，“领悟”不仅在课堂上、书本中，更在教室外的广阔天地。当然，基础知识的牢靠固然关键，但如何学以致用更为重要。众所周知，北科大“卓越计划”以培养钢铁领域的优秀人才为目标，故而高工学院的专业学习更为清晰，也更有目的性，在本科期间，高工学院实力雄厚的机器人竞赛平台、智能车竞赛平台、航模竞赛平台等等，让李波从一个初入机械领域的“小学生”真切地体会到一件机械作品从设计到工艺直到安装调试成功运行背后所蕴含的丰富知识，与作为一位机械设计师所带来的成就感。而在实际参与竞赛的过程中，更让他对书本上的知识有了进一步的理解，更加重要的是，这个过程让他深深地爱上了机械专业，发掘了自己的潜能，使得后来能够代表北科人参加全国机械领域内相关比赛，不仅提高了个人能力，开阔了视野，更使他对机械专业的爱渐入骨髓。如果说从事某一行业是一个人完成社会职责的体现，那么爱上这个行业就是工作带给你最大快乐的源泉。作为一名走出校园继续从事机械行业的“高工”人，他很庆幸当年做出了对其最具有意义的选择，如果问高工给予他最大的财富是什么，他的回答便是对“机械”的爱，正是这份爱让他有了人生的方向，有了工作的激情，更是这份爱让他在毕业后依旧选择机械，努力为中国的高端装备制造业付出自己的青春与汗水。工作后，他再回首，正是当年那惊鸿一瞥，让其走入高工，让其爱上机械，并愿意为之努力付出。

逝者如斯，不舍昼夜。在北科的两千多个日日夜夜俨然成为李波今生最难忘的时光。借此，他再次向所有辛苦付出的老师们、互助互爱的同学们表示由衷的感谢。并希望学弟学妹们珍惜当前宝贵时光，充分利用学习资源，努力发现自我潜质，在追求卓越的道路上一路向前。正如他所说：“在校聚作高工火，撒向祖国满天星。”

母校深恩，永生难忘

——记王承顺

王承顺，男，冶金E093班，学号40921247，中共党员。曾获国家奖学金、泰尔奖学金、人民奖学金、新生奖学金等奖学金、校级“三好学生”、学院“院长奖章”、学院优秀实习队长等；曾担任三晋同乡交流会会长，并组建创业团队。

2010年王承顺加入高工时他就立志要在钢铁行业闯出一片天地，挺起中国钢铁的脊梁。随着时间的推移，他逐渐在专业知识上有了质的飞跃，逐渐对钢铁行业有了自己的判断，也逐渐明确了自己的发展方向。更为重要的是在追寻理想的过程中，他也逐渐对自己有了更加深刻的了解。这一切的起点，正是当初选择了高等工程师学院，对于“高工”他永远心怀感恩之心。

宝剑锋从磨砺出，梅花香自苦寒来

北大校友卢新宁在毕业典礼上说，她唯一的害怕，是同学们已经不相信了，不相信规则能战胜潜规则，不相信“学场”有别于“官场”，不相信学术不等于权术，不相信风骨远胜于媚骨。同学们之所以不相信了，可能是因为追求级别的越来越多，追求真理的越来越少，讲待遇的越来越多，讲理想的越来越少，大官越来越多，大师越来越少。亲爱的学弟学妹们，身处在这个变革的时代，周围的人和事随时都在发生着变化。面对你们，他甚至缺少一份抒发“过来人”心得的勇气，在这个时刻都在变化的时代哪里来的“过来人”呢？

但是作为学长，王承顺想他还是有义务需要说点什么。学弟学妹们有着远比学长们当年更优越的条件，更广博的视野，更成熟的内心，站在更高的起点。站在这样高的起点，处在时刻变化着的时代，除了智慧他希望同学们同样也能懂得坚守。当许多同龄人都陷于时代的车轮下，那些能幸免的人，不仅因为坚强，更因为坚守。不用害怕圆滑的人说你不够成熟，不用在意聪明的人说你不够明智，不要照原样接受别人推荐给你的生活，选择坚守，选择理想，选择倾听内心的呼唤，才能拥有最饱满的人生。

2010 年，在王承顺的人生中是一个特别重要的年份，因为这一年他顺利通过选拔加入了高等工程师学院。这一年，他大二，对于未来没有任何具体的规划。正处在迷茫时期的他加入了高等工程师学院这个大家庭，成为了学院的第一批学生。随着钢铁生产概论、专业课以及工程实践的陆续展开，他对自己的人生规划逐渐地清晰了起来，确立了要在钢铁行业干一番大事业的人生奋斗目标。在 2013 年王承顺以专业第一的成绩被保送到了冶金与生态工程学院钢铁冶金新技术国家重点实验室，成为了一名钢铁冶金专业的研究生。

回首宝贵的本科学习、生活经历，王承顺为自己选择加入高等工程师学院感到由衷的欣慰，因为高等工程为他提供了丰富的专业知识学习平台，以及很多亲赴钢铁企业现场的实习机会。并且幸运的是在大三暑期为期 35 天的太原钢铁集团的生产实习以及大四上学期为期 9 周的中冶设备研究总院的生产实习中他能担任队长，积极主动地与企业沟通，准确及时地给学院老师反馈同学们的实习情况，热情周到地为同学们解决生活、情感困难。在这些亲赴钢铁企业的实习机会中，王承顺逐渐明白了要实现从高校大学生到优秀的工程技术人才的转变，不仅要掌握扎实的专业知识，还要具备良好的组织管理能力、很强的交流沟通、环境适应和团队合作的能力。

路漫漫其修远兮，吾将上下而求索

大三暑期，在学院为期 5 周的生产实习中，王承顺担任太钢实习队的队长，带领采矿、冶金、材料、机械四个专业 20 位同学组成的实习队，奔赴企业生产现场。从自愿报名组织团队，到实习期间带领团队妥善完成实习任务，安排队员的“吃穿住行”。从协助辅导员与企业人力资源部签订实习协议等相关文件到实习期间自主向学院及时汇报有效信息、与企业良好沟通；从手忙脚乱的应对实习工作到实习期间镇定从容地处理突发事件，组织团队休闲活动……感悟着企业文化，他也见证了团队感情升温，实现自主管理。队中有一名采矿专业的维吾尔族同学，在相对艰苦的实习条件下饮食生活存在困难，他了解后带动各位队友特别关注和帮助这名同学解决困难。实习期间恰逢开斋节，这是维吾尔族同胞一年中最尊贵的节日，经过前期路线查询、精心设计，王承顺陪同他前往太原的清真寺参加礼拜，并且寻找清真餐厅带领全队成员和他一起庆祝，给予维吾尔族同学一份惊喜和感动，也收获了真挚长久的队友情。

除此之外，王承顺还积极与企业联系，组织队员们参观了太原钢铁集团的渣山公园以及李双良事迹展览馆。昔日的渣场，是一座堆积了近半个世纪储量约一千万立方米的“大渣山”，它不仅影响了太钢的生产，而且严重污染着太原市的环境。李双良敢为天下先，主动请缨，提出不要国家和企业一分钱，带领治渣大军进行了这项艰苦卓绝的治理渣山的宏伟工程。经过几年的努力，不仅从根本上解决了太钢倒渣难问题，还把昔日渣尘弥漫的严重污染源变成一处花草遍地，绿树成荫的景观。为治理环境、造福子孙后代做出卓越的贡献。通过参观让队员们深深地感受到了李双良同志作为中国工人阶级的优秀代表，是中华民族的光荣与骄傲。“想企业所想、急企业所急，主动为企业分忧解难的敬业精神；不怕困难、艰苦奋斗，为企业发展勇挑重担的创业精神；团结一致、精诚协作、高效执行的团队精神；遵循规律、珍惜资源，实现人与环境和谐发展的科学精神；与时俱进、挑战自我、精益求精、奉献精品的创新精神”的双良精神感染着每一位队员。

大四上学期，再次作为队长带领冶金和材料两个专业 17 位同学赴中冶设备研究设计总院进行为期 9 周的实习。通过积极主动地与企业沟通，妥善合理地把队员的具体实习内容安排就绪。他本人除了完成教学大纲任务外，还配合工程师完成天津市中宇华科技有限公司风机防震项目改造以及三座 120 吨转炉二次除尘节能减排项目。

光辉历程更辉煌，人才辈出代代强

通过实习历练，王承顺感受到了来自学校、企业严谨务实的指导，也明白成为钢铁冶金行业一名优秀的工程人才，要在了解专业行业的优势、特色基础上找到自己的立足点，在实干中逐渐明晰职业发展方向，摒弃天之骄子的浮躁意识，避免眼高手低的挑剔心态，善于向指导老师请教，也能虚心向车间里的工人师傅学习，努力使自己成为一名有修养、有内涵、有人格魅力的人。

“卓越计划”对于同学们来说，无疑是一个很好的平台。学院领导也能紧跟国家的政策方向，为学院的发展方向尽心尽力。他十分看好高工的未来，也祝愿在这个平台上能培养出各行各业的人才，培养出这个时代的大师。

悠悠卓越情，丝丝在心头
——记杨乐

杨乐，女，材料E094班，学号40930165，中共党员。曾获人民二等奖学金、北京市优秀毕业生、校级“优秀学生干部”、全国大学生数学建模北京区一等奖、北京科技大学第十三届“摇篮杯”大学生课外学术科技作品竞赛二等奖、第八届“北京科大科技园杯”学生创业计划竞赛二等奖等；曾担任学院力行学会副主席、材料学院宣传部副部长。

时光荏苒，转眼间“卓越计划”的第一批学子已经毕业，并且开始了人生的第一份工作。在新的环境里，杨乐得以从事与专业非常相关的工作，成为了一名真正的准工程师。这一切除了她自身的努力与幸运之外，更是离不开工程师学院和“卓越计划”的培养。在这里，有着她最珍视的集体、最要好的朋友、最尊敬的老师和最珍贵的记忆。高工，也见证着杨乐从一个冒失的丫头成长为能够独当一面的学生干部，获得自信和勇气的过程，至今回忆起大学的成长、与卓越的相识，往事依旧历历在目。

刚升入大学，杨乐对未来的大学生活充满了期待与好奇。各种各样的社团宣传纷至沓来，每一晚上，大一新生的宿舍门缝中总是会有很多社团招新的传单塞进来。杨乐也没能禁得住诱惑，在学院明令禁止大一新生参加社团的情况下，加入了校科技部和院外联部。还去中科院、北大等地听了很多关于历史、科技等多场讲座。大一的时候，她就像大多数人一样，什么都想尝试，像一只无头的苍蝇，懵懵懂懂，却不知道自己想要什么，应该去做什么。一切都是新鲜的，只有上课读书是最熟悉的。但面对厚厚的课本，她却产生了厌学的情绪，大学为什么仍然和高中一样，要上枯燥无味的课，要看厚厚的书。在寻找大学是什么的路上，她有点迷失了自己，分不清哪些应该重视，哪些应该舍弃。但值得庆幸的是，虽然厌倦，她仍然在努力地学习，虽然迷茫，她依旧每天斗志昂扬地去热情地拥抱生活。

初识卓越：转角不期而遇

当杨乐每天三点一线，游走于教室、食堂、宿舍，在困惑“大学到底是什么”这个问题时，学校根据开办“卓越计划”的项目，成了高等工程师学院，并开始第一届招生。刘立院长在大礼堂充满激情的演讲，描绘学院的蓝图和加入高工之后会接受到的教育，这些都给她留下了深刻印象。小班授课、工程教育、校企联合、实习实践这些新鲜的东西深深地吸引了她。在大学里，每个人都在寻求机会把自己培养成优秀的人才，她也不例外，经过慎重考虑，她递交了申请。最终经过几轮面试和谈话，她成为了高工第一届学子。作为一个新生的学院，工程师学院无疑给大家一个希望和提高自己的可能性，但也有很多的不确定性。不是每个人都愿意做小白鼠，她吸引到的第一批人，血液里都流着愿意改变、渴望尝试、追求上进的血，而在杨乐所在的工程师 094 班，更是这样一个积极分子聚集地。就这样，她在人生迷茫的时候遇到了卓越，开启了一段新的旅程。

新学院刚成立，一切组织机构有待重新建立，需要大批的人手，大家纷纷加入，她不甘落后，成为了学风促进组的负责人，并投入十二分的热情去参与学生工作的开展。组织全院同学一同学习英文文献，管理学院集体自习室，并协同组织第一届 CAD 制图大赛。新学院给了这些新加入者非常多的机会和平台。随着学院建制的完善，高工的学生组织也逐渐走向正规化，大家提出了基于学院特色，发挥高工长处，成立一个以“工程实践”为核心的社团，力行学会就这样成立了。设立了三个部门：学术科技部、工程实践部和学业服务部。过五关斩六将，她出任了力行学会的副主席，主管学术科技部的工作。在力行学会里，其实并没有什么部门之分。作为一个新生的社团，社团的定位、目标都需要大家去思考，去设计。他们从无到有，以“求知创新、力行实践”为宗旨，创办起一个致力于对学生的工程实践和创新实践进行指导、搭建一个学生与企业沟通的平台、关注同学们的学习难点、全心全意服务同学的社团。制定章程，确定会徽，初步建立网上宣传主页，制订学年工作计划。点点滴滴，从头开始。通过邀请学术大牛、老师来给同学们进行科技竞赛方面的讲座，杨乐也将自己的参赛经验穿插其中，看到学弟学妹们通过自己失败的经历有所收获，她感受到了所做的事情的意义和价值。现在，力行学会逐渐成长起来，组织过“创意大赛”、“英语话剧比赛”、“百炼成钢”知识工程竞赛、CAD 大赛等多项活动，并初步搭建起 SRTP 平台。作为一个力行人，她始终都坚守着他们最初制定的干部行为准则：心中有爱，肩上有担，胸中有竹，目中有人。

情系卓越：最可爱的人

对杨乐来说，在高工最可爱的一批人便是工程师 094 班的小伙伴，这里有极其负责的班长、团支书和个性飞扬的同学们。在这个优秀的班集体中，唤醒了她对于集体的爱，积极地参与到班级组织的各种有趣的活动中。后来她成为了 094 班的第二任班长，从开始的趣味羽毛球赛和屯佃山庄家庭体验，她继承了前任班长各项活动都必须办的有意思的传统，每次活动都发动大家，群策群力想点子。除了出去游玩，他们还组织了元旦晚会、男生节两个文艺活动，大家的感情在一点一滴的相处中进一步加深。作为一个女班长，能被大家信任，是一件很有成就感的事情。最让她感动的是，大家办活动之前都会一起来做准备工作，活动结束后，留下来一起打扫卫生，收拾完毕后再离开。互相体谅，互相关心，大家的友谊已经超越了同学情，变成了铁杆友情。在一起申优的过程中，她付出了很多，哭过、笑过、埋怨过，但与大家共同经历过那一段，并获得了“钢铁侠”的绰号，这样的集体荣誉足以让每一个人自豪和骄傲。高等工程师学院给了她一个平台，一个家，更让她感受到得到认可时的幸福感。

在高工，还有一群最可爱的人，他们默默为学生的学习、成长默默付出，无怨无悔。他们便是辅导员、院长和其他工作人员们。在迷茫的时候，娜姐便会用她独有的气质和魅力，去坚定大家的信心；当需要帮助的时候，她又会第一时间为你出谋划策，解决问题。她用自己的坚强的背影开辟着前方的道路，带领大家一同披荆斩棘，开创工程师学院的历史。记得娜姐说过：“你们是怎样，高工便是怎样。”这句话一直激励着杨乐，不埋怨，也不在乎别人说什么，努力便是。还有在学院办公室的黑板上一直写着“我们是历史的开创者”。也许正是因为有这些信念的支撑，高工才有了今天的这番模样。无论何时遇到赵院长，他永远平易近人，笑呵呵地关心这，关心那。除此之外，这位“平民院长”还利用自身的资源为大家争取来之不易的实习机会，可谓呕心沥血。在这个学院所享受到的一切优待和机会，每一个背后都有一群人在默默地付出，并不是理所应当，应常怀感恩之心。

卓越成长：创业大赛初体验

大一下学期，杨乐参加了创业大赛。作为大一新生，并没有足够的资源去运作起一个创业团队，人脉、知识、经验，都是阻碍和困难。几经权衡，她选择参加其他团队的项目。可如何寻找一个合适的团队呢？通过在报名网上筛选了几十条报名参赛的队伍招贤纳士的详情，她选择其中一个队长打电话。很幸运的是，队长并没有因为她是大一的缘故而拒绝，反而很认可她的热情。就这样，她加入了一个团队中，其他人都互相认识，且都是学长学姐的队伍，就这样开始了自己的创业大赛之旅。队长非常认真负责，其他队员也配合默契，作为新加入的小学妹，大家都很照顾她。很快，团队的强大就显现出来。大家一起选择了创业项目，以北科的“当代名老中医医案分析系统”为基础，成立了“弘康中医信息有限公司”。队长统筹全局，红姐做财务分析，猴哥负责技术支持……而她则负责市场营销部分。备战创业大赛的日子，他们团队七人在学校机房每晚都奋斗到很晚，这样的日子无疑是快乐的，因为有队友和你一起为着同一个目标而努力着，你的战斗力也无形中被提高了很多倍。最终，他们的项目经过层层选拔，进入决赛，并在十个队伍中排名第三，获得了铜奖。这样比较成功的经历，让大一的她第一次尝到了团队协作的快乐，并让她认识到，一个项目的运作后面必然有一个完整的团队，一个好汉三个帮，一个篱笆三个桩，奋斗的路上不能只是一个人，而需要一群人。

因为一个宣讲会的缘故，杨乐第一次接触到数学建模。当时学长们深入浅出地介绍了什么是数学建模，即把一个实际的问题，通过深入调查研究、了解信息、作出简化假设、分析内在规律，并用数学的符号和语言，把它表述为数学式，建立模型，然后用模型结果来解释实际问题，并接受实际检验，最终定量地分析和研究一个实际问题。这是一个神奇的过程，从此她便对建模产生了浓厚的兴趣，并决定参加 2011 年的全国大学生数学建模大赛。困难仍然来自于组队。在数学建模的培训第一课上，看到很多人都在寻找队友，她想出了一个很廉价的主意，在教室的后门上贴一张纸条来招募贤才，但还没来得及，就发现已经有人贴上了。英雄所见略同，她便毫不犹豫与这位仁兄搭上了线，随后又有另一个冶金的同学加入了。于是“三剑客”正式成立。接下来，便是艰难的培训过程。一般数学建模的团队搭配都是软件、数学或其他专业混搭式，他们三个人则是材料、冶金的组合，除了一点高数的基础外，对模拟软件知之甚少。一切都是从零开始，借书，分工学习，打印资料……那正是北京最热的时候，教室里还没有安装空调，宿舍的同学都回家度假了，她们每天在教室里挥汗如雨，准备学校的两个建模赛题——《北京市水资源短缺风险识别》和《房价合理性评估及未来走势的预测》。专业知识的匮乏让她们在讨论中捉襟见肘，常常力不从心。但没有关系，大家都拿出了十二分的热情来讨论、学习。在图书馆里泡了两周之后，两篇论文也渐渐有了雏形，最终获得了参加全国大学生数学建模比赛的机会。回忆三天建模的日子，印象中最深刻的是在两天一宿没睡之后，论文的进展依然缓慢，难题仍未解决。于是三个人出去散心，就这样漫无目的地在校园中乱逛、闲聊，无意中产生了新的思路。最终他们的论文——《城市表层土壤重金属污染、来源及传播分析》获得了“北京赛区甲组北京一等奖”的成绩。接下来的寒假，他们又参加了美国大学生数学建模大赛，这是一个给叶子分类的题目，四天的时间里要写好论文，还要完成翻译，他们开始分工行动。在万木凋零的时候，四处乱逛搜寻各种叶子，寻找规律。最终完成了这次比赛。虽然只获得了成功参赛奖，但这次写论文以及翻译的经历无疑是宝贵的，认识到了自己身上的不足，激励着彼此努力地前进。后来，他们用数学建模论文参加了“摇篮杯”大学生课外学术科技作品竞赛，并获得了二等奖。在学术科技的路上，总是充满着快乐与汗水，因为每一分收获都来自于每一刻的努力。付出越多，回报越多，上天不会亏待任何人。

感恩卓越：相约百年校庆

对杨乐来说，从高工毕业，她的理想便是做一个能够创造价值的工程师，而今天，她已经开始这个梦想的第一步。“卓越计划”的一整套教学体系为她打下了扎实的工科基础，实习实践也让她认识到生产与理论的差距，直观地去体验。经过了这六年多的发展，此时的“卓越计划”已不是当初，变得更加开放、包容，对大家的出路也不做过多的限制。

寄　　语

杨乐说："真心地希望，未来的'卓越计划'和高等工程师学院，能够摸索出一套具有特色的、成熟的工程师培养模式，成为教学理念最先进的工程师教育模范。我们走过的弯路，学弟学妹们不必再走。可以站在我们的肩上，更好地向未来大踏步。如果要说什么建议，那就是将工程师必须认真、严谨等思维贯穿于工科教育始终，拒绝一切表面浮华，而踏实沉潜，并以此为原则。亲爱的学弟学妹们，你们有幸在这样一所代表着变革创新、严谨求实的学院里，希望你们继承这种精神，今天，你们因为在高工自豪，明天，高工必将以你们为荣。科大六十周年校庆的时候，094 班的同学相约百年校庆，待到百年校庆，我想高工会真正成为一个'工程师摇篮'。"

回望在高工的日子里，紧张，忙碌，充实。科技实践、学院工作、班级工作组成了杨乐大学生活的主要部分，付出不少，收获很多。付出一段精力，收获一个成果；付出一份真情，收获一个感动；付出一颗真心，收获很多真心。高工像一个园丁，在每个人的心中种下一颗上进的种子。现在在人生新的阶段，依然有迷茫，距离卓越还有很大的差距，但杨乐会不断地努力，带着这份高工种下的勇气，成长为一个胸怀理想、脚踏实地、勇于争先、开拓创新的人。

一路走来，春暖花开
——记张宝军

张宝军，男，机械E091班，学号40940139，中共党员。曾获人民三等奖学金、宝钢优秀学生奖学金、校级“优秀学生干部”、两次校级“三好学生”、第27届全国部分地区大学生物理竞赛一等奖等；曾担任机械E091班班长、辅导员助理等；曾参加北京市“十二五”科技规划——大型双动力地下铲运机研制开发。

记得那是2011年2月的一天，张宝军第一次走进了北京科技大学高等工程师学院的院楼。在辅导员的帮助下，他和自己的新同学，开始了新学期的注册工作，正式成为新学院的一名学生。那时候的他并不知道，自己可以从此开始全新的大学生活。而这些生活中的点点滴滴，必将成为他以后如数家珍般的宝贵回忆。

与其他同学一样，张宝军也在注册工作完成后，向负责学生培养管理的王小宁老师询问一些课程和教学计划的问题。在众多的问题中，他最关心的不是学院诱人的保研率到底会是多少，而是学院承诺的40周实习是如何开展的。因为北京科技大学秉承“学风严谨，崇尚实践”的校训，十分重视学生的实习实践，而高等工程师学院作为学校的特色学院，更加重视实习。高等工程师学院在第一批学生招生时，刘立院长向同学们慷慨激昂地说：“高等工程师学院是一个精英学院，是一个以狠抓教学和重视实践的学院。”正是因为工程师学院会为同学提供大量的实习实践机会，那一届的同学才争先恐后地选择了这个学院。在得知学院的实习实践的具体信息后，他和同学们打消了心中的顾虑，开始了在工程师学院的学习生活。

“别人家学院”的学生

在大学里，学校的管理会很宽松；在大学里，学院的关怀可能会很少。

但是，这个新学院是个例外，给张宝军那些第一批卓越学子带来了全新的大学生活。

在其他同学的眼里，他们成了“别人家学院”的孩子。

“别人家学院”的新生交流会有班级口号、班级旗帜的设计，有手机灯光组成的星光，有一群兴奋而喜悦的面孔。

“别人家学院”的院长会在人人网上和同学互动，发来节日祝福。

“别人家学院”的篮球比赛，几乎整个学院都到场呐喊，让对面队伍的零星几个观众好不自在。

“别人家学院”的辅导员会在女生节教学生折纸玫瑰。

“别人家学院”的院长会亲自带领学生去矿井，也会给学生讲课。

他们就是“别人家学院”的学生。

你不会想到，他们在大三大四还会抢占前几排，只为听懂那复杂的控制理论；你不会想到，在大四的时候所有人都在忙着思考怎么玩的时候，他们在起早贪黑地实习。

在享受学院领导的各种关怀下，他们付出了更多的努力，来证明他们会更加优秀。

实习经历

学院在争取到学校和企业的帮助下，为他们提供了循序渐进、深入一线的实习。他们参加的第一次实习是在大二暑假。在那个暑假，青葱的张宝军第一次走出校园，走进了首钢、天津大无缝、水厂铁矿等企业，进行认识实习。在这次实习中，他们跟随学院的带队老师，走遍了首钢公司的许多工厂，真正地看到了钢铁生产的全流程。从铁矿石采掘到选矿，从高炉炼铁到转炉炼钢，从钢铁运输到企业管理。原先的钢铁知识转变成鲜活的场景，真的是十分激动。学院领导和老师组织的实习实践活动十分充实，他们收获也很大。

第二次实习是在大三暑假的生产实习。这一次张宝军选择了去较为艰苦的邯郸的邯钢三炼钢。在连铸车间，他和其他十几名同学一起坚守了一个月。从生产班组的师傅到负责检修的工作人员，他都不断请教、积极学习，得到了钢铁生产现场的最直观的资料。也是从那时候开始，他发现了钢铁生产作为国民生产重要的一环，技术层面存在着各种问题。在员工层面来讲，环绕着一种低沉的气氛。行业不景气，企业不景气。但他始终告诫自己，坚守自己的实习岗位。

第三次实习是在大四上学期的中冶京诚，他被分到了炼铁所的研究室，并且由研究室的主任——姜凤山高级工程师亲自指导。在实习实践期间，他协助工程师完成了一个高炉充风阀的设计，体会到了作为钢铁研究院的无与伦比的研发团队及其迸发出来的惊人的创造力。这次实习中，他真正地将书中所学的机械制图、机械设计等知识运用到项目中去，参与了小课题——充风阀的设计，得到了学生时代的第一份自己设计的图纸。

三次实习，是一次循序渐进的工程，让他从总体、生产、设计三个方面系统了解了整个行业，为选择科研方向打下基础。

参与科研

此后，保研如期而至，张宝军选择了刘立教授作为自己的导师。而刘立老师又将他推荐给车辆系的冯茂林教授。冯茂林老师是一个从事矿山车辆设计制造的大师级人物。进入车辆专业，从事矿山机械的设计，为钢铁全流程的第一环——采矿设计采掘运输机械，他从此走在了钢铁生产的最前线。

第四次实习就在保研之后的大四下学期开始了。这次实习已经称得上是科研了。这次实习安排在冯茂林老师的安期生技术有限公司。没想到这一实习就一直持续了两年，直到研二才结束。在刚刚进入冯老师的研究团队的时候，他被分到大型混合动力铲运机的项目组，作为助理，协助苑昆工程师完成部分结构设计。这是一个很好的机遇，是一个将专业知识转化为实际产品的机会；同时这也是一个挑战，他能否理解设计意图，能否完成苑昆布置的任务，也决定着他能否在项目中继续工作。

在实习中，他将前三次实习学到的知识和技能应用到此次实习。他首先从学习企业的安全实习要求开始，一步步进入课题组。在混合动力项目组的车架结构设计中，难度很大，可借鉴的已有车型少，参考资料不足。他在课题组中，积极向工程师们请教制图规范、结构焊接、成品件机加工等知识。在参考原先图纸和实地接触铲运机的基础上，他多次修改模型，力求设计出最符合要求的设计模型。本科毕业设计，他将自己在实习中学到的知识和得到的结论写进自己的毕业论文，经过自己的努力和老师的指点，以及自己后期的修改，最终他的毕业论文得到了论文评审老师的肯定，成为了 2013 年度北京科技大学优秀毕业论文。同时设计的初步三维模型也得到了项目组的肯定，为自己在课题组赢得了庄严的一席之地。

进入研究生阶段后，他一边学习研究生课程一边继续自己的项目组工作。在三维图纸经过反复修改后，终于将自己的设计转换为二维图纸，交付公司专家审核。混合动力铲运机是北京科委“十二五”计划的重大项目。结构设计时难度很大。不仅要考虑到所有部件的整体布局与安装定位，还要考虑到维修拆装和车体的强度。在与总工程师审图的过程中，总工对图纸提出了大量的质疑，以及许多他从来没有想到的细节问题。在重新研究大量图纸的基础上，他对模型进行大量修改。同时在与艺术设计老师学习的过程中，对混合动力铲运机的外形进行了部分外形设计外观。模型图纸在经过几个月的漫长修改与改进中，终于得到了总工程师的肯定。接下来是更加漫长的细节设计和工艺确定。终于在 2014 年年底开始了正式装车。一个月后，铲运机正式下线。接下来的一周内，此项目顺利通过北京市科委的验收。注意，在这里他的项目组是交给了科委一辆能铲矿、能节油的铲车，不仅仅是那些说服力不强的技术文件和枯燥的专利。他们的技术已经能够转化为产品了。如果你想在技术上超过别人，最有说服力的方法就是拿出支持自己技术的产品。这是冯老师经常对他说的一句话。做实业，做产品，这一思想也深深烙进了他的心里。

当看到自己做的车能够顺利开动，那种成就感油然而生。他第一次感受到了“工程师”这几个字背后沉甸甸的责任。

步入职场

大学生找工作，几家欢喜几家愁。高工学子在同一届的学生中优势十分突出，因为他们的实习比较多，简历上的亮点多。张宝军也属于其中比较幸运的一员。2015 年 10 月，在面试北汽新能源车型部的时候，面试官就十分看好有实习经历的学生。在面试官所面试的众多应届生中，在实习阶段参与整车设计的并不多。于是他详细描述了每次实习的收获、自己在安期生公司的工作以及参与矿车整车开发的实习经历，面试过程十分顺利。后来这个面试官变成他现在的科长。

所有事情的结果必然有其内在的原因。如果不是在高等工程师学院的学习与实习，他不会得到刘立教授和冯茂林教授的器重；如果不是有在安期生公司参与整车设计的这一段经历，他也不会得到现任领导的肯定。他现在的工作也是参与整车设计开发，与研究生阶段的实习任务类似，只不过从矿车开发设计变成了轿车开发设计。

在学院的时光是张宝军成长最快的时光，他在那里收获了很多。作为第一届的卓越学子，他们也曾经对学院的某些政策有质疑，也曾经与辅导员和院长有过争论。这些争论与探讨组成了新学院的一个个新计划、新方案。他们不仅是学院的学生，更是学院建设的参与者。

学院的发展需要我们的共同努力。希望每一届的高工学子都可以发扬主人翁精神，参与学院的建设，享受学院的“特殊”课程，珍惜每一次实习机会，为自己的未来负责，为高工的未来奠基。

回忆少年，岁月静好

——记赖慧颖

赖慧颖，女，材料 E121 班，学号 41212059，中共党员。曾获人民三等奖学金、学生综合运动会最佳赛风奖；曾参加校青年志愿者协会爱知服务队、尺素汉服社、外文配音大赛、首都图书馆文化志愿活动。

原来那天的阳光

赖慧颖还记得刚踏进北科的大门，是在一个微凉的早晨，凉凉的空气里面似乎还能嗅到一丝丝细微的清甜，清晨柔和的阳光铺洒在主楼门口的毛主席像及树木的枝头树梢，让她觉得一切都是那么的美好而朝气蓬勃。那时的她还是一个懵懵懂懂的孩子，对未来的任何事情都不是太了解，只是模糊地知道自己已经是一个大学生了，在北科她将度过从年少走向成熟的关键四年。她对北科的一切都感到那样的新鲜与好奇。

从高中时期的一心只放在准备高考上，到进入大学后无拘无束的自由天地，作为大学新鲜人的她内心需要经历很大的转变。大学时期没有人会管她，父母不会再在她的耳边时常唠叨，老师也不再是高中随时督促她的老师，她必须有高度的自我约束力，需要做到自律、自学、自省。幸而她的表现也算没有辜负自己，她从刚进入大学时就要求自己无论做什么事情都要尽力做好。自从上大学以来，她一直以提高自身的综合素质为目标，以自我的全面发展为努力方向，以乐观向上为态度对待大学生活，以此树立正确的人生观、世界观和价值观。她深深地知道，只有认真学习各种专业基础知识，将专业基础知识学习扎实，才能在以后发挥自己的特长；只有不断地在各种实践中挖掘自身潜力，提高自己分析处理问题的能力、组织管理的能力和团结协作的能力，才能在以后的工作中做到更好。只有这样，才能适应社会发展的需求。

大学时期的校园生活可谓是丰富多彩，除了学习，还可以参加许许多多的活动。刚进校门时，她就看到校园里贴满了五花八门的社团招新通知和各种各样的讲座介绍等，同学们可以根据自己的兴趣爱好加入不同的社团，或为兴趣或为创新学分而听讲座，还可以参加诸如各学院举办的校园配音大赛、建筑结构大赛等。大一时期她积极参加了两个社团，并跟着社团进行了一些有趣而有意义的活动。其中一个是校青年志愿者协会爱知服务队，另一个是尺素汉服社。就像爱知服务队的名字所表达的一样，它是校青协在引导学生热爱知识方面的志愿服务队。在爱知服务队的带领下，她积极参与如首都图书馆文化志愿活动、小学支教活动等志愿活动，在获得志愿服务工时的同时，她认为更重要的是她从这些志愿活动中获得了奉献的快乐。从这些志愿活动中，她对“只要人人都献出一点爱，世界将变成美好的明天”这句话有了更加深刻的了解。此外，出于对汉服的浓厚兴趣并且秉持着对各种活动踊跃参与的精神，她对汉服社的表演活动和文化活动表现出了很大的热情。在汉服社她学到了一些以前不知道的中国古代服饰的知识，她还学会了一些简单的汉舞，在清明踏青活动中还认识了一些同样热爱汉服的汉服北京的成员。她还曾在爱心满屋主办的第一届公益潮服装设计大赛决赛开幕表演会上参与表演汉舞《临安初雨》。这些经历给了她以前从来没有过的新奇体验。

此外，在培养自己的综合素质方面，她始终秉持着德智体美全面发展的心态。除了在学习上认真努力，尽量学好每一科，提高加权成绩外，她还坚持参加各项体育活动。她曾报名参加土环学院的一二·九长跑活动。她曾与同一英语中快班同学一起以《盗梦空间》配音片段参加了外国语学院举办的外文配音大赛。在大一暑期社会实践时，她与另外几名同学组成了“走进济慈之家，走进孩子心灵”社会实践团。实践团秉着用自己的声音给孩子们带去希望与关爱的初衷成立，通过给北京市房山区济慈盲童学校的盲童赠送自制录音童话、买礼物、组织集体参观的形式，关心帮助在济慈生活的盲童。在大一学年她还在班级内担任副班长一职，一方面锻炼了自己的组织协调能力，另一方面在一定意义上实现了“为人民服务”的宗旨。这些活动和经历都极大地丰富了她的生活，让她得到了更多的锻炼，为她以后的漫漫人生路做了铺垫。

一个人的北京

对于赖慧颖来说，大学四年内不得不提的一个重大决定就是转专业。她表示，其实认真来说她自己也不是很清楚究竟为什么会提交了转专业的申请，只是抱着试试看的心态，因为她觉得自己当时的成绩的确也不是很好。提交申请、等待审核、面试等待，她没想到自己真的转专业成功了。她还记得第一次参加年级会的时候，看着一群完全不认识的新同学，她的心里也曾存在着一丝陌生和后悔，不明白自己的决定究竟是对还是不对。刚开始在新的环境上课时，看着课堂上完全没有自己熟悉的同学，她心里面关于转专业究竟是对还是不对的不确定感就更深了。那时形单影只坐在课堂上的她，偶尔开小差时会想，这样孤孤单单的自己，好像忽然就只有自己一个人在北京了。无关矫情与否，只是在那时的境况下，孤单的心绪似乎很容易就会被自己无限地放大。

不过经过一段时间与新班级学生的相处，她相信她的决定是没有错的。材料 E121 班的学习气氛很好，全新的学习氛围使她对学习有了更大的热情和更多的认真。从人际关系来讲，转专业的决定使她认识了更多的同学。现在她在校园里面碰见土环的同学时，她们相互之间还是会很热情地互打招呼。她觉得转专业这个决定给了她比不转专业时多了一倍的同学与好朋友，毕业工作以后回忆往昔时她也会像是拥有了双倍的回忆与欢乐一样。这样日复一日的相处，一个人孤单的北京终会变成有着许许多多同伴与回忆的温暖的北京。

在学习方面，她始终认为，作为一名大学生，她们的首要任务就是学好科学文化知识。所以，她热爱学习，对待每一个学科都尽量认真，踏踏实实，勤勤恳恳。她认为好的学习方法对学好知识很有帮助，所以在每次考试后，她都会在心里总结近段时间的学习经验。一分耕耘，一分收获，她一直相信只要不懈地努力就能取得更好的成绩。因而每次看到自己取得了可喜的成绩，她就会感叹只要有决心，没有什么事情是不可能的。同时她也明白了一个道理——山外有山、人外有人，在取得进步的同时她不能只满足于现状，周围还有许多人做得比她更好，她应该时刻鞭策自己努力奋进，不断学习新的知识，这样才不会故步自封，才能一直进步，不辜负自己。

在思想品德方面，她具有良好的道德修养，并具有坚定的政治方向。她一步入大学就积极入党，在入学的第一学期，她就向党组织提交了入党申请书。在中国近现代史纲要、毛泽东思想和中国特色社会主义理论体系概论课上，她系统地学习了党的历史、纲领和宗旨，对党有了进一步的认识。在党组织的观察考验下，她先被承认为入党积极分子，现已成为一名预备党员。成为入党积极分子和预备党员后，她从思想和行动上更加严格地要求自己，向优秀的党员同志看齐。通过学习《中国共产党党章》《共产党宣言》等诸多有关党的理论知识，聆听优秀党员的演讲以及与同学们的相互帮助，增进了她对党的认识，拉近了她和党的距离。她热爱祖国，热爱人民，热爱中国共产党。她坚决地拥护党的领导和社会主义制度，遵纪守法，爱护公共财产。在集体活动中，她保持积极参与的态度，和大家积极配合完成集体任务。在生活中，她团结同学，用自己积极乐观的心态去感染大家，尽量发挥自己的作用，做一些力所能及的事情，帮助和关心同学。在学习和生活中，她一直努力克服自己的弱点和缺点，不断地提高自己，向身边优秀的同学看齐。

年少有你

赖慧颖是材料科学与工程专业的学生，她认为对于她们工程类专业的学生来说，光学好书本上的知识是不够的，她们也需要相应的实践经验。

在实践实习方面，她认为学院给她们专业安排的几次实践对她们有很大的帮助，包括金工实习、实验室模拟实践、宝钢实习和莱钢实习等，这些宝贵的实习经验让她更加深入地了解了她所学习的专业。在这几次实习中，她们从学校及钢厂的老师处汲取知识，她们与炼钢一线的工人师傅面对面交流，她们与实习带队的老师亲切交谈与讨论，她们与同学们有了一次别样的亲睦相处。她们在实习中收获知识的同时，更收获了汲取知识的方法，还收获了更加亲近的师生、朋友关系。虽然实习只占她大学四年时光里一段短暂的时间，但是她觉得这已经足以成为她记忆长河中浓墨重彩的一笔。实践期间她在巩固书本知识的同时，也学到了许多在书本上没有的知识，这让她对这个专业产生了更为浓厚的兴趣，对她自己的能力提高也很有帮助，锻炼了她各方面的能力，让她对自己更有信心。

在学术研究方面，在大三阶段的《工程力学 AII》课程中，她与另外两名同班同学共同参与完成了名为“铜丝绳的张紧程度对其极限强度的影响”的简单研究。在这期间他们三个人一起自主分析问题、设计实验，自己去五金市场寻找材料，协作动手完成实验，并通过 Ansys 软件进行模拟分析，与实际所测结果进行对比，取得了令人满意的结果。另外，她还与三位同班同学共同完成了“电动汽车电机转子对电工钢材料强度的要求”的 SRTP 项目。在近一年的时间里，他们在赵院长的指导下，通过对电机结构、材料内部应力场分布等知识的学习，利用 Ansys、AutoCAD、Inventor 等软件进行模拟，完成了创新项目的研究，并获得了院级一等奖的成绩。这些项目的参与使她的实验与实践能力得到了很大的提高，对她以后的研究生学习也将有很大的帮助。

三年时间使她经历了从一开始的较为散漫自由逐渐转变为自律自学的过程，在思想上端正了态度，树立人生目标与学习目标。她觉得大学校园就像是一个大家庭，在这个大家庭中，学生扮演着被培养的角色，而老师就像是教导孩子成长的长辈，所以她一直对老师尊敬有加；同学们相互之间就像是兄弟姐妹，他们一起学习，一起娱乐，互帮互助，和睦相处。集体生活使她学会了主动地去体谅和关心别人，也使她变得更加坚强和独立。回想起自己这三年蜕变的过程，与老师同学相处的点点滴滴，她的心中满满的都是感恩，感谢自己的年少时光里他们都曾出场。

几度夕阳红

四年时间转瞬离去，赖慧颖已经在大学这四年的磨炼下成长为一个青年，对现实与未来有了一些自己的认知与看法，也在考虑过一些现实因素后对自己未来的路有所思考。在这段关键的人生历程即将画上句点的时候，她再次从头回想自己的大学生活，发现这四年时间对她来说可谓是一幅细水长流而不失斑斓色彩的别样的图画。大学四年不仅让她学习到了专业知识，为她以后走向社会、开始工作做了充分的准备，同时也教会了她如何才能成为对社会有用的人才，如何才能为社会多做贡献，让她形成了正确的人生观与价值观。大学的学习与生活经历将对她今后的人生道路产生巨大的影响，让她在今后的人生道路中能一直有所获益。

她很感谢曾经努力学习与奋斗过的自己，让她能够获得保研资格，在本科四年结束之后继续攻读硕士研究生。对于研究生阶段的学习，她也进行过一些简单的设想。她将在研究生阶段充分利用学校丰富的资源，加强自身综合素质，扩大知识面。她会认真学习研究生课程，为研究工作夯实基础。她会主动与导师及同学沟通交流，努力向他们请教学习。她会从实践中学习，解决实际问题，扎实推进科学研究与创新能力的培养，对于自己研究的领域，她会广泛阅读各类文献和书籍，拓展自己在相关领域的视野。她将在未来的生活学习中更加努力。

岁月荏苒，白驹过隙。转眼间美好的大学四年即将过去。越是临近毕业，她就越是感觉昨天才刚刚查询到录取信息，刚刚收到录取通知书，刚刚迈进北科的大门，刚刚在学校操场办理完各种手续，刚刚在宿舍整理好行李，刚刚和室友自我介绍完毕……她的脑海中有许许多多个“刚刚”，都是她刚入学那段时间的事情，清晰如同昨日。每当她从回忆中抽身，睁开眼睛回到现实时，“是啊，四年真的就要过去了，她也要毕业了”这个念头就会更加清晰地在她的心头浮现，然后产生一种不知是释然还是惆怅的大概是专属于毕业季的心绪。

四年的大学生活让她学到了很多知识，更让她有了较快掌握一种新事物的能力。在这四年的时间里，她的思想变得成熟了许多，性格也变得更加坚毅。她还认识了许多同学，并与他们建立起了友谊，在与他们的交往中提升了自身素质，认清了自身的一些短处并尽力改正。大学生活让她在各方面都有了量的积累和质的飞跃，但是她也清楚地知道，她的经验和阅历还尚浅。读万卷书，行万里路，这些还需要她在以后的实践工作和学习之中不断提高。相信机遇会垂青有准备的人，在未来的时光里，她会有更好的表现。

青山依旧在，几度夕阳红。一届又一届的卓越学子从高工毕业，但毕业对他们来说却并不是终点，而是一个新的开始。他们将从一个黄昏步入另一个晨曦，做一轮永远闪耀在天际的红日，依偎也照耀始终如青山般巍巍屹立的高工学院。

毕业季大概总意味着离别，意味着不舍，意味着回忆，意味着珍重，意味着许许多多。但盼无论几年之后，曾是少年的你们依旧自在如风。

愿似火情怀，一生怀有

——记尚园园

尚园园，女，材料E123班，学号41203053，中共党员。曾获新生奖学金、人民二等奖学金、校级“三好学生”、院级SRTP项目一等奖；曾担任班级副班长；曾参加学院2016届毕业季“四季花开”毕业季策划工作。

霎时光阴值千金

“傲不可长，欲不可纵，乐不可极，志不可满。”

魏徵——《礼记·曲礼上》

《曲礼》中的这句话，一直是尚园园同学恪守的做人准则，与一些无病呻吟、肆意拔高的诗歌相比，此句胜在真实，毫无做作之嫌。入眼卑微无奈的生活，关注执着仁忍的生命，这是成长一直在教导我们的事情。

从高中开始，尚园园就非常热爱写作，在闲暇之余，她将写作作为头等兴趣，从一开始的措辞粗糙到如今的行云流水，她付出了很多常人难以想象的艰辛。

仅在大一学年，尚园园同学就读了六十七本课外书，其中既包括比较晦涩难懂的书籍，像中国古代生活系列丛书，也有像《一个时代的斯文》这样的小说。对于尚园园来说，读书的目的是从书中挖掘出自己所需要的信息并化为己用，所以她并不觉得读闲书是一件吃力不讨好的事情，相反此举可以拓宽自己的知识面，并开阔视野。

功夫不负有心人，尚园园在写作方面有了极大的提升，大一时她参加了院卓越传媒记者团并主要负责写新闻稿，期间写过不少新闻稿，得到了部长和老师的认可。

良好的开端是成功的一半，而积极的态度则是敲门砖。虽然态度并不能决定一切，但是端正的态度能使人有更多的机遇。

新生入学教育结束后，尚园园同学怀着激动的心情向党组织递交了入党申请书，从此怀抱着为共产主义事业奋斗终生的决心，并时时处处用党员的标准严格要求自己，踏实工作学习，关心同学们的学习和生活，在各方面起到表率作用，表明自己的理想和愿望，愿意加入中国共产党，为共产主义事业奋斗终生。

在申请加入中国共产党的过程中，尚园园在相关政治课上的表现也十分突出。但她深知自己还有诸多不足，所以一直未曾停止前进的脚步。

从踏入大学校门开始，她勤勤恳恳，努力学好各门功课。列宁曾这样说过："我们一定要给自己提出这样的任务：第一，学习，第二是学习，第三还是学习。"此话表明了学习的重要性。作为一名学生，首要任务就是学习。信息飞速更新换代的时代要求我们不断学习，不断进步，紧跟知识的时代潮流。

身处"卓越计划"范围内，卓越工程师训练营对尚园园的成长起到了巨大的促进作用，时至今日，刘院长在开营的时候讲的那些话仍然在她耳边回响，刘院长说："我不管你的未来什么样，你想要什么样的未来，只要你够卓越，这个世界就会给你你想要的机会！"

刘院长的这番话使尚园园相信机会是靠自己创造出来的，那些勤奋努力的人，一定会比其他人预先看到成功的光芒。

所以她时刻牢记自己的责任，自己的使命，不敢忘记身为未来的工程师身上所要肩负的责任。

大一学期末的小学期的学习，也使尚园园各方面有了更大的提升，英语夏令营使尚园园的口语水平突飞猛进，同时在大二学年她还选修了《国际工程基础（英语）》和《工程创新与创业（国际课）》，不仅提高了自己的英语水平，还开阔了专业视野。

在工作方面，尚园园也不甘落后，从一进入大学开始，为了锻炼自己人际交往的能力，根据自己的兴趣，她加入了校北科传媒社团组织部，在社团里勤勉工作，获得了部长和部员的一致认可。同时她还加入了院卓越传媒记者团，在记者团学到了很多关于新闻稿的撰写的知识，写了不少新闻稿，为自己以后的工作生活奠定了坚实的基础。

大学里面到处充满着锻炼自己的机会，从班、学院到学校，各级学生组织，每一次锻炼都是积极而又富有意义的。

大一寒假的时候，她还参加了“温暖衣冬”志愿服务活动，不仅为贫困地区的人家送去了温暖，还锻炼了自己的能力。

除此之外，尚园园还参加了北京科技大学智能车校内赛的志愿活动，主要负责赛道的维护以及团队建设，同时她还参加了中国科技馆的志愿活动，主要负责讲解科技馆相关天文知识，她本人感觉非常有意义，同时对自己本身知识面的拓宽也有很大的促进作用。

大一学期末的暑假，尚园园同学参加了“我的中国梦”采访团社会实践活动，采访了奋斗在社会各个阶层的人物，有很大感触，同时也锻炼了自己发现问题解决问题的能力，最终，她们的社会实践团队获得了88分的好成绩。

取次花丛懒回顾

大二学年，尚园园在业余时间担任演员张莉莎的专用撰稿人。演员张莉莎每次出席活动的新闻稿基本上都出自她手，新闻稿多见于新华网、网易娱乐、小鱼网等，主要活动包括海南国际电影节、北京国际电影节以及相关电影的上映活动等。

同时，作为自己的兴趣，尚园园还在网站上发表自己的网络小说，并与网站签订了数字版权合作协议，获得了60499的点击量，拥有一批小读者，为此她感到十分荣幸，也深知自己还有很大的不足，尚园园表示将继续努力，写出自己所希冀的世界，写出自己对未来的憧憬与梦想。

她希望能够在大学校园这片乐土里，继续将自己的特长发挥下去，并在这条道路上越走越远，坦荡如临水的群山。

大二学年，尚园园认真学习书本上的知识，但又不拘泥于书本，在学好专业知识的基础上，积极参加实验与实习，将理论与实践有机地结合起来。

《工科物理实验》和《数学实验》等实验课也都拿到了90多分的成绩。

尚园园同学的不断努力也得到了回报，2012~2013获得人民奖学金便是对她勤学好问的肯定。

金工实习这门课程也让她学到了很多，看到自己做的小锤子等各种成品，让她觉得一切的辛苦都是值得的。

学习生活虽然紧张但是不无趣，每天都会有新的乐趣和小的惊喜，真的非常难得。在大学里，每个人都是强者，大家虽然闹的时候很疯狂很开心，但是一到正式的环境下又比谁都认真。

尚园园同学知道了“天外有天、人外有人”这句话的重要性。不自惭形秽也不妄自菲薄，只是坚定地做着自己该做的事情，踏踏实实地走自己的路。

在生活中，尚园园作风朴素、热情开朗，严于律己、宽以待人。很喜欢和同学沟通交流，也很乐意帮助同学，和同学们建立了很好的友谊。

细算浮生千万绪

大三学年，尚园园担任了班级的宣传委员，主要负责班级新闻稿的推送，也写过不少新闻稿，对自己的文笔进行了磨炼，同时也使她对新闻类稿件的了解又上升到一个新的层次。

同时经过不懈的努力，尚园园同学已于 2015 年 7 月 4 日通过表决正式成为中共预备党员。

成为一名光荣的中国共产党党员，这绝不是为了光宗耀祖，绝不是为了凭借执政党的地位为自己牟私利，她深深地懂得共产党员意味着拼搏、奋斗甚至意味着牺牲，她入党只是为了更直接地接受党的领导，为共产主义事业奋斗。在今后的学习生活中，尚园园表示会更加严格要求自己，努力克服自己的弱点和缺点，不断地提高自己，并继续加强理论知识的学习，同时理论联系实际，关心国内外大事，关注党和政府的重大方针和政策，分清是非，正确认识各种社会现象。

在 SRTP 项目上，在导师的指导下，她们的 SRTP 项目《钢铁企业三废处理外包运营模式探究》获得院级一等奖。

大三上学期认知实习去了宝钢，通过在工厂的所见所闻切切实实地体会到了专业的知识，收获匪浅。

大三学期末的小学期的生产实习尚园园去了莱钢，在那里亲临现场 5 周，感受企业文化氛围，拓宽专业知识面，为以后的学习生活提供了实践层次的基础。

另外，为丰富见识，同时增强自己多方面的理论水平，尚园园还报名参加了陈章华老师的专业创新项目，专题为 The Research about the Tensile of Belts，并获得了老师和同学们的一致好评。

大三下学期尚园园还参加了宋仁伯老师的课程教学改革项目，主要研究项目为 E690 级别海洋工程用钢动态 CCT 曲线的研究，获得了老师和学长的认可。

在这个过程中，她增长了见识同时也开阔了视野，为以后的研究生涯打下了坚实的基础。

不妨随处一开颜

经过三年的积淀与成长，大四学年，尚园园担任了班级的副班长，准备继续为同学们服务，尽自己所能，努力做好材料 E123 班这个大家庭的“家长”，使同学们感受到家一般的温馨。

同时她还在暑期的时候进入到央视资讯科技有限公司进行实习，主要工作内容为新闻监播等，工作期间获得了上司的赞赏，同时自己的工作效率、工作能力也得到了很大的提高。

她还于暑假期间在华文智慧教育机构担任家教，主要负责 5~7 个学生的日常学习，在工作中，尚园园学会了如何更好地与学生、与老师进行沟通，提高了自己的人际交往能力。

尚园园同学现已完成了 78 个小时的志愿服务。同时她还积极参加学院组织的志愿活动，例如连续两次参加北京科技大学校运会团体操的表演等。

她在志愿服务以及社会实践的过程中，遇到了很多志同道合的朋友，与他们交流探讨人生简直是一件非常幸福的事情。

三年多的努力付出，尚园园深深地感受到，与优秀学生共事，使她在竞争中获益；向实际困难挑战，让她在挫折中成长。同时她还认识了很多有经验的学长学姐，从他们那里获得了很多书本上学不到的实践知识。

作为大四学生，尚园园深知以后的路还很长，但是作为学生的路可能会越来越短，她会好好珍惜剩下的一年，珍惜与同学间的情谊，同时也不懈怠，继续坚持前进的道路，认真走好剩下的每一步。

在大学的这几年，对她的学习能力、学习习惯都有了极大的改善，她希望能把其中优秀的学习习惯一直保持，不甚良好的习惯一定要摒除。

进入到研究生阶段学习，首先她要明确自己的研究方向，掌握该研究方向的前沿科技。其次要努力提高自己的英语水平，这样对自己以后的文献阅读、与人交往都会有很大的帮助。接下来要努力提高自己的科研能力，协助导师完成课题，并能够发表一些具有较高水平的学术论文。毕业时如果喜欢科研可以继续投身于科研事业并攻读博士学位，如果想步入社会可以进入到相关专业的相关领域工作。

她知道未来的路可能不一定像她写的这么简单，但她会尽自己最大的努力，一步一个脚印，踏踏实实地走下去。

尚园园相信，总会守得云开见月明，她也相信，一定会有锦绣美好的未来等着她去创造，去拼搏！

四年大学时光即将过去，也许还在嗟叹自己不够勇敢，不够美好。但是无论如何，她活得很真，不为迎合任何人。虽然不够辉煌，不够瞩目，但是她值得这样美好的年华。所以，不要忧伤，不要心急，这样的时光里，要努力积攒能量，要相信生活，永远热爱诗歌，永远怀揣梦想。即使身处喧闹之地也要不改昔日的澄澈，过尽千帆之后仍然保留年华最初的纯白。

最撩人景色是今年。最后，愿即将走向人生新起点的尚园园，能够继续锐意进取，勇往直前，将似火情怀，一生怀有。

逝去的那些年，是最美的回忆
——记李龙

李龙，男，材料 E123 班，学号 41204031，共青团员。曾获新生奖学金、两次人民二等奖学金、校级“优秀共青团员”、北京科技大学机器人大赛二等奖。

梦想起航

大一，大学生活的开端，带着憧憬与迷惘，李龙来到了自己将要度过四年大好时光的地方——北京科技大学，亲爱的“贝壳”。

初来报到的那一天，天气很好，在学校迎新志愿者的引导下，他一步步地完成着报道流程，还记得那时候曾经填写过一个关于自己理想的卡片，他歪歪扭扭地写上创业两个字，在学长学姐们善意的笑声中羞涩地赶紧离开了那里。安排妥当之后，送走了家人，他一个人走在有些陌生的校园，不禁心中有些凄凉然而又有些希冀，这就是他将要生活学习四年的地方啊！

每到达一个更高层次的学习阶段，最开始的时候总是免不了要经历让人有些排斥、事后又有些怀念的军训。和初识未久的室友同学一同踏上开往军训基地的大巴车，一路晃晃悠悠到达了目的地，看着一路的尘土飞扬，感受着灼人的温度，内心不免烦躁，对这次军训之旅难免有些抵触，总是期盼着天公可以作美，连续下几天大雨，让军训可以更加轻松一些，然而，天公总是不作美的。军训生活就这么开始了，在每日的训练中，同学们也渐渐熟悉了起来，似乎一切并没有想象的糟糕，尤其每次挥汗如雨的训练之后，和同学们一起在食堂里大快朵颐，至今让人怀念，虽然没有山珍海味，但就算是早餐的馒头鸡蛋豆腐乳，想起来依然口齿留香。说来惭愧，本该是日日训练的日子，在军训的后期，大家排练军训汇演节目的时候，他却偷了个懒，没有参加排练方队，而是每日看看大家训练，蹲蹲小书摊，日子过得好不惬意，至今知情的同学还会拿这事取笑于他，如果上天给他一次机会再作一次选择的话，他估计还会这样！军训在这样的日子里很快也就结束了，他们带着被晒黑的皮肤以及数日不洗澡的污垢踏上了回校的旅程，准备着正式开始“美好”的大学生活。

作为一个接受了老师们十几年“上了大学就可以随便玩了”的教导的学生，他谨遵师命，不敢丝毫怠慢，每节课都当作选修课，玩玩手机聊聊天，顺便听听老师们在讲什么，下课了就赶紧找个玩意儿好好玩一下，大学生活果然好生惬意。然而，童话里都是骗人的，接踵而至的月考、期中考让人明白了，光玩是会挂科的，不挂科大家还要评比加权分的，分数低了会被请去喝茶的。可是，他对这一切并不敏感，依然马马虎虎地上课，浑浑噩噩地过日子，成绩也就马马虎虎过得去，大一也就这么风平浪静地过去了，虽然也会为一些课的无聊感到头疼，为一些课的分数比大家都低感到懊恼，然而一切都无伤大雅。

崭新的自我，不一样的生活

大二，李龙转了专业，如果问及他转专业的真正原因，其实是他对自己大一生活的憎恶，他似乎讨厌那种生活，他想改变，想在一个新的环境中让一切从头开始。还好，转专业这件事并没有遇到什么大的阻碍，除了面试时不知如何解释转专业原因的窘迫，一切还好。就这样，他来到了一个新的班级，完成了从机械到材料的转身——他希望会是一个漂亮的转身，虽然还是会和以前的同学们一起上课，但是，似乎确实有些东西不一样了。他开始思考学习的原因，思考他究竟该不该好好学习一门课程，思考到底是上一节课重要还是打一场游戏重要，思考更多的学习带来成绩微小的上浮值不值得？他心中隐约是有答案的，但还是会忍不住做一些背道而驰的事情，但终究是往好的方向发展——他心里这么安慰着自己。最终，大二成绩的转好似乎给了他一些坚持自己想法做下去的动力。

细心回忆，大二有哪些还有印象的事情，可能金工实习要算上一件，毕竟现在他手里还保留着当初的作品，虽然丑陋不堪，但最起码记录了那一段时光的流逝。还记得当时学习各种机床使用的场景，他总是为有的同学的心灵手巧感到羡慕甚至隐隐有些嫉妒，再看看自己的笨手笨脚，不禁有些懊恼。当初他车的螺母，他做的锤柄锤头，他铸造的花朵图案，他制作的个性签名，他做的起子，无一例外，他们都生锈了。

当然，不得不提的还有他和 Mr Wang 一起参加的机器人大赛，这是一段值得回忆又让人嗤之以鼻的经历。由于新奇而报名参加的机器人大赛，他和 Mr Wang 负责机器人的电控部分，实际上就是在大赛给的程序上略作修改让机器车能够执行命令，而另一部分同学则负责机械部分的制作。就这样大家一起配合，没有遇到太多的困难，一个可以跑的机器车就成型了，然而由于一些设计上的缺陷，在初赛时机器车连登上比赛台都略显困难，最后也就没有逃过淘汰的结局。一切似乎应该就这样结束了，没想到大赛竟然还组织复活赛，抱着试一试的心态，他们队对机器车做了一些修改又重新登上了比赛台。由于参加复活赛的队伍整体都有各种各样的缺陷，没想到并不出彩的他们竟然复活成功了！按照常理来说，接下来他们应该为决赛努力地优化机器车的设计，争取可以获得好的名次，可事实其实不是这样的，他们并没有做更多的努力，机器车水准其实并没有提高过，就这样他们参加了决赛。在决赛上，他们的机器车也是状况频出，可意想不到的是，他们竟然依靠对手队伍的不断失误，一场一场地晋级了，最后获得了比赛的二等奖——完全名不副实的二等奖！回想整个参赛过程，他们确实也做过一些努力，解决了一些困难，但是他们为之付出的努力怎么看都是不够的，可是最后却靠运气获得了不错的名次，真是让人感到讽刺。让人略感安慰的是，这段经历还是让他学到了一些东西，譬如团队协作的重要性，譬如知识储备的重要性等等。

实习开阔眼界

大三，秋季开学初，他们进行了第一次的外地实习——宝钢实习。上海，中国的经济中心，他们带着一些些的兴奋，三两成群地来到了这个城市。这段时间里，他们按照学校的计划一步步地进行了认知实习，学习的内容或许已经遗忘殆尽，或许是已经像一加一等于二一样融入了他们的认知当中，感觉不到它们的存在了。但是那段日子中还是有很多细节让人记忆犹新，李龙还记得和同学们一起看望在上海交流学习的 Miss Jiang，还记得和 Mr Wang、Mr Fan 在共同的宿舍中放声 K 歌之后再看看金牌调解，还记得宿舍临近那家随意加饭的小饭店，还记得经常塞满口袋的硬币……

说到实习，不得不提与宝钢实习遥相对应的邯钢实习了。相比于宝钢的认知实习，邯钢实习更贴近工厂实际，他们和工人们一起度过工作时光——虽然多数时间他们都在做些与工作不相干的事情，但还是体会到了一线工作者的辛苦，听着工人们抱怨钢厂环境恶劣，嘲讽着自己的工厂的不景气，再联想到全国钢铁的产能过剩，不停地有钢厂倒闭，真是负能量爆棚！然而，他却总怀着无限的热情认为自己的未来会无限光明，有时候想到自己的乐观他都忍不住笑出声来。总体来说，邯钢的实习生活相对来说还是比较安逸的，两个人一间的宾馆，闲来无事和 Mr Liu 出去找点好吃的满足一下口腹之欲，饭饱之后在宾馆里愉快地玩上一会儿游戏，日子也是过得优哉游哉。

除了两次实习，大三还是像往常一样上着各种各样的课程，不论是他喜欢的不喜欢的，难的不难的，都照常地学习，一切似乎和往常没什么不同，其实，确实也是没有什么不同的。

展望未来，各奔东西

大四，大学最后的一年——还在进行着的一年。这一年，课程少了，上完了上半学期前八周的课程之后，大学需要再去课堂学习的课程就没有了。

课程告一段落之后，他们就开始了课程设计。课程设计可以选择在校内完成，也可以选择去中冶京诚进行。李龙选择了去中冶京诚来完成这项学习，而去中冶京诚学习的日子也让人分外难忘。每周虽然只需要去两天，但是一想到要不到六点便起来挤公交地铁，日子还是有些难过的。但是可以来到这样一家行业内著名的公司实习，一切似乎也就变得值得了。在中冶京诚实习的日子里，虽然他和指导老师见面的时候并不多，但是每次去向老师请教问题都可以得到专业耐心的解答，还是让他受益匪浅。尽管最后的课程设计还是有很多不足的地方，当时的答辩也被老师说得一无是处，但他还是感觉这段日子是值得的，是学到了东西的，最起码让他提前了解了在这样一家研究院式的公司工作是怎样的一种状态。

眨眼间，大学四年就剩下正在进行的不到半年时间了，同学们也真正在打算着各奔东西了。他选择了保研本校，宿舍里同样保研了本校的 Mr Liu，现在估计正在愉快地进行他的超神之路；Mr Li 进入了高大上的房地产行业，狂奔在月薪十万的道路上；Mr Zhang 找到了北京银行的工作，让旁人羡慕不已；Mr Zhu 选择了考研的道路，前两天也得到了录取的通知，应该继续沉浸在他的单机世界中。

临近毕业，感谢陪自己走过了大学四年的老师、同学、辅导员、食堂大妈、宿管大叔，当然还有将继续陪他走下去的 USTB！

渐行渐远，勿忘初心

——记王国栋

王国栋，男，材料E123班，学号41204023，共青团员。曾获新生奖学金、两次国家奖学金、两次国家励志奖学金、校级“优秀三好学生”、校级“三好学生”、全国部分地区大学生物理竞赛一等奖、北京科技大学机器人竞赛二等奖、北京科技大学传感器创新大赛二等奖等。座右铭：士不可以不弘毅，任重而道远。

匆匆那年，渐入佳境

大一初至，少年从高中踏入大学，对一切都感到陌生，对许多事情都感到不适应。大学里虽然不像高中那样严格管理，但是需要自己安排的事情也多了，生活突然不只是好好学习这么简单了，王国栋觉得这可真是一段麻烦的日子，这就是他幻想了很多年的大学啊。虽然刚开始有不适应，但他心里明白，这是自己的大学，未来的四年会对日后的人生起到至关重要的作用。所以，他迅速开始尝试接受这种新的生活。

后来，渐渐地，学会了自己照顾自己，自己安排时间，自己处理一些事情。这时候就已经开始渐渐融入到大学生活中，开始享受大学的乐趣了。在这一年里，他加入了爱心满屋社团，参与了社团里的各种活动；忙里偷闲，还在班里谋了个学委的职位，组织一些集体自习，为大家准备复习资料。当然了，最重要的还是学业，从未有过一刻的懈怠，因为他知道自己要什么。

大一的一年忙忙碌碌就这么匆匆地过去了，似乎留下很多回忆，又似乎一片迷茫。但可以肯定的是，他通过各方面的探索与努力，终于找到了属于自己的生活节奏和自己的梦想所在。这一年，给了他一些新奇而又痛苦的经历，让他觉得深刻又难忘。这一年，也教会了他许多从来未曾想过的道理：没有什么付出是白费的，没有付出也是必然得不到收获的。以前只是听听而已的话语，此刻竟有了刻骨的体会。

人生能有几回搏

一年的时间已经足够让人适应一种全新的生活节奏，大二就这样匆匆而至。

大一结束前，王国栋申请了转专业，不过并没有跨出自己的学院。所以当他来到新的班级成为一名大二学生时，和班里的同学并不陌生。加上自己比较外向的性格，开学不久便和这群可爱的小伙伴熟识了。因为大一时所在的专业比现在的专业少两门课——无机化学和普通化学实验，所以大二上学期的时间便被用来补习这两门课。为了补课，吃些苦头肯定是不可避免的。因为当初在选课阶段，没有选过这两门需要补修的课程，就直接导致差点没法上这两门课。后来在开课之前反复去注册中心找老师寻求帮助、找老师求情，这两门课总算得以加入他的课表之中。如今云淡风轻如讲故事般说出口的经历，却是当时前前后后不下十次去注册中心办理才得以成功的艰辛历程。这一年的课虽然多了点，不过总体来说更多的体会还是充实。在大二上学期有一门课是金工实习，每周上四节，课时蛮多的，不过当时便觉得这是一门很有意思的课程，在上课的时候也能从中收获很多乐趣。后来，在金工实习的一次次团队合作中，他与这个班级中的一切都变得越来越熟悉。

大二上学期，突然得知有一个北京市大学生物理竞赛。在这之前，学校里也组织了一次物理竞赛，参加的结果是没有获奖。不过这并不能打磨掉他的信心，像校内赛获奖的同学们一样，他选修了大学物理学习方法，认真听讲，并在北京市大学生物理竞赛的前一周认真复习，甚至还进行了一次通宵自习。功夫不负有心人，经过那段时间的潜心努力，不出意外地获得了一等奖，还因此得到了大学物理期末免考的奖励。另外，金工实习这门课除了平时的操作之外还有理论考试，在这门课的考试之前他也是认真看考试资料，积极进行准备，进行通宵自习。补修的无机化学，他自觉掌握得并不是太好，复习时间也不是太充分，所以也为其通宵自习过。可以说，大二上学期就是今后众多通宵自习的开端，当时的自习密度也很大，最多的时候一周通宵两次，整个学期加起来差不多有过七八次的通宵自习经历。这些积累并不是没有收获的付出，这会使人对知识的掌握更加透彻，也能让人在期末检测中以更加从容的态度应对。

大二下学期开始不久，又参加了高等工程师学院主办的校内机器人 Dota 对抗赛，和小伙伴李龙在一个队伍里，一起负责电控。虽然在大一下学期的时候也曾经参加过类似的智能车的比赛，当时也是负责电控，不过当时连决赛都没有进入，所以在电控上经验也不是特别多。没办法，只好去听培训，然后和李龙一点一点地看程序，搞懂每个程序的功能（当然原理什么的也不是太懂），最后竟然一步步地，通过了电控的第一轮、第二轮考核，在第三轮考核的时候，因为做的车上不了擂台（第二轮还可以顺利地上擂台，不过在第三轮之前因为把车子喷黑了，轮子也喷上了漆，导致摩擦力不够，上不了坡），差点被淘汰。然后在五一之后有一个决定去留的复活赛，经过在复活赛之前加班加点，连续三天工作八九个小时之后，终于因为表现良好而获得了进入决赛的资格。最终夺得前六名，获得了二等奖。

在学习方面，大二下学期新添了一门比较难的课物理化学，浑浑噩噩地听了，在复习的时候也花了比较大的功夫，复习得很仔细，最后几章时间不够就草草地复习完了，最后在考试的时候因为前面花的时间太多，导致后面大题有一部分没有时间做了，后来回想一下，大题应该都会做，就是时间问题，当然，考试的结果并不理想。他禁不住反思，为什么花了这么多时间在这门课上面，最后还是没有得到好的成绩？为什么付出的努力没有得到最直接的回报？思考良久，大约是因为应对考试的时候时间分配不合理，应试方法不正确，抽象来说就是将努力转化为成果这一步上方法不合理。所以以后要注意，尽量科学地进行这一步——将努力转化为成果。

不知不觉大二就这样过完了，这一年有收获也有遗憾。这一年，生活的重心被转移到学习和参加科技竞赛上来，虽然有时候很辛苦，但是收获也是非常巨大的。人生能有几回搏，此时不搏，更待何时？

脚踏实地方能拥抱星空

这一年，称王国栋为“学长”的人又翻了一倍，这很容易让人意识到大三的来临是多么猝不及防。

大三这年，王国栋能回忆并列举出来的事情一下子变得有条理起来：又一次担任了学习委员，为同学们服务；参与了《固态成型理论考试指导》的编撰工作，为学弟学妹学习上提供方便；利用课余时间积极参加社会实践活动和志愿服务活动；定期在学院值班，帮助处理学生事务；在网上自学了电脑拆机清灰，在给自己的电脑清完灰、积累了一定的经验以后，帮助寝室的室友进行电脑清灰；把自己蓄电池坏掉的充电台灯改造成了USB小台灯，同时为好几个同学的充电台灯进行了改造，只要插在充电宝或者电脑USB接口或者充电适配器接口上，便可以使用，十分方便。

大三下学期，王国栋参与了“创新课堂”，跟着博士研究生进行“NM550级别耐磨钢中厚板控轧控冷工艺的实验研究”，通过控轧控冷产生耐磨性好的钢种，通过制定热处理规程、控制冷却速度生产出贝氏体—马氏体复相钢，提高钢的耐磨性。跟着温二丁学长在实验室里做了一系列的实验，了解了实验仪器的原理和操作方法，学习了耐磨钢的种类和制备方法，并在学期末完成了论文，得到了学长和老师的肯定。在实验室生活中，他不仅学习到了很多理论知识和实验方法，还提高了自己分析解决问题的能力和团队合作的能力。从小便对科研抱有极大的热情，经过这一时期的历练，思维变得更加缜密，辅以踏实肯干的个性，终于让这次的研究活动变成了一块飞跃的跳板。

这一年里，王国栋获得过学校的传感器创新比赛二等奖，加权成绩保持在专业第一，基本上确定获得保研资格。

这样娓娓道来，所付出的一切努力跃然纸上，一目了然。这一年比之大二，少了很多竞赛性的活动，但更多的是脚踏实地的耕耘。三年的积淀，即将迎来最后的考验，他感受得到。

回首向来萧瑟处，也无风雨也无晴

大四刚开始，经过了档案整理、联系导师等一系列申请程序，王国栋未来五年的方向最终尘埃落定——保研清华与中科院联合培养的直博生。

在推免面试的过程中，很容易发现自己的不足之处，尤其是在英语方面，口语和词汇量都需要进一步加强，需要好好查缺补漏，提高英语综合水平。同时，深入复习数学、化学方面的知识也是十分必要的，这将为接下来研究生阶段的工作和学习打好基础。

对他而言，大四保研过后，生活一下子变得很空，课程基本结束，空余时间很多，因此这段时间可以用来好好享受大学多彩的生活。在十一国庆假期期间，先是去了新疆，回来后又和舍友共三个人骑自行车出去玩，近的去过海淀公园、奥林匹克公园，远的骑行到了香山并登上了香炉峰。平时常常会去学校的游泳馆游泳，还跟小伙伴学会了轮滑，在运动的过程中挥洒汗水，释放激情，不仅锻炼了身体，还陶冶了情操，保持心情良好。另外，还在大四上学期考了驾照，做过一段时间的兼职，每段经历也各有收获。

大四下学期，一开学就去了研究生导师那边——国家纳米中心，过去做毕业设计，在那里认识了许多优秀的师兄师姐，也学会了很多知识和试验方法。和上学期相比，这一学期忙了不少，一周之中除了周日每天都是早上九点到那儿，晚上九点从那边往回走。在回学校的路上看到夜晚楼上的灯光，他知道一段新的生活即将展开，前方的路可能充满了荆棘与泥沼，但是道路的尽头一定有自己想要追寻的东西，所以他会微笑着迈进这段新生活。

将近四年的时间，还有两个多月就要到尽头了，他感谢这四年里所有遇到的人——老师、同学和朋友，是他们的陪伴与支持，让自己尝到了成长中的各种滋味。

时光总是在不经意间溜走，还没来得及捕捉到它的影子，它就已悄然而逝。回望一下在北科度过的这四年时光，每个人的心里都会有伤感、有快乐、有失意、有感动。

对王国栋而言，在北科生活与学习的日子是一段温润而又激情燃烧的光阴，纵然等到垂垂老矣，也依旧记得从天工大厦中间露出的三角天空，也依旧嗅得到昨日冶金楼迸溅出的火花的味道，也依旧想念着讲台上那些纷繁忙碌的身影。

来者已来，不可抗拒；去者已去，无法挽留。但过去的年华，在散尽的流云里，永远不会无迹可寻。只要这段记忆还留存在他的脑海里，那些经历过的一切就不止是故事。他现在要做的，就是用心去珍惜慢慢流走的韶光，用最大的热情去迎接前方未知的挑战，不负此生美好青春。正如苏轼所说，且将新火试新茶，诗酒趁年华。

往事不如烟，未来美如画
——记蒋聪

蒋聪，女，材料E123班，学号41203061，共青团员。曾获人民二等奖学金、人民三等奖学金、校级“三好学生”、党校结业优秀学员、校礼仪队优秀队员等荣誉称号。

少年，向着未来微笑

记得是2012年7月底，爸爸一脸神秘地拿来一封信要她打开看，蒋聪开始还很奇怪，因为她平常都不会收到别人给她写的信。接到手里看到寄信人是北京科技大学时她便恍然大悟，是录取通知书到了，一个有她名字、有她照片、有她身份信息的通知书，它如同蒋聪的另一个身份证，让她觉得自己被北科大揽入了怀中，看到录取通知书时她才真正有了自己被大学录取，以后要成为大学生了的感觉。

2012年8月27日如约而至，蒋聪的爸妈和舅舅们送她到火车站门口与她依依道别，蒋聪自己一个人挑着两个大的行李箱就上京了。到达北京西站，她还是惶恐担心的，毕竟这是她第一次出远门，还是她独自一个人，怀揣着兴奋迈出了在大北京的第一步。出来站口便看见了学校迎接新生的横幅，她像小孩子找到了家人一样兴奋地跑过去，希望早一点看见如家人般的同校前辈们。因为有专车接送，她很快就到达了学校，一路上北京的宏伟建筑也深深地吸引了她这个从小县城出来的孩子。

进入校园，看看熙熙攘攘的人群，跟她一样拿着大大小小行李的新生，每个人都是一脸稚嫩，对新生活的兴奋和憧憬在他们眼神里面一览无遗，如同她一样。入学手续很快就办完了，那个时候的蒋聪还不会铺床，来接她的高中同伴们帮她整理床铺，看着两个大男孩在一个妹子宿舍里面忙里忙外，她什么都不做就站着看他们忙，这也是一种年少时的回忆罢。

来学校的第二天清早，新生们就被“押送”到怀柔军训基地，在怀柔的12天蒋聪认识了很多小伙伴，基本上现在陪她一直走过来的都是在军训时就建立的友情。印象很深的就是在食堂一个个争先恐后地吃东西，因为食物有限，供她们吃的时间也有限，不得不放下平时的矜持，看见食物就张口大吃。军训的时候知道了，原来姨妈巾也是有其他作用的，比如垫在鞋子里面当鞋垫用，就不用被不合脚的鞋子硌出水泡；军训的时候知道了，原来夏天出了一身汗也是不能每天洗澡的，澡堂有限，男生和女生又要分开洗，只能男生女生各自占有澡堂一天，导致两天或者三天才能洗上一次热水澡也刷新了她的认知底线，再有就是作为一个委婉的南方妹子，进入澡堂的那一瞬间她便惊呆了，显然她无法坦然面对北方开放的民风。

军训结束回到学校正式开始大学生活，学校并没有给她们缓冲的时间，没有轻松欢快的新生欢迎会，迎来的就是一大早的高数课，满教室的人都在认真地听着前方老师授课，像是习惯了给新生们上大学第一节课般，有着老师应有的波澜不惊，与左顾右盼、窃窃私语的大一新生形成鲜明对比，这就是稚嫩和成熟的对比罢。

大一的时候，刚从高考的牢笼中将自己释放，相比起学业，对大学新环境新事物的好奇似乎更加能够抓紧人们的心。大概就是好奇心让精力分散了吧，还是突然的自由，蒋聪在大一真的是除了学业其他什么都体验过了呢。现在她回忆起来，对于大一的自己，也是爱恨参半吧。

成长路上，花开不败

大一时看向各种事情新鲜的眼神在学长学姐眼里是多么稚嫩，多么充满生气，这一点蒋聪在大二的时候感受到了。也只有自己成长了，才能看到成长以前的自己。

大学只是给了一个更加宽松自由的环境任由学生们发挥，不用限制活动范围，不用固守一个座位，没有专门的教室，没有写有自己名字的课桌。学习在哪里都是一样的，都是要靠自己。这一点，蒋聪在大二的时候开始了解了。没有大一时候那么懈怠学业，开始有了学姐般的模样。

到了大二，熟悉了学校和身边环境，原本以为不会再为其他事物分心，可以好好学习，当个小学霸。但是，事实是大二才是最满足好奇心和兴趣爱好的时候。大二的蒋聪开始喜欢上了社团活动，跟新朋友们一起策划、组织活动，享受着为了一件事情一群人忙忙碌碌若有所得的样子。靠自己的能力，做成做好一件事情的经历和回忆，在以后的路上都会成为无形的力量。第一次，她感受到自己成长了，可以有所担当了。

也是在大二的时候，她开始有了喜欢的偶像，是的，跟很多年轻小女孩一样，她走上了追星的道路。每天会守在电脑前翻看明星视频和照片，追歌追舞台，买专辑、看演唱会、接机，蒋聪说，家里人每次都会开她玩笑说她追星，父母也是当着别人的面调侃自家女儿花痴，第一次提前回家不是想念爸妈而是为了迎合演唱会的时间。但她还是坚持自己喜欢的，不在乎别人的眼光，喜欢就是喜欢，这也是青春。

大二就是在这样欢乐的氛围中度过，没有刻苦的学习，成绩自然是差强人意。不过，大学嘛，成绩不是第一位，蒋聪如是认为，开心着、奋斗着、顽强着便好。

遇见最好的自己

大三上学期，蒋聪获得了去上海交流学习的机会，去交流的半年可以说是转换心情转换观念的半年。如果说在大学的前两年她是庸庸碌碌无欲无求地度过的话，从大三开始心理上产生了改变。可能是真的感觉到离毕业近了，到了真的要扛起自己人生的时候了，她有了恐惧感，感觉到现阶段的她还远远没有资本在社会中立足，想到的办法就是继续读书，可能会有人觉得这挺懦弱的吧，可是又能做些什么呢？有了读研的想法后，一切的努力看起来就比较顺理成章了。

在上海认识了很多新的小伙伴，可能是新的环境真的会改变一个人的性格吧，在北科的蒋聪给人的感觉就是拒人于千里之外，很多人说她看上去很冷，跟冰山一样，其实了解她的人就会知道她跟高冷简直不搭边，她只是习惯了身边的人，习惯依赖那些她一直依赖的人。到了上海她便是一个人了，与刚到北京的感觉还不一样，在北京她是有归属感的，可是在上海，她什么都感觉不到。直到后来偶然间在课堂上认识了一个女孩，跟她打听新班级的班长，才知道她男朋友就是她们班的，还跟班长一个宿舍关系很好，就是这么一个乐观善良的女孩让她渐渐融入了新同学的生活。都说长得漂亮的女孩都会有一些坏脾气，在她看来，这个女孩就是那种长得特漂亮性格还特好的女神，是蒋聪在上海感受到的第一缕阳光，因为是美女感觉阳光更耀眼了呢。想到这些，她也不由自主地微笑起来。新的班级为了迎接她还办了一场欢迎会，在 KTV 唱了一晚上，后来还去了一个同学兼职的酒吧，那是她第一次去酒吧，虽然是清吧她也很激动，有种背着爸妈干坏事的感觉，因为是第一次印象很深刻，那一天值得她深记。

接下来的时间给了习惯和学习，基本上还是宿舍食堂教室三点一线，不过感觉还是不一样的，华理给人的感觉就很南方，委婉得如淑女一般，每个地方的视角都很空阔，一片片绿地映入眼帘，她知道了自己还是喜欢南方的感觉，湿答答的什么时候都跟诗一样，不知怎的自己就开始矫情起来了。交流的那学期过得特别快，感觉刚刚入住、刚刚适应新学校的节奏、刚刚喜欢上上海这座城市就要说再见，离开的那天她都后悔自己买这么早的机票回家了，因为她考试结束得早，都不能跟班里的同学们最后聚一次，就这样直接走掉了，在最后没有留下可以让同学们回忆的影子，有点可惜。值得开心的是，在后来的时间里还是会有同学联系，说会想起班里有她的时候，离开后仍然有人记得原来这么美好。感谢华理给她留下美好的回忆，感恩在上海的半年。

大三下学期回到学校，蒋聪发现没有什么变化，身边的人还在她的身边，依然不变地陪伴在一起，心甚慰。过了半年再回到北科，总觉得时间被偷走了一样，一下子自己就成了学校的老油条了，不要多久就是大四老学姐了。内心的不成熟让她惧怕以后的求职生活，觉得毕业自己谋发展这条路能晚几年来临就晚几年，可能是这样，她觉得读研对她来说是目前比较好的出路，她又不想埋头苦读去考研，她选择了一条比较轻松的升学路，保研。得益于大三整个学年的“拼搏”，她拿到了保研表，获得了保研资格，永远都是选择最简单的路，对她来说不知道是不是正确的选择。或许她该在有机会的时候多拼搏一下的，说不定就能改变一下自己的命运，比如说她老妈老是念叨让她考公务员，在她妈的眼里，女生找个安稳的工作舒舒服服的就行，公务员是她的首选，她以前的首选是护士，后来她觉得护士浪费她这个人才了，觉得公务员更好，说不定她能当个市长或者县长，她妈还是不错的，非常看得起自己女儿。可是她志不在为官，她没那种野心，对她来说不用她选择的事情才是最好的选择。

岁月，请再送我那串串风铃

物华苒苒，岁月无痕。弹指一挥间，转眼就快要毕业了，又到了人生中的重要关口，于今想要说些什么，蒋聪却突然不知从何开口。四年对于一个人来说，说短不短，说长不长，但对于每个大学生来说当是人生中最风华正茂、最美好、最值得怀念的时光。从进大一的懵懵懂懂到大四的后知后觉，似乎还没有完全做好到社会上拼搏的准备。尽管从过去的不知天高地厚、初生牛犊不怕虎转变到现在敏锐多思、稳重淡定，可是从心底里还是有一种畏惧。因为不清楚自己的实力和潜力，倏然有种脚踏半空的感觉，所以对未来有一种既新奇又害怕的心理。

但不管怎样，她到了这个十字路口，就必须选择一条路继续前行，这样才是一个准职场青年应该有的决断和勇气。孔子曰：吾日三省。她想在这花花世界、滚滚红尘中，如果她们能做到每日一省就很不错了。大学四年教会她的不是学到了多少书本知识，而是学以致用，自学为先，兴趣第一。这其中最关键的两点就是心态和思维。快要毕业了，要做的事情很多，要说的话也很多。在此，她想回忆一下她大学四年的时光，让回忆留在指尖，也不枉了这四年的锦瑟华年。

本科期间，她的主要时间是看韩剧追星，休闲时间是学习，听上去是不是像浪费了人生，她也觉得是这样，可是回忆起来发现她确实是一大部分时间都是宅在宿舍看各种剧，对她来说这就是精神食粮。感觉会受很多歧视，觉得爱看韩剧的女生就是脑残，但是她觉得至少她心里还存在着这一片纯真没有摧毁，她还是跟四年前一样，保持着她的天真。

一转身，就是过往

——记程亚明

程亚明，男，机械E121班，学号41204018，中共党员。曾获新生奖学金、人民三等奖学金、泰尔奖学金、两次人民一等奖学金、校级“三好学生”、校级“优秀团干部”；曾参加数学、物理等学科竞赛、校传感器大赛、校“摇篮杯”比赛等。

不敢相信即将结束大学四年的生活，回首这四年，模糊又清晰。程亚明试图找到这四年的时光中最令他难忘的时刻，可他翻遍脑海也没有找到这种感觉，好像这四年都在过着淡然又不能说是无味的生活。

可当他走在校园里又感觉到一些不舍，有意的扫描着校园里的各个角落，都透露着春意盎然的美，为何他以前未曾发现；看着校园路上流动的人群，那是怎样的一张张单纯又阳光的脸啊，他们却要离开这写满青春与奋斗之诗的团体，走向复杂的社会或枯燥无味的研究生活。这四年的生活，赋予了他很多东西，他在不知不觉中脱去稚嫩，慢慢走向成熟。他总说：“我这四年什么都没有收获到。”可这毕竟是四年，何况他也曾努力过。

岁月荏苒，四年时光，也似弹指一挥间。2012年的夏天，程亚明背上行囊，怀揣着梦想来到首都，走进北科，稚嫩的脸庞上写满了青涩和彷徨。可还记得父母亲人送我们报到时的情景？可还记得军训时的酷热难耐？可还记得考前挑灯夜战的辛苦与考前的紧张忐忑？可还记得第一次拿到奖学金时的欣喜？可还记得歌手大赛的火爆和拥挤，一下课就飞奔去领票？他还记得在教室、图书馆孜孜不倦学习的身影；还记得每学期体育长跑测试前哀怨的心情；还记得踩着最后一秒钟、拎着早餐冲进教室的匆忙；还记得导师的谆谆教诲和小有收获时发自内心的喜悦；也还记得在社团活动中的奔放与随意。

时间最是无情物，偷去年华空悲凉。以前总会觉得日子过得很慢，离开校园的日子似乎遥遥无期，可是蓦然回首，才发现逝去的光阴真的不再复返，而这一切竟发生得那样迅速，迅速到让人难以察觉。借此机会，细细梳理大学生活的点点滴滴，有很多想忘却又很难忘却的东西，有很多不想忘却却又轻易忘却了的东西。不管怎么样，毕业时节，以往斤斤计较的事情都变得不再重要，以往不太留意的环节却又变得难以割舍。走在校园的各个角落：食堂、开水房、操场、图书馆……一切的一切都是他眼中的宝贝，不管食堂的饭菜曾经多么不合口味、不管打开水的过程多么漫长、不管操场的设施是多么令人不满、不管图书馆的座位多么难占……此时的一切于他而言都是珍贵的，怎么看也看不够。他想也许正因为这是他的生活，是他除了家之外待得最久的地方，是他度过人生最美好时光的地方，那么实在，触手可及，又那么遥远，转瞬即逝。四年的生活说上三天三夜也说不完，酸甜苦辣个中滋味，也只有自己才能够体会。他的大学生活，他的大一、大二、大三、大四。

直面理想与现实的差距

懵懂无知的大一。也许很多人都会用这个词来形容自己的大学一年级吧，也许是真的很无知，也许是不知该怎样形容。初进大学校门，看着路上行色匆忙的师兄师姐，心里自然是羡慕，觉得自己离他们好远，离大学好远。初入学的英语考试让程亚明第一次见到了机械 E121 班的所有同学，18 位男生，2 位女生，他们将在一起度过整整四年，一起谱写这曲青春的诗歌；随后是两周的军训，对于彼此又有了进一步的了解；返校后就是班委选举，在同学的支持下，程亚明当选了学习委员，为班级的建设贡献自己的力量。一次次的班级活动让他们熟悉了班级的彼此，有意无意的闲聊让他们慢慢融在一起。歌手大赛、演讲比赛、辩论赛、社团招募新成员和各种讲座，他们都一起参加。也许是为了掩饰自己内心深处的孤独，也许是想从各种活动中寻找自己心中那个大学生活的影子，也许就只是听话地参加而已，也许是在宿舍里待得无聊了，但有意无意间，和好朋友一起参加活动的情景成为了大一生活中不可或缺的一道美景。现在想来也只有大一才会有兴趣有精力去关注各种文娱活动，也就是在那时，看了学院的“双蛋”晚会，听过“吾肆放歌”歌手大赛，怂恿舍友组团参加歌手大赛，参与过辩论，排过话剧。说起话剧，都不知道能不能称为话剧，其实就是一份英语作业，但那场由九位同学自编自导自演的话剧还真的让人记忆犹新，也是在那场表演中，体验了编剧和导演的感觉，很爽，估计以后很难再有类似的体验了吧，毕竟现在看到当时拍的视频，会脱口而出的是："简直就是一群蛇精病!"但是不得不说的是，这份体验他们这一生都不会忘怀。大一的无知还体现在参加社团方面，还记得那是一个阳光明媚的周末，"百团大战"如期而至，校园里各个社团招新的展台随处可见，他们穿梭在人群中，找寻自己感兴趣的社团。大一的生活，除了学习应该最多的就是社团工作了，大一的学生多是干事，即处理一些杂事。也是从参加社团开始，他们的社交圈由班级学院开始延伸到整个学校，无论是在学生会、团委，还是青协、红十字会，抑或是天协、乒协等，他们都会遇到更多的朋友，志同道合之人，可以谈人生谈理想等等，也许少了社团生活的他们，将会错过许多的美好。大一的无知无畏，使这一年的生活充满了纯真的乐趣，带着新奇，开始了对大学生活的探索。

五彩世界里迷茫的心

浑浑噩噩的大二。经过了一年的学习生活，程亚明似乎知道了什么叫做大学生活，而他的大学生活又是怎样的，激情早就被抛到了九霄云外，棱角也渐渐被磨得光滑。同样是"百团大战"，已经成为老生的他们，有的同学已升为部长，也开启了迎新生的任务，也像模像样地坐在桌子的里侧，给学弟学妹介绍社团的好处，劝说着他们加入社团，尽情体会着做师兄的美妙感觉。学习上，他们已经体验过大一的期末考试，不禁觉得大学的考试并没有太大的难度，平时稍微听听，考前突击一番，考试轻松拿下。抱着如此心态的他们，不免有些懈怠，上课不再早早地跑到教室占座，每天踩着点来到教室，上课也经常会走神，越是走神就越不想听课，越不想听课就越是走神，就这样他又开始了一度戒掉的陋习——看电子小说，一时间又深深入迷无法自拔。这样，大二的学习结果是不尽如人意的，公共课就不说了，毕竟都是增长见识的课程，听不听由自己，最后交一篇论文就可以通过；但是其他的基本课和专业课经过"日积月累"终于是落下了很多，虽然经过考前的挑灯夜战也弥补了一些，但是这样的过程和结果是不令人满意的，这只能怪自己内心不够平静，态度不够端正。大二的专业课是地基以上的第一层楼，盖起来有些不知所措，力度总是把握不好，似乎懂一些又似乎什么都弄不明白，只怪资质欠佳。大二的课程学完之后，他一度怀疑是不是选错专业了，也有过换专业的念头。因为机械制图这门课，是机械专业最基本的课程，但他学得就是无法融会贯通，比较生硬，而且空间想象能力实在是没有，所以这门课程学起来十分费劲；而大二的理论力学和大学物理这些课程，轻轻松松。他觉得应该弃工从理的，但是一咬牙还是没有选择放弃，决心在机械路上多走一步，一年后的事实证明他还是选错了，可惜那时候只能选择一条路走到黑了。自己做的选择，哭着也得认命。大二的我们，少了大一的无知，却又没有大三的稳重，知道自己要做什么却不知道该怎么做，浑浑噩噩地度过这一年，在黑暗中寻找着属于自己的路。

人总要学会自己长大

紧张忙碌的大三。经历了大一的懵懂和大二的懈怠，大三的程亚明已逐渐走向成熟，知道自己需要什么，知道自己该做些什么，也知道自己该怎样去做。从大一的无知，到大二的混乱，再到大三的成熟，学校大概早就料到了他们的思想变化过程吧，把许多重要的专业课都放到了大三这大学里最关键、最忙碌的一年中。课程表总是排得满满的，睡懒觉已经成了奢求，奔波于机电楼、逸夫楼、教学楼、图书馆、食堂、宿舍，不管课堂出勤率多低，他都坚持出现在各个课堂上，认真地听讲，认真地做笔记，认真地复习，认真地思考自己的未来。在那一年他找到了自己在专业课方面的兴趣点所在，虽然有关机械专业的专业课学得依旧吃力，一度想要放弃，但他仍旧坚持下来；在那一年他决定了保研到本专业，继续机械自动化的研究学习；在那一年，他参加了传感器大赛和机器人大赛，顺利完成了国家级 SRTP 项目，将理论知识与实践动手结合起来，使得自己对一些知识有了更深的理解；在那一年程亚明第一次去到了首钢和太钢，参观了整个钢铁生产流程，重点学习了热轧生产线，熟悉了工艺流程与生产设备。大三的一年，他付出了很多，收获了更多，他强迫自己努力学习，抓紧一切可以抓紧的时间，学习学习再学习，最终使自己大学三年的加权成绩保持在了专业前三，这也使他能够顺利保研。大三，他的生活除了学习还是学习，学习知识，学习实践，学习一切可以学习的，现在看，那也可能是他大学期间学到知识最多的一年。一点也不意外，经过大一的迷茫，大二的混乱，大三确实应该忙碌起来，来挽回在一定程度上虚度的两年时光。收获的大三，在紧张忙碌中度过，三点一线的生活，以此来得到他所需要的，完成自己该做的，实现自己所追求的。

自己选的路，要义无反顾地走下去

不轻松的大四。终于说到了大四，这个离程亚明最近且正在度过的苦乐年华。前半年，可以用纠结来形容，因为大三的学习，他的成绩保持在前列，自然也得以顺利地保研，因而也就不用经历在他看来比高考还要痛苦的考研。但是从步入大四到决定保研这段时间，过得一点也不轻松，经历了太多的纠结。其实他也考虑过考研，思考如果要考研他将度过什么样的生活，也许是暑假里整天的考研辅导班，是从大三下学期开始就没日没夜的复习，是从身体上的劳累到心灵上的折磨。在这过程中，程亚明没有退缩，没有失去信心，只有自己给自己加油，因为没有人会同情你，这是自己的选择，没有人会帮助你，这是一场勇者孤独的战斗，没有队友，没有对手，只有自己。他一直很佩服考研的同学，很难想象在度过高考后松懈了三年，是如何有勇气去再战比高考还恐怖的研究生考试的。如果考研，他可能会有更好的出路，也可能一无所有。也许是因为松懈了三年再也没有当年备战高考的激情；也许是他觉得无法坚持这么久的孤独战斗；也许是害怕失败安于平稳，他还是放弃了考研，选择了妥当保研。也许以后会有遗憾，但他无法因为若干年后的后悔而放弃自己现在的选择。遗憾常有，而绝不后悔。2016 年的春天是明媚的，但是心情也有些沉重，快要分开了吧，机械 E121 班那如亲人般陪伴了四年的同学，514 室感情最深的兄弟们，虽然有些如他一样保研本校，但总有人离开这里，也有人将离开这座城市。分别总是伤感的，因为无法避免地要面对即将来临的大四分别，虽然都说短暂的离开是为了他日更好的相遇，但是真要面对这些事情的时候，个中滋味谁能体会。然而，大四也是梦想放飞的时刻，我们即将走向社会不同的位置，做着力所能及的事情改变社会，逐渐成为社会的中流砥柱。“恰同学少年，风华正茂；书生意气，挥斥方遒。指点江山，激扬文字，粪土当年万户侯。曾记否，到中流击水，浪遏飞舟？”大四可以有离别的伤感，但是更多的是需要对未来的憧憬以及要一展宏图的决心。大四，从学校走向社会的过渡阶段，也是从这开始每个人决定自己的人生走向，所做的每个选择都将影响自己的未来生活，亲身经历后才发现大四的每一天都过得不轻松。

纯真年代的大一，轻舞飞扬的大二，紧张忙碌的大三，意气风发的大四，程亚明实在无法就这样将他的大学生活盘点入库，因为这四年的生活还远远不止这些，脑海里的很多片断还没有来得及亮出来，不同的分类就会有不同的回忆组合，有那么多往事，每一天都有一些事情发生，每段路都有不一样的风景。也许他所真正怀念的是大学里的人，是那些相处了四年但转眼就要各奔东西的人，但怀念也只能是怀念，以前如此，现在如此，将来亦如此。时间，最是无情。只有自己感伤却无法挽留住时间的脚步，唯有任凭它不顾一切地溜走。毕业越是临近，这种感伤越是浓重。但他知道要想留住美好，就要不停地奋斗，过去的美好就会伴随着你编织未来的美好。

回忆曾经走过的路，有快乐也有悲伤，有委屈也有挫折，有幼稚天真的幻想也有远大的志向和高远的目标，生活中的点点滴滴构成了程亚明绚丽的生活，他要感谢身边所有的人，因为是他们给了他机会和力量，对手的压力、朋友的鼓励、老师的指导和家人的陪伴，都激励着他一直往前，不敢停滞。四年的时光，不敢说收获累累，至少未曾虚度。北科的一草一木，证明了他四年的生活轨迹，见证了他这四年的成长。

毕业在即，心情是复杂的，想了很多，但是如今要说一番四年的生活感悟，却又不知从何说起，以何为终。喜悦、感伤、憧憬、迷惘，依依不舍又离心似箭，所有的情感交织在一起，无法言说。毕业究竟意味着什么？有人说，毕业是一个沉重的动词；有人说，毕业是一个让人一生难忘的名词；有人说，毕业是感动时流泪的形容词；有人说，毕业是我们夜半梦醒，触碰不到而无限感伤的虚词。这些或多或少都是感伤的，大四同时也需要激昂，因为这是梦开始的地方，我们都将从这里出发开启人生新的征途。

所以对于毕业的含义，应该这样说：毕业意味着一切重新开始，一切都是新的希望。我们会经历不同的人生阶段，走不同的路，看不同的风景，遇到不同的人。有些风景我们会一直铭记，有些人会一直陪伴，有些事和人会慢慢消失在记忆里。当我们不得不向学校挥手告别时，北科“求实鼎新”的精神也会在我们心中永存，并伴随今后的人生旅程。

心若在，梦就在，一切不过是从头再来。再见了，我的大学，青春散场，梦想不息！

曾经是少年

——记周宇杰

周宇杰，男，机械 E121 班，学号 41204015，中共党员。曾获新生奖学金、两次人民二等奖学金、两次人民三等奖学金、北京市“优秀学生干部”、校级暑期社会实践金奖团队、校级暑期社会实践十佳标兵、首都大学生暑期社会实践先进个人、第三十届全国部分地区大学生物理竞赛三等奖、第十二届“北京科大科技园杯”学生创业竞赛创业实践类金奖；曾参加 2015 北京田径世锦赛、纪念抗战胜利大阅兵、2015 年“挑战杯”全国大学生课外学术科技作品竞赛。

四年，1460 天的大学之旅，终点已经近在眼前。站在终点线前回头看看这四年走过的路，周宇杰不由得激动和感叹。

致我们正在逝去的青春

这一年，是如此的艰辛，这一年，又是如此的幸运。这一年，周宇杰经历了人生第一个转折，告别了生活了 18 年的家乡；这一年，他来到这个陌生的城市，开始了他的“贝壳”生涯；这一年，他每天得六点起来占座位、出早操；这一年，他匆匆吃几口饭后便穿梭在教室和学院里；这一年，他明白了目标与坚持对成功有着无比重要的意义；这一年，他体会到今后的道路上有多少需要独自面对、咬牙坚持的坎坷……这一年，经历了太多太多；这一年，他长大了。

回头看看这一年自己走过的路，他着实为自己骄傲，也真心地感谢身边的每一个人。刚开学的新生党校培训、军训，虽然很苦很累，但他还是在同学老师们的陪伴下走了过来。直到现在，他还清楚地记得每天满是汗水的衣服贴在身上那煎熬的感觉，记得食堂和楼道里那熟悉的味道……一切的一切，都浸透着成长的汗水，镌刻着真挚的友谊。大学的第一课，他习惯了没有父母的照顾，学会了在一次次坚持中不断前进。唯一遗憾的是，那时的他们还没有熟识，否则那必是一段难忘的经历。

军训过后，崭新的大学生活开始了。可短暂新鲜与好奇过后，更多的是迷茫、孤单、紧张充斥在内心。与高三完全不一样的生活节奏，虽然不是很忙，但总觉得时间不够。可以说每天都在毫无目的地游荡着；离开了父母，每天总想给他们打电话，虽然不知道要说什么；看着社交网络上，原来的好朋友都有了自己新的生活圈，跟身边的新朋友也没有那么多的共同语言……他感觉大学与想象的完全不一样，感觉自己被狠狠地骗了。大学一点都不轻松，某种意义上甚至不如高三的生活。

大一上学期一晃就过去了。现在想想，周宇杰认为他似乎也没做什么有意义的事，学习也没学到自己满意的程度。总以为不适应大学的那些情况都跟他没关系，但现在看来，他也与大家没什么差别。到了大二，他又感觉自己大一的生活弱爆了。至少大一每天可以上好几个小时的自习，至少每天不会课程排满，连洗澡都没时间，至少熄灯后不用熬夜写作业，至少不用一周开九个会，至少不用周末比平时都忙……似乎有点戏谑的意味，但他切实地感受到，大学，真的没有想象得那么容易。马上就到大一期末了，每个人都考虑起自己的专业选择。他不由得紧张了一下，也许剩下几周的状态，会决定这一年，甚至是整个大学生涯的。

这一年马上就要过去了，经历了很多，也学到了很多。他一笔一笔写下自己的总结。

大学，是一个让人成长的地方。如果没有大学脱离父母的群体生活，可能到结婚都不会自己洗衣服做饭，可能在心理上永远是离不开父母的娃娃，可能永远都学不会如何与人沟通。不得不说，大学在独立能力的培养上起到的作用，是任何一位名师都无法比拟的。因为经历了，感受了，也长大了。

没有目标，是一件很可怕的事情。高中时的唯一目标就是考上一个好大学，所有的东西都要为这个朴素而重要的目标让道。如今身在大学，却缺少一个明确长远的目标。可能有人认为目标可有可无。但据这一年的经历来看，不管是短期目标还是长期规划，其意义不仅仅在于其为我们规划了未来的道路，而是在疲惫、迷茫的时候给我们不竭的动力。希望每个人都能及早认识到这一点，认真地考虑一下这个问题。成长，就是自己定下的目标一步一步实现并趋于完善的过程。看着自己的目标越来越近，一定会是一个非常享受的过程。

合理安排、提高效率。大学另一个不同于高中的地方就是不光要学习专业知识，还要活跃在各种社团和学生工作中。这时，就需要考虑轻重缓急，合理地安排时间。同时，高效率也是必不可少的因素。都说真正优秀的人任何事情都要追求完美。但周宇杰并不以为然，优秀的人能够很好地协调各种事情，在自己的主要领域全身心投入。其实，有些事情只需要投入80%甚至60%就可以了。事事过于追求完美，最后一定会事事都败得很惨。

大学真正要教给我们的还有自主学习的能力。这是大学区别高中最主要的一点。现在的这些课，大多数人都会抱怨太多太难学不会，老师上课听不懂。但在他看来这就是在培养自学能力。以这些课程为媒介，在一遍遍地看书、做题和反思中把这种关键的能力传授给同学们。以后遇到的问题，不可能都是书本上或是课堂上出现的。但只要具备了自学的能力，就可以很快上手，轻松地解决任何问题。

人际交往是大学的另一个重要部分。社会上，一个人最有力的筹码并不是他的成绩。在这个接近社会的大学校园中，同学们应该抓住培养社交能力的好机会。欣慰的是，经过这一年来的摸索，自己的一套社交理论似乎可以使他很好地融入这个小社会。当然这不是一朝一夕就可以锻炼出来的，也不是说出来别人就可以明白的。每个人都要经历足够多的风雨，有足够多的感悟，才能一点一点地形成自己的做事风格和人际交往模式。

永远不要忽视了你最亲的人。“百善孝为先”、“树欲静而风不止，子欲养而亲不待”、“儿行千里母担忧，母行千里儿不愁”。仔细算一算，能和父母在一起的时间还有多少？也许我们现在真的体会不到自己一手拉扯大的孩子远走高飞后父母心里会怎样的心痛与不舍。但是，任何一个父母都不会对儿女倾诉这些，我们能见到的，始终是他们慈祥的笑容。

这一年，周宇杰真的学到了很多很多。尽管有很多不尽如人意的地方，但起码努力过，也付出过。不得不说，年轻就是资本，年轻就是不怕失败，年轻就要去拼搏！周宇杰已经有足够的信心和准备，去迎接更加艰巨的挑战！

既然选择了远方，便只顾风雨兼程

大二整整一年结束了，只能感叹时间过得太快了，曾经听很多人说如果你觉得时间过得很快，那么就说明你在这段时间里过得很充实，然而，也有人说，如果觉得时间过得太快，只能说明这段时间你是虚度了。周宇杰不知道到底哪种说法是正确的，但也没必要再去追求它的真实答案，因为这一年已经过去，再去讨论这个问题不太适宜。

其实，周宇杰真的不愿承认自己已经是大三了，不愿承认自己的大学生活已经只剩下二分之一，不愿承认自己已经 21 岁。

说这些要表达的意思就是：大二一年的生活确实不如大一，就像上面的那个有些纠结的问题一样，不能给出一个真实的答案。不过可以肯定地说，他还是一如既往努力地对待自己认为重要的、值得付出的事情。

可以说，在学生工作上还行，而在学习方面，大二一年他不是很满意，也不是自己没有努力，就是觉得学习没有大一时的感觉。大二的下学期，虽然没有挂科，不挂科并不是他的最低要求，但他不是很满意，也是从这次考试后，他对大学的考试、大学的学习感到无比的、前所未有的失望。

大二的一年，周宇杰没有在班级里担任职务，按理来说，花在学习上的时间会更多，学习效果应该会好一点，可是，结果并不是他想的那样。大二上学期，他没有静下心来，特别是大二上学期期末的时候，这其中的原因在大二上学期总结中也提到过，这里就不再赘述了。因此，他考得并不理想；大二下学期他虽然觉得心静下来了，但他感觉对考试失去了信心，对大学的考试感到失望，无论是复习得怎样好，考得总不让他满意。整整一年，没有真正沉下来，心没有静下来，这是他这一年学习成果不好的主要原因。

总结一下，找找原因，然后，从原因出发慢慢解决，他依然坚信自己还能继续坚定不移地走下去。

记得一次看“非诚勿扰”节目时，乐嘉老师说过一句话，大致意思是，学术型的人远没有实干型的人的吸引力大，他认为，这两者根本的侧重点就不一样，怎么能拿来相提并论呢！当然，看书、做学问的最终目的也不是为了提高吸引力，最起码在他看来是这样的。因此，在以后的生活中周宇杰还会一如既往地看书、读人，接触社会提高自己的思想修为，努力做一个让自己接受也让别人接受的“谦谦君子”。

既然选择了远方，便只顾风雨兼程！

所有值得做的事情，都值得做到最好

“所有值得做的事情，都值得做到最好。”这句话是周宇杰从一位朋友那里听到的。开始还没有什么感觉，但现在想来，有时还真的需要这样破釜沉舟的勇气，将所有值得做的事做到极致。

都说大三是大学时代的分水岭，他庆幸地赶上了末班车，学习状态重回正轨。有时甚至找回了大一的感觉，有计划地预习和复习，也许是因为慢慢地理解了成绩的重要性，那是工作能力和社会经验所无法代替的。至今他还清楚地记得大三年级的期末考试阶段，自己在学生会办公室刷了不知多少个通宵复习。夜里听着活动中心的喧嚣声渐渐消失，清晨又看着第一缕阳光照进房间；桌子上满是咖啡袋，但另一边是满满几页的笔记。每次通宵，都是对心灵和身体上的双重折磨，但每每想到“不要在最该拼搏的年纪选择了安逸”这句话，他便重新鼓足勇气，继续向前。

众所周知，学生工作像一个金字塔，刚开始参与的人很多，随着时间的推移和水平的提升，离开的人越来越多。到了大三，他有幸站在了校会副主席的平台上，带领自己的部员，想要真正做一些自己想做的事情。但一切似乎没有想的那么简单，如何能有效地把团队融合在一起，不失亲和交流的基础上又保持严肃认真的态度是他面临的最大问题。其次，在学生会在高校工作中影响力逐渐弱化的大背景下，常常面临有想法无法施展，有创新不敢尝试的窘境。相比学术科研严谨求实的特点，他发现自己开始厌倦了与人周旋、权衡利弊的学生工作。这也为他今后的发展方向埋下了一层伏笔。

与此同时令他费解的是，从小学开始，他就是典型的学生干部，具备能言善辩、出口成章的能力。但上大学以后慢慢发现自己变得不愿讲话不愿分享，更多的是站在一边观察每一个人每一件事。开始他认为这是成熟的表现，而今却不再敢这么认为。也许是因为大学中出现了很多比他更善于表达和用语言、行动影响他人的人，而他为了追求100%的成功率而选择了不与他人争论，相对地选择了倾听和接受。心理学测试显示，他属于分析型人格，有着善于分析、认真负责、严谨精确的人格特点。他做事必须有九成以上的把握才肯行动，同时却容易错过一些机会。这个测试让他更加清晰明确地认知了自己，努力朝着更加完美的方向迈进。

经过大学前两年的洗礼和磨炼，他已经清楚地知道什么事情该做，什么事情不该做。同时在这一年时间里也尽自己所能将所有值得做的事情努力做到最好，没有留下遗憾。

经历，是人生最珍贵的财富

大四，是毕业的一年，原来想着没了课程的约束一定自由自在，却没想到这一年成了周宇杰大学四年中最忙乱的一年。开学伊始学校就开始了保研工作，庆幸自己成绩不错拿到了保送研究生的资格。但是去哪里读研究生就困扰了他相当长时间。博士这个词在他人生的前 21 年里与他没有丝毫的关系，他也没有想过以后会有什么关系。但就在他 21 岁这一年，不得不考虑要不要踏进这个没有回头路的领域。短短两周的时间，他做着激烈的思想斗争，每时每刻都在考虑着这一个问题——要不要读博士。在请教了好几位学长学姐，征求了家里人的意见，上网浏览了无数建议之后，终于做出了直接攻读博士学位研究生的决定。现在想来，这是他目前为止做过的最大胆、最不计后果的一个决定，因为他素来就不是一个爱做学问的人，在别人看来他也不像一个会泡在实验室里的博士生。而且这是一条没有后退余地的单行道。再一次，“不要在最该拼搏的年纪选择了安逸”这句话激励了他，他相信在经历了这么多思想斗争后，五年后的他可以给自己一个满意的交代。

在学生工作这个金字塔上，大四的他终于爬上了塔尖，成为北京市学生联合会的执行主席。也就是这个职务，给了他一年非同一般的经历和体验。2015 年世界田径锦标赛志愿者服务工作，他亲临体坛盛宴，见证中国 4×100m 的历史性时刻；纪念抗战胜利大阅兵观众组织工作，他目睹国家希望，见证中国崛起；向烈士纪念碑敬献花篮，共同缅怀先烈，铭记历史；挑战杯科技竞赛，他畅游科技海洋，点亮青春风采；香港创新创业峰会，他感受国际视野，体验创新风采……短短一年时间，他经历了有些人也许这一辈子都经历不到的盛事。除此之外，每天坐班实习的日常工作也让他提前感受了职场生活，有助于他今后走上工作岗位更快地融入社会，提高待人处事的能力。

感谢他这一年的经历，它们都是周宇杰人生中最宝贵的财富。如今，马上面临毕业的他，即将迎来属于自己的毕业季。青春年少，又到凤凰花朵开放的时候，愿他毕业快乐，一路顺风。

匆匆四年

——记刘宇阳

刘宇阳，男，冶金E122班，学号41202027，共青团员。曾获新生奖学金、校级“优秀共青团员”，北京科技大学“学习十八大，践行十八大”征文二等奖；曾参加北京科技大学十八大环北京六城区外出宣讲活动。

步入殿堂，尝试独立

怀着激动、忐忑的心情，走过喧嚣的报到，拥挤的采购，刘宇阳终于可以停下脚步好好看看这里的模样。宽阔的道路，高耸的公寓楼，道路两旁充满活力的植被，高楼上横悬的迎接新生的条幅，这一切映在他的眼里，本已稍稍平静的心又倏地火热起来。站在这孕育希望的土壤上，他憧憬着自己的未来，这未来仿佛高中老师的一声声激励回荡在耳边，这未来仿佛一只金色的大手在不远处俏皮地向他挥舞。他看着这些，感觉到满满的幸福感。怀着这份幸福，在新的环境里，他决定先融入集体，然后去探寻这看着如此光明的前方。

“融入集体，建立新的关系，这是所有新生开学都要走的一步。新关系的建立可以是一声问候，一次介绍，或者一个小小的帮助。”在刚分配的宿舍，刘宇阳一边整理东西，一边回想着从网上看到的学长的经验，心中则忐忑地想找一个时机去认识大家。开学第一天的气氛似乎有点紧张，大家报名一天也很累了，互相介绍了后似乎也没有什么可以聊的。但是随着聊天的继续，大家渐渐都参与进来。所有人都来自不同的地方，在这充满融合的环境中，似乎总有些自己从没有见过的、听过的，在好奇心的带领下，集体在这七嘴八舌中逐渐成形了。

校园很大，四通八达，但好在规规整整，最初几天晕头转向的状况也逐渐有了好转。大一上的课主要是基础课，一般是大教室，好几个班一起听讲，师生之间基本没有交流。由于大学的学生来自不同的省份，各省在数学、英语方面的教学层次不一。所以，老师从最基本的开始讲。如果没有听过还好，学生至少会认真听下去，可如果之前学过一点点皮毛，一会儿就被老师讲得昏昏欲睡，等到醒来，有一段已经错过了。这令刚入校园踌躇满志的刘宇阳失落不已。

或许是之前被高中写作文中搜集的那些名人事例影响的效果或者听高中老师风评大学的“自由”，在大学这种环境里，刘宇阳总想着参加个活动培养自己的能力，泡在图书馆看书，出去找个兼职打工自己给自己赚生活费。于是，他的生活很快就乱套了。参加的活动占据了太多的时间，事实上却没有相应的收获。课堂上的教学模式和高中差太多了，他没有适应。课上看上去听懂了，课下作业完全不知道怎么完成。刘宇阳遇到了一个前所未有的棘手的问题，不知道混乱的根源在什么地方，不知道用什么方法解决。

他寻求学长的帮助，指导员、班导师也会适时为同学送来一些经验。他抛弃原来跟着那些学霸有样学样制订的那份满满当当的计划，退出一些一腔热血加入的社团，把更多注意力放到学习上来。他开始有计划地分开不同课程的重视程度，因为不同的课程学分不同，在将来算加权分的时候比重是不一样的。而上课的效率问题，他到现在也没找到什么好的方法，难道只能在课下用更多的时间？

迷茫是很多大学新生都会遇到的一个问题。而每个人度过这段时期的方法都不同。这段时期也是每一个大学新生独立解决问题、理性看待问题的开始，也是他们开始脱离家长、老师安排的道路，走自己规划的道路的开始。这不同于叛逆期的反抗，是许多学生履行自己一生责任的开始。

不同人用的方法不同，但是很多人都会在第一次期中后解决这个问题或者缓解浮躁的状况，拖的时间越长，受到的损害就越大。如果在期末仍然没有解决这个问题，学生们就会因此比较明显地分开成为两个层次。

学会放弃，有舍有得

大二的生活不再像大一那样混乱，但很多人开始变得忙碌。有的仍然热衷于各种各样的活动；有的开始为选修课和讲座忙碌；有的则沉浸在恋爱里。这时候，会有各种关于选修课、逃课、大学生恋爱的精致的段子流传开来。对于一群从疯狂的高三闯过来的人，这充满诱惑力。

刘宇阳也开始面对这些。他是一个动漫迷。动漫的诱惑力明显要比死气沉沉的课堂强多了，而且，由于晚上宿舍的“卧谈会”，他上课总是打不起精神来，上课几乎没有效率。与此同时，学生间开始流传“选修课必逃，必修课选逃”这些令人耳目一新的段子，他的心也随着飞出教室。

这个时期可以说是大学生遇到的一个矛盾期。刚开始独立、开始做决定的他们在各种各样的信息和比较中陷入两难。

就上课而言，平时就好好学习还是临阵磨枪？很多大学生心里告诉他们选第一种，可是舒适却带着他们按第二种来。而且学习好和成绩好并不是完全的统一体。如果平时付出了极大的努力却在成绩上输给那些临阵磨枪的人，这个对比会对人产生多大的压力，这会不会促使他们向后一种转变？可如果大家都选择临阵磨枪，那之前的课有什么意义？只是为了签到？同样对于临阵磨枪的人而言，他们最低追求是达线。可没有达线呢？这会让他们破罐破摔吗？达线以后，他们就不会追求更高的水平了吗？如果想追求更高的水平，又该怎么办呢？这会促使他们向第一种转变，可是，他会为了这些，抛弃平时的玩乐吗？一系列的疑问在他脑海盘旋。

不同的人应该在这之间找到一个属于自己的平衡。两难之间做出抉择，这完全需要自己去把握。没人可以帮助自己，甚至没有什么绝对正确的经验之谈。很多人在做出这个抉择前，会询问学长或者导员的建议。建议可以听，但是如果不按照自己的实际情况却在他们所说的侧重点上下功夫，就很容易陷入上面的泥潭。按照自己的实际情况走自己的“特色道路”。这句话说着轻巧，其实自己需要微妙的把控，该放弃时就要放弃，不要追求不切实际的看上去无比丰满的“理想”。这种“理想”，或者更准确地称之为“虚妄”，是对自己认知不清的一个体现。

刘宇阳开始逐渐地摸索着寻找这种平衡。但是无论是“自我认知”，抑或是“舍得放弃”，都不是容易的。还好，他只用在上课、成绩、学习、玩乐之间找一个平衡，相对而言，单一层面的认知和选择简单许多。可是，这也不是一帆风顺的。他遇到一件事，做了好久没有成果，他不知该不该继续下去。其实偏执和坚持在一定程度上是同义词，只是，如果继续下去成功了，这就叫坚持；如果失败了，它仅仅是一种偏执。在这样的处境中，决定只能自己来做，失败了重新来过，不断认知，学会取舍，在放弃和坚持中找到自己的位置。

大二之中面临的两难、抉择、平衡，可不只是上课和成绩之间的，还有健康、人际关系、兴趣、立场等，这个时候，学生所处的处境就会更加错综复杂，怎么抉择，怎么取舍，都需要衡量，都需要找到适合自己的平衡点。

路在何方

大三就开始学习专业课了，教室也换小了，同时专业的前景也会在各个教授讲师的闲谈中渐渐清晰地展开。这个前景不同于“某某行业热门、冷门”这样的论断。这些教授都是行业中人。他们对这个行业的现状、结构、工作环境，甚至是就业与行业的供求变化非常了解。对他们口中的前景，很多学生先是充满好奇，然后会发现这个行业完全不是自己想的那样。他们会因为这样那样的原因受到打击，然后开始抱怨，前途一片迷茫。

刘宇阳也是这样。在他听到这些的时候，他懵了。他从没想过自己的未来就职的行业是这样。冶金行业本身已经陷入泥沼，产能过剩、环境污染，行业秩序混乱，一批一批的小厂被取缔，大厂的情况也不容乐观，由于前期很多大厂都在竞相扩大生产，产品质量在国际市场没有竞争力；如果进钢铁厂工作，首先要三班倒，然后几年后有机会生成炉长，就不用倒了。可是实际情况是，资历老的大有人在，炉长不是第一次申请就可以得到的；而且，钢铁厂的环境不是很好。为此，他有了很长一段的失落期。但是渐渐地，他想开了。对于第一点，行业环境可以说是糟糕，但也可以看成机遇。第二点，虽然三班倒确实疲劳，但是没有不劳而获的成功。第三点，环境虽然差，但是待遇还是很不错的，算是补偿吧。

当然，后来班导师和指导员也指出一条明路，大学毕业后其实有很多人都转行了。他们拿出各种数据证明自己，有很多人大学只是获得一张文凭，让人又重拾一点信心。

看到这儿，很多人都会失望吧，因为不管属于什么层次，总会蹦出出乎意料的事情拦在身前。大三就是在不断失望中变得更加现实，可是现实不等同沉沦，因为这个时候，每一个人都会发现自己身上有一副担子，一份责任。这份责任是为人子女，是自立。

在失望和责任之中，每一个人都开始考虑更现实的事，成绩。成绩于大三生而言，是选择什么样的路的基础，成绩很好的，可以选择出国、保研；成绩差一点的，可以选择考研或者就业（一般是转行就业）。根据自己的成绩选择属于自己的路，这个时候，成绩好的优势就会体现出来，因为他们有更多的选择。

整个大三期间，学生开始接触行业、职业，开始肩负自己的责任，开始真正“入世”，开始用更加深层次了解世界，这是他们成熟的开始，也是他们世界观、人生观开始成形的时候。

明悟，走向世界

大四的两个学期已没有之前的上课形式了，只需要完成课程设计和毕业设计。剩下的时间一部分用来完成工时或者完成选修课的学分要求，剩下的主要就是在自己选择的路上前行。保研的保研，考研的考研，实习的去找实习，找工作的去找工作。

刘宇阳是出去改行找工作中的一员。这个时候的他已经没有了之前的失望和迷茫，他坚信自己选择的道路是最适合自己的。在开始的时候，尽管在别人眼中这可能很荒诞，但是他却决定走下去。可是随着越来越多的人质疑，他也有了一丝怀疑，他变得犹豫，他不知道该不该坚持下去，万一自己是错的呢？万一错了以后，自己一事无成，会被嘲笑吗？为什么不正正常常地回到既定的轨道上来呢？他踏出了属于自己的一步，可是这步如此艰难，他不确定自己能不能坚持下去。直到有一天，听到“罗辑思维”中的一句话，他突然明悟：其实在自己的选择中，每个人站的立场是不同的。不同的立场在同一件事情上有了矛盾，这倒不是说这些立场是错的，只是事情的多面性引起了不同人的不同看法。而他应该做的是站在自己的立场上，选择对自己有利的立场修正自己的方向，如果是那些无利的，抛弃就好。因为不管在什么时候，一件事上的一个选择都会遇到完全相反的声音。“既然选择了萝卜，那青菜就会不高兴。全中国人都喜欢的，就只有大熊猫了吧。”

大四是为自己的选择付出努力的时候，付出努力的过程中，每一个人都会遇到各种各样的人对自己的评价，有前辈的、有学长的、有同学的、有同事的、有父母的，有的是鼓励，有的是质疑，它们出自不同立场，它们纷杂繁多，它们每一句都是对的，这会让人犹豫不前。对于这些评价，全部听取不可取，全部摒弃亦不可取，根据自己的立场选择适合自己的，“取其精华去其糟粕”，让它们不断修正自己前进的方向，“以人为镜，可以明得失”，这才是可取之法。

大四走向社会之际，每个人的价值取向开始与人生观、世界观结合，或者说在价值观引导下世界观、人生观开始成熟。他们拥有了带着自己烙印的判断、抉择。他们肩负责任，面朝世界，迈向属于自己的人生。

似水流年

——记冯贺

冯贺，男，资源E12班，学号41211036，共青团员。曾获两次人民三等奖学金、校级“三好学生”、校级“优秀共青团员”、第五届全国高等学校采矿专业学生实践作品大赛二等奖。

时光飞逝，平静而无情；青春短暂，多彩而匆忙。听着听着，时间就悄悄逝去，不给我们考虑的机会。在你无聊时，它看着你慢慢消失；在你不经意间，它从你的眼前走过；在你沉浸快乐时，它给你一个拥抱，走得更快。这一刻，还在向前望，下一刻，却只能回头看。转眼间四年的大学生活就要结束了，冯贺望向这四年的生活，感触颇多，经历过成功的喜悦，经历过失败的教训，经历了迷茫，也经历了成长。回首往事，让他想到了初到大学时的兴奋与感动，那一纸大学录取通知书解救了漫长的黑色七月，带着对未来的憧憬他踏进了梦寐以求的大学，而如今已成为记忆深处的沉淀，此时得到的是一份责任和勇创美好明天的信心。

梦开始的地方

带着憧憬，带着期盼，带着兴奋，冯贺走进了大学校门，开始了他的大学生涯。他永远都不会忘记大一刚刚入学的第一天，走在学校的林荫路上，看校园里绿树成荫，小亭子里那一张张兴奋的脸庞，充满着兴奋与快乐，那是何等的幸福啊！他说，步入大学校园的第一天，他心想，一定不能荒废大学四年时光，要度过有意义的大学生活。

和朋友一起走在笔直的校园路上时，他张开双臂，做出拥抱蓝天的姿势，神情昂扬地对朋友说：“从今天起，我要成为这里的主人。”现在，理性告诉他，在学校的四年终将在他身上打烙上“钢铁学院”的痕迹，无论是在身形外貌，还是在思想精神上；而他也将注定是一名真真正正、坦坦荡荡的北科学子：守信，求实，好学，力行。无论是在校学习的四年，还是努力打拼的一生一世。当有机会抓住一个点时，他就一定想方设法把这个点做大；然后以点连线，以线穿面，以面贯体，从而达到在主体结构上，从各个角度把问题分析得透彻深刻，以让他学得更多、更深，成长得更快。

一入校门，学长学姐就语重心长地教育他说，大学和高中不一样，在这里并不只学习成绩是最重要的，有很多的事情可以去做，要锻炼自己的各方面能力。他们还说，如果要锻炼自己的话，你最好做一名班干部，因为班干部在班里面管的事情最多，而且和老师接触也是最多的，这样对于锻炼你们的交际能力、组织协调能力都是很有帮助的。在大学四年里，一定要积极地参加各种活动，通过参加活动可以锻炼自己与人交往的能力，更可以丰富自己的生活阅历，使自己的生活更有趣。另外，要和宿舍人好好地相处，在这里宿舍就是你的家，宿舍人就是你最亲的人，你们要在一起吃饭、上课、下课、上自习、开卧谈会，一起共同生活四年。当你遇到不顺心的事情、心情不好的时候，他们会耐心地听你诉说、开导你；当你遇到困难不知怎么办的时候，他们会和你一起分析问题，寻找解决方法；当你在某些比赛中获奖，取得成绩的时候，他们会为你庆祝，好像是自己取得了成功一样开心。

在和学长学姐们相处的日子里，他们将大学的思想逐渐地渗入他的脑海里，在他们的帮助下，他对大学生活有了自己的一个最初的印象，使他由一个什么都不懂的高中生一步步接触到了真实的大学生活。

刚刚开始大学生活，些许憧憬，些许迷茫。他由一个简简单单的高中生步入了大学，一个充满自由、神秘、陌生的地方。他开始有一些不知所措，不知道该干什么，没有人要求他上自习，没有人管他什么时间应该做什么，在这样的日子里，他开始撒欢了。他一直想要好好地玩一把，把高中的游戏时间一起玩回来。后来，在对大学有了一些了解后，他开始有了目标，他想要转专业，他要提高他的成绩，符合转专业的要求，他还想要获得奖学金，于是开始努力学习，利用课余时间努力提升自己。

成长就像一条河流，有时流到宽阔坦荡的地方，一泻千里；有时流到弯曲狭窄的境界，回环曲折。在成长中，有欢乐，有烦恼，有挫折，当你用心去感受时，会发现自己生活在一个温软的世界中，那一抹感动常常伴随在你身边，感动于那一句话，感动于那一个微笑，感动于那一滴眼泪。成长，是一段必须付出代价的旅程，行路过程中总会不断地捡到和丢掉一些东西。只有走到世界尽头时，才会发现，原来我们所捡起的与所丢掉的都是同一样东西，那就是记忆。我们在这过程中就是在感悟我们走过的路，当今天的我觉得昨天的我所做的事很幼稚时，我们还在成长；当今天的我觉得跟昨天的我没两样时，我们已经停止成长。大学，人生的第一个转角处，决定以后的人生，需要自己不懈的努力。

超越自我

四年的大学生活临近了尾声。这短短的四年，却是冯贺的人生中珍贵的几年。这四年里他不断地挑战自我、充实自己、超越自我，为以后的工作努力，为既定的目标奋斗，为日后的人生打下坚实的基础。刚踏入这所大学校园，对一切都充满新奇，一切又是那么陌生。总结过去可以拨开时间的迷雾，清晰的回首所走过的路，从而为将来的人生旅程准备一些经验和教训。一千个大学生，有一千个成长经历，结果可能都相同，过程却是各有不同。大学之初，太多的无奈，太多的迷茫，纠结在他的心头。陌生的草木，陌生的声音，徘徊在他的身边。他迷失过方向，也丢失过最初的梦想。于是，心志在一点一滴地磨灭。唯一不变的是头顶那片熟悉的星空和那弯亲切的月亮。

在这一年他努力想要锻炼自己各方面的能力，他申请加入学生会，竞选了学习委员，还参加了足球协会，加入了魔术社等许多组织。一心想着在这样一个自由自在的校园里，自己在学习之外也有所收获。

大一结束的暑假，他们由不同专业的大一新生组成社会实践团队自发到海城进行主题为“调查工厂迁移对农村生态环境的影响”的社会实践。他们团队在这十几天里走进了两个各具特色的村子，将村民的心声一一记录笔下。走进大东北，真正感受到了东北人民的热情好客，坐在炕上亲切地聊天，就像认识多年的忘年之交。他们沿着工厂、矿山行走，真正感受到了附近的环境特点。实践期间他们在调查的同时还为小学生开展了环保知识小讲堂，呼吁大家共同筑就更美的鞍山。他们呼吁经济发展的同时留下青山黑土，让大家生活在清新的环境中。十几天的社会实践他们收获了太多，都感觉这将是他们人生中一笔宝贵的财富。这期间虽然艰辛疲惫，挫折不断，但他们都共同努力，相互鼓励，一起坚持下来。短短十几天的成长他们不再是象牙塔里无法经受风吹雨打的花朵，在实践即将落下帷幕的时候，他们可以无愧地说对得起自己，对得起这次宝贵的机会。

经过大一的努力，大二他来到了新的班级，他实现了自己的目标，和新的同学一起学习，当时他明白在大学里，他是少数在两个学院两个班级学习过的学生，他有两个班的同学，这是属于他的财富。

为未来奋斗

时间会磨灭一切，不管你愿意还是不愿意。有限的时间和生命的紧迫感，冯贺不得不认真地筹划每一天，让每一天都活出精彩，在有限的时间内品味“活着，是美丽的”这句话的真正含义。和时间赛跑，他喜欢早起，喜欢在早晨的清新里学习。在同学们都还在梦乡的时候他在校园里认真地读书；在烈日下他天天坚持训练，他必须面对所有的困难和劳累，于是他会安慰自己要在挫折与困难中前进，在成功与收获里成长。在这路上，他永远保持一种饥饿感，对知识的饥饿、对其他的饥饿，这样才时刻都有危机意识。在潜意识的鼓动和鞭策下，成长仿佛成了一种自然而然的事，当然这在他人看来往往非常惊讶和不可思议，在奋斗的日子里承载了他那么多的梦想、成长、期待、渴望和欢笑。所有这些都让他觉得大学里的这段岁月如此宝贵，不仅让他对现实更加坦然，也让他对美好的大学生活和未来充满了信心。

成熟的大三，经历大一大二，他已经是一名老学长了。大三，他开始考虑经济独立，于是他出去做兼职做实习，刚开始他在学而思在线面试的一个学校做线下推广，说白了就是宣传他们的课程，让家长们报名。刚迈进社会与人交往的他有些兴奋，于是顺利地完成了这个任务，后来他去了好未来国际教育集团做一名新媒体运营实习生，接触到了很多人，同时他也学到了很多。

大三学年他多了些成熟和稳重，少了些冲动和鲁莽，不再盼望波澜壮阔的人生经历，更多的是珍惜眼下平静的学习生活。大三他开始接触专业课程，对本专业有了更加深刻的认识，通过暑期的工程实践，他学到了更多的专业知识，对自己以后的定位更加明确，在大三他参加了第五届全国高等学校采矿专业学生实践作品大赛并获得二等奖，他对自己的成绩非常满意，这是对他努力的肯定。

站起来，或许很简单，但是难的是如何正视自己，承认自己的失败，给自己定好位。在这个过程中，可能会觉得自己只要敢想敢做，就一定能实现自己的梦想。但事实是，这个过程并不是一帆风顺的，甚至有很多时候是很痛苦的，期间所遇到的失败和挫折感可能比任何时候都大。当我们遭遇了这些更大的困难和人生更大的起伏时，可能会因此而逐渐地变得否定自己，不再像以前那样年少轻狂，但这并不表示，将失败作为每一次尝试的结果来考虑。要知道，如果我们认定做一件事情会失败，那就绝不可能成功。

大学是天堂还是地狱，你的地盘你做主。一路走到现在，冯贺成长了许多，也有了很多的好朋友，在学习和生活上都比以前有了很大的提高。当今世界，是一个充满国际经济竞争的环境，在这个充满变量的社会里，犹如逆水行舟，不进则退。新世纪的青年想要在这个“无情”的社会中赢得一席之地，除了坚持不懈，还是坚持不懈！做可能会失败，但不做，注定是失败。不要给自己找任何借口，“只要你有系鞋带的能力，你就有上天摘星星的机会。”

大四，他经过自己的努力终于获取了保送研究生的资格，实现他这几年为之奋斗的目标。这四年里他学到了很多，这四年的时间让他明白，大学不能一味地去接受，要学会主动索取，要抓住身边的机会，不怕困难，提高自己，完善自己。要有自己的目标，并不断为之努力。

四年时间里，大学的写实，让我们汲取其精华，充分地利用资源，大学生活就像是一本有趣的书，越读越想读，越读越带劲！

流金岁月

——记楼威

楼威，男，高工1501班，学号41518030，共青团员。曾获北航北科无线电测向一等奖、国际志愿者证书；曾担任学院学生会外联部干事、学校AIESEC社团海外志愿者部副主席；曾参加AIESEC波兰海外志愿者项目。座右铭：高傲做人，谦卑做事。

开出希望之花

高二的上半学期，在宿舍与教学楼三点一线的枯燥生活中，生活和学习中的一切似乎还是那么循规蹈矩，和之前别无二样。可是，一次突如其来的事件可以说成了楼威人生中的一个巨大的转折点。

“新的一届校学生会开始选举啦，有意向的同学请到团支书那里报名。”简单的一句话，伴随着课间悠扬的歌声，在他的心中荡起了阵阵涟漪。他从厚厚的书堆中抬起了头，陷入了沉思。挑战似乎就这么自然而然地出现在了眼前，而且有选择性地指向了那些拥有一颗追求丰富生活的心的人，而他，也不由自主地被吸引住了。几乎没有过多的思考，试上一试，即使是百里挑一的难关，他也想去闯上一闯！

但激情并不能代表实力，他之前也没有经历过或者接触过任何有关学生会团委的事务，甚至连大型的社团或者校内活动也没有参加多少。初中的优越感，在这样一所精英辈出的重点高中里，早已消磨殆尽。一开始，他是茫然的，不知所措，不知道如何去应对，那些马上就要来临，自己选择的，面试、笔试，甚至展板、演讲、拉票……但骨子里的倔强使他不愿轻易放弃，他抱着尽人事听天命的想法，开始了曲折而丰富的竞选之旅。

他一直喜爱文艺活动，也参加校管乐队，还曾经参加过其他乐队，所以他的竞选职位也选择的是校文艺部长，这个竞争激烈程度绝对排在前列的职位。初审为面试，他怀着忐忑的心情站在面试教室外，心里还在不断默念准备的自我介绍，希望能说些与众不同的东西去吸引面试官。这是他的第一次面试，他的脸涨得通红，一开始说的语速也很急促，说了不一会儿，后背就已经湿了一片。好在以前参加的表演也不少，过了一段时间，终于稳定了情绪，他回答了几个关于学生会的和自己能怎么做的问题。直到现在，他还清晰地记得，那些手心里的汗，那些躲闪的目光，那些结巴的答案。但所幸把自己想说的都说了出来，即使是那样幼稚的想法，学长学姐也认真地听，没有打断他。他是幸运的，进入 25 人的第二轮竞选。

第二轮更加复杂了一些，要求自己制作展板，介绍自己，放在食堂前的橱窗里让全校的人都看到并且记住你。对手真的很强大，有多才多艺、颜值逆天的美女，也有交际广泛、和上届学生会关系密切的选手，还有老师的子女。他几乎都要失去了仅剩的斗志。和他们相比，他是多么无力，他才艺不如别人，交际能力又不行，认识的人用手指都能数过来，也不了解上一届学生会的同学和老师。他的心是慌乱的，复杂的。然而最终他明白了一点："上帝给了你去背水一战的机会，你要好好抓住。"他这样对自己说。

最终学生代表大会的演讲，他酝酿了很久，修改了一遍又一遍。既然不能在之前认识更多的人，那他就要用他的演讲、他的计划、他的态度、他的心声去使他们认识他、了解他、支持他。好几个晚上，他躺在床上，想着用什么句式和名言去渲染气氛，怎么使他下一年的工作计划显得更贴近实际，让大家喜欢上他的想法。

最终，凭借着不懈的努力和练习，他的演讲非常成功，他也顺利得到了文艺部长的职位。那天晚上，在宣布结果的那一瞬间，他仿佛内心深处什么东西破裂了似的，一股股暖流充盈着全身，他感觉浑身都充满着力量。他想，这就是梦想实现带给人的美好。从那时起，他感觉自己真正有了自信，也终于相信，只要敢作敢为，这世界上没有什么东西能成为他绝对的阻碍。

拥抱夕阳入眠

那是一个冰冷的冬天，寒风肆虐。楼威很想和其他同学一样，舒舒服服地待在空调房里，可是他不能。因为今天他要参加一个活动——看望老人。这是他高中每届流传下来的优秀传统，每次活动班长都会挑选五个人去校门口的村子里，看望孤寡老人和残疾人。终于轮到他了，这是他第一次参加这个活动。虽然内心对窗外的狂风还存在不小的顾虑，但他还是选择出发。

他至今还忘不了那个景象，老人住在一个破旧的小屋子里，窗外的寒风从屋子的四面八方不断肆虐进来，老人躺在床上，不能动弹，只能说话。从老队员的介绍中他了解到这个老人是当年的抗美援朝老兵，腿部受了伤，坐了几十年轮椅，现在已经连轮椅都没法正常坐了，只有一个女儿偶尔来看看，给他带点东西。屋里的东西几乎都是村里或者乡镇政府逢年过节接济的。家里连件像样的家具都没有。

他的鼻子刷的一下就酸了，放下手中拿着的东西。他们都马上坐到老人床边，和老人聊天，聊他们的学校生活，聊老人当年的战斗事迹。老人很和善也很热心，只是总有着若有若无的落寞出现在眼底，令他们心疼。他们尽其所能表演节目想让老人开心，感受到他们的用心。有人跳舞，有人说笑话，他唱了一首《倔强》。老爷爷可能听不懂歌词，也感受不到曲子里的倔强，但他们卖力的演出他一定看得到。他静静地坐起来，干皱的面庞上肌肉一点一点地抽动着，脑袋也跟着旋律有节奏地微微摆动起来。这也许是爷爷半年多来第一次见到这么多年轻的孩子。他们想让爷爷知道，这个世界并没有抛弃他，他永远是他们心中的骄傲。

他们是幸福的，因为给了爷爷快乐和安慰；但他们同时又是无力的，因为他们能力有限，只有在活动周能有时间过来陪陪老人。回去的路上，他一直默不作声。他的爷爷在他小学的时候就去世了，他在这个老人身上仿佛又看到了自己爷爷的身影。他记忆里的爷爷，也是一直卧床，有着那样干皱的皮肤，浑浊的眼睛，细瘦的臂膀……这个世界上还有多少这样的老人，在生命的最后一程，孤苦伶仃，无依无靠。现实是残酷的。他们能做的，只是尽自己的绵薄之力，在老人枯燥乏味的生活中带去点点色彩。

那天走的时候，已是傍晚，火红的晚霞在天边燃烧，几缕阳光透过窗户投射在老人枕边，老人就那么静静地躺着，他第一次感到了岁月的力量。

一推推尽万难

刚入大学，楼威对大学生活的一切都抱着浓厚的兴趣，一次路过七斋后面的空地，他被一个扫码送礼品的活动吸引了，是学生科协在宣传他们的多米诺骨牌大赛。

多米诺骨牌，一个风靡全球的益智游戏，考验人的创造力和毅力。一块块小小的骨牌，被拼成种种复杂的图案，用千奇百怪的方式推倒，有时传达出美好的社会呼吁，也可以表达自己的感情，瞬间把他牢牢吸引了。他马上把这个消息发到了班级 QQ 群里，组队参赛。凭借着他的游说，最终四人队伍终于成行。

接下来还有简单的培训，他作为队长，参加了唯一一次的培训，学习了一些简单的十字形拐弯、直角拐弯、搭金字塔的技巧。他喜欢一切富有创造力的东西，一个个新奇的图案和推倒方式在他脑海中不断呈现。回去以后，他把自己的想法都记录了下来，也和队员们仔细商讨了图案事宜，在网上搜了大量有关多米诺骨牌的视频。一种愈演愈烈的期待，在团队里产生。先拿到骨牌的队伍放出了他们作品的一些照片，也让他们的心情越来越急切。

忘不了那个静谧的夜晚。10 点钟，他们开始第一次尝试摆图形。他负责的是起点和搭金字塔部分。他的区域是从窗台一直延伸到宿舍的地上，有一个一米多的高度，金字塔连接着两个平面。这是整个过程至关重要的部分，要是起点没有好好连接上，会使整个连接都没法进行。第一次搭建多米诺金字塔，伴随着清脆的响声，他搭了半个多小时，十几层的金字塔轰然倒塌，多米诺骨牌倒了一地。虽然心疼但仍是干劲十足，第一次会失败也是难免的。这个小小的失败虽然令他的辛苦都白费了，但倒塌的壮观场面还是给了他拼好以后能出好效果的信心。接下来大家都出了不少失误，一个个阶段不断有倒塌事故发生，大家也都一笑而过，互相嘲笑，互相打趣。时间就在这样轻松自由的环境中一分一秒地过去。大家的眼神也越来越专注，动作也越来越娴熟。一个个部分在推倒重做了不知道多少次之后，最终图案终于形成了!

凌晨三点，在所有人的注视中，他推下了第一块骨牌。“啪，啪，啪，啪……”一块块骨牌倒下，就好像他们的孩子，成长了，获得了新生。他用手机录了一段段视频，记录下这精彩的过程。这一块块倒下的骨牌何尝不像他们经历的人生呢，一次又一次的失败，一次又一次的重复，最终推倒一切阻碍，得到图案，得到答案。这是他第一次感受到和朋友们熬夜做一件事的感觉，满足而没有疲倦，兴奋而快乐。

北京，北科大，未来将是他梦开始的地方。他要在这里，用他的四年最珍贵的青春年华，去追逐那些他爱的、他梦想的东西。

大学生涯，是一个人提升自己的黄金岁月。他要在这个很好的大学平台上好好地磨砺自己，锻炼自己，从学习、生活、工作能力、交际能力、创造力的各个方面使自己变得更优秀，更有魅力。他要在北京这个丰富的都市中，找寻自己未来的机遇，认识更多优秀的人，过够精彩、有挑战性的生活。

未来的选择很多，他一定不会选择那个最轻松、最唾手可得的。未来充满着未知性，他想去更广阔的世界看看。未来可能会选择出国深造，到发达国家去感受他们的教育，他们的文化。人生短暂如白驹过隙，平平淡淡地度过是一种方式，但世界精彩，有很多东西，值得他去尝试、去经历、去体验。

因此，无论前方有什么，多大的困难，多漫长的路，他都无所畏惧，世界很大，不如去闯。让自己变成更好的人。

从现在开始。

曾为少年今不悔

——记高瑞

高瑞，男，高工1502班，学号41518052，共青团员。曾获北京科技大学大学生工程能力综合竞赛一等奖、北京市大学生工程能力综合竞赛一等奖、北京科技大学2017年度机器人竞赛三等奖；曾担任机械E151班班长、学院“卓越传媒”统筹组部长、北京科技大学学生学习与发展指导中心学生讲师团机械制图讲师负责人、2016GMIC鸟巢体娱科技峰会志愿者；曾参加北京科技大学节能减排大赛（队长）、智能车竞赛、航模竞赛、北京科技大学2016山西临县孤寡老人援助实践团（队长）。座右铭：心态决定道路。

奉献感恩，以资此行

高考这架独木桥并不是人生最后的天堑，大学依然有很多挑战等着这些长途跋涉的冒险者们，但这其中的一切只能是藏在笑容之中。

大一上学期，高瑞自告奋勇承担起了班级微信平台的运营工作，主要负责微信、微博推送等事宜，介绍班级生活的点点滴滴，是班级的宣传平台。能在大学生活中找到自己有能力做、并喜爱做的事让他感到很是开心。人人都希望自己能被他人所需要，他也不例外，班级工作使他真实地体会到了自己的存在感，就像自己从前那样。当然，世上怎能无难事，学生工作总免不了磕磕绊绊，遇到不顺心事在所难免。每当这时，他便告诫自己：不顺心是因为自己还不够优秀，自己的工作做得还不是很好。

除了日常的学习工作，在闲暇之余，他会去办公室、图书馆帮忙。在空闲的上午，他总会准时出发，这样一来可以防止自己睡懒觉，二来可以打发无聊的时光。这其中最重要的，便是使自己亲身体会到生活的不易，看着那些叔叔阿姨们在清晨匆匆而行的背影，他便会想起自己的父母。虽免不了黯然神伤，但也有愉快的存在，清晨包子铺热气腾腾的早点，早起晨练的大爷大妈，睡眼惺忪背着书包上学的小孩……一切都是那么和谐，一幅祥和安泰的样子。

学术钻研，助己前行

说到学业，高瑞没有找到合适的学习节奏，成绩不是很理想，但相比开学初已有很大起色，目前全院排名为中等偏上，专业课相对有优势。他的目标是选一个不错的专业，然后保研。

前些日子学校一年一度的校内航模赛开赛了，他和几个同学一起参加了固定翼小组赛，虽然大部分人都是零基础，但学校特意成立了培训小组，他作为队长承担起了小组培训的工作。他所认为的大学就是应该多参加一些这样的比赛，以增加自己的阅历与经验，他相信通过这次比赛可以学到知识，拓宽视野。在他看来，忙碌才是真正意义上的休闲，每天为自己的目标而努力奋斗，不知不觉中自己走路的节奏也快了许多，繁忙充实了他的生活，在一刻不停歇的大事小事中他找到了真实的自己，那个心中理想的自己。

践行活动，展现自己

大一下学期，北科学子一直期待的“百团大战”终于拉开了帷幕，高瑞怀着一颗童心参加了很多社团，第一次接触“百团大战”的他被当天操场上热闹非凡的景象所深深吸引：颇具文艺范的诗词社，潮流的街舞社团，还有热衷骑行的骑行社等等都是他感兴趣的。他现在每周都会去参加一些社团活动，可以认识很多朋友，收获很丰富。社团丰富了他的大学生活，拓宽了视野，也让他更好地融入了大学生活。

去年寒假，由北京市团委、北京科技大学联合举办，安利公司赞助的“温暖衣冬”公益活动在学校展开，他第一时间报名参加了活动。很快便领到了冬衣，在短暂的说明会后，寒假一开始他就踏上了温暖旅途。他选择了家乡内蒙古，在那里还有很多贫苦人民不能温暖地过冬，这次的活动无疑解决了他们的困难。他还记得临别之前孩子们那依依不舍的眼神，那宛如亲人一般的情怀。那次“温暖衣冬”志愿活动锻炼了他的能力，也帮助了他人，他在活动中感受良多。

大一上学期学校举办了很多文体活动，例如心协沙龙，让学生们感受到了来自心灵的洗礼，使学生认清了自己，让自己的目标更加明确，也使自己的规划更加清晰。还有各种节日庆典，更是使大家渐渐融入了北科这个和谐的大家庭。他们班级还参观了校史馆、实验室等学校各具特色的设施。除了校内的活动，在闲暇之余，校外讲座也是他光顾的地方，北大教授的文学赏析、中科院学者的科学普及，都让他受益匪浅，与此同时他还认识了很多志同道合的朋友。接下来的日子，他打算自己举办一些校内文体活动，使大家的大学生活更加完整。

选择远方，风雨兼程

大学是人生的重要时期，是一个挑战自己、表现自己而且是完善自己的舞台。人生规划对人的一生意义重大，拥有成功的人生规划是实现完美人生的重要条件。市场经济条件下，市场面临着全球经济风暴，社会竞争日趋激烈，就业形势更加严重。在规划自己生涯的同时，主动接受就业指导，认知自我和社会、增强“我的职业我做主”的信心和主动性、科学决策方法、确立生涯目标是必不可少的；了解职场与职位，掌握简历写作方法，正确把握就业政策，及时获取就业信息，促进正确就业观、择业观和创业观的树立，同时学习面试成功经验、初入职场的心态调整、提高适应社会的能力、角色定位、合理规划、价值实现，学习如何获得幸福人生是成功的前提。

开始新的人生，高瑞坚信经过这四年的努力奋斗，会找到一份合适的工作，经过奋斗，相信将来肯定会有一片属于自己的天空，拥有幸福的人生。

深邃的夜空，无情地覆盖了白日的熙攘。又是一个美好的夜晚，明日即将朝着新的希望起航。在这条充满未知的红尘路上，他会尽他最大的努力坚持前进，或漫步、或行走、或奔跑。也许就在某个风和日丽的清晨里，抬头迎接他的是曙光的一瞬。

重回原点

——记郭佳龙

郭佳龙，男，高工1502班，学号41518054，共青团员。曾获人民二等奖学金、人民三等奖学金、全国大学生部分地区物理竞赛一等奖、学校暑期社会实践金奖团队、AutoCAD认证工程师；曾参加学校SRTP项目“研究锂电池充放电保护电路”。座右铭：一分耕耘，一分收获。

人生的路就如一条螺旋上升的曲线，相似的事反复穿插在一个人的旅途中，仿佛自己又重回原点，但仔细观察，就会发现自己又有了一个新的高度。

初入北科

18岁的郭佳龙走在校园的主道上，虽然仍有些茫然不知所措，但他知道这一次眼前的路要靠自己走完。与此同时，他记起了上小学时父母牵着他的手前去报到时的情景，那时的他，只能张着眼睛默默观察着四周的一切，同时守在父母的身边。终于在父母的提示下，他青涩地向老师打一声招呼，跟身边的同学问好。而那天打扫卫生时，他还是选在教室边缘独自一人挥动着手里的扫帚。从那时开始，每一次融入一个新的集体，他都要花费不少时间。思绪回转，他前行的脚步也快了起来。历经中学生活，他便不再因离开父母而感到不适。他走到岔路口，向旁人简单询问一番，很快便得到了一条通往寝室的路径。很快就要见到自己的新同学了，他心中满怀着期待。走到寝室，他轻轻推开寝室门，屋里明亮的灯光也让他疲惫的精神稍稍一振，走入屋内就有一个热情的阿姨向他打招呼，他轻轻点头，面带微笑，回应了一句“阿姨你好”。在这之后，阿姨就饶有兴致地和他谈了起来。这个阿姨对独自一人来报到的他很是好奇，最后还连连夸赞了他。他有点不知如何回应了，不过这次他不想通过保持沉默来回应，于是心中细细思量，回了阿姨的褒奖。之后，面对以后的室友，他还是不知该如何主动搭讪，终于再次选择了沉默，转而忙着备齐他的生活用品。以往每次，这些东西父母都会事先为他准备好。但是，现在他得靠自己准备了。走入商店，他打量着这些摆放整齐的商品，竟有些发愣。他心中琢磨着那一件件商品的价格和他们的优劣，可找不到丝毫头绪。但不管怎样，各类必需用品他都有模有样地将它们挑齐全了。那一天他过得很忙碌，倒在床上后，很快就睡着了。第二天，在办理入学手续的过程中，他又遇到了许多自己的新同学，可是他依旧未准备好，忙完之后仍是独自一人穿行在校园中。这一次的开端依旧让他意识到自己与别人的沟通交流能力仍然不够，仍有空白需要他慢慢填充。

学习，大学的主旋律

高中时，郭佳龙就曾多次幻想自己的大学生活。现在，他知道了答案。刚入学，大大小小的会议接连不断，而学习的重要性就在此过程中渐渐突显，几乎每一次的会议都要否定“到了大学就能放松”的观点。他仿佛又回到了高中，只不过大学开设的课程相比高中更加丰富灵活，初学时，难免会觉得手足无措。尽管如此，在反复接触的过程中他还是轻松地找到了窍门。大学的学习生活相比之下还是不如高中紧迫，留给他自由支配的时间显然占了多数。而到了大学，他的想法也发生了一个大转变。既然是大学，那学习的天地就应更加广阔。在大学课程的学习上，他争取在课堂上掌握好每一个知识点，再利用完成作业了解自己的学习情况，同时，巩固自己的所学。在确保学习时间足够的基础下，每周的自习时间中，除去完成作业所需的那一部分，他总喜欢游走在图书馆，寻觅自己感兴趣的图书，渴望在这浩瀚的书海中，自己能隐隐约约找到一个方向。可是四处寻觅，自己仍在原点。这样的矛盾一直持续着。然而不久，他便迎来了大学的第一次考试，考试时并未觉有何阻碍，可结果却不尽如人意。当他得知成绩时，他正和另一个同学一起自习。这一个月，他俩时常在一起，理所当然，这个同学成了他在大学交的第一个朋友。好朋友向他笑道：“咱俩真有缘，名次都靠在了一起。”听过之后，他默默无语，只是示意性地点了点头，但他却独自思考了良久。他心中从不缺少骄傲，在高三的那一段紧张学习的时期，他也常常受到考试结果的打击，尽管如此，他还是选择再试一次。这一次也不例外，调整好心情，依旧执拗地按自己的想法走下去。等待的时间并不长，期中考试就向他招手了，结果也令他欣慰了不少。当然，学习如逆水行舟，不进则退。他反复告诫自己学习是一个漫长的过程，自己才刚刚起步，不能就此放慢脚步。

感悟生活

学习与生活总交织在一起，而生活的考验更加出其不意。国庆的来临也预示着一个小长假的到来。对于初来北京的人来说，这确是一个难得的观光机会。刚好，郭佳龙的高中同学也决定来北京游玩，这令他惊喜不已。他也趁着这个机会当一回策划者，有模有样地安排着这几天的行程。从接待到食宿，再到观光，一切都按照预期顺利进行。虽然这只是一份简单的策划，但毕竟是初次尝试，他很是满足，也让他了解到有许多事只要勇于去尝试就能办到。不过生活总是存在一些小插曲，这样的生活看起来才会更加饱满，富有意义。那天清晨，他和同学赶去天安门看升旗，才走出车门就被人拦住，那人趁着他们还在犯糊涂的过程中，热情地将国旗和毛主席头像塞在他们手中。他有点茫然，心想看升国旗还能收到小礼物？但很快这个想法就破碎了，“国旗和头像一共20元”，一个不相称且又冰冷的声音响起，果然不是免费的。不仅如此，“这是等下过安检要用的”，他接着补充道。面对这样的谎言，初来北京的他们犹豫了，不过很快就相信了这个热情的人的谎言。离开时，这个精明的商人还热情地为他们指路。当他们真正到了安检口时，也就自然明白自己买了一个教训。他无奈地接受了生活的授课方式，同时他也默默告诫自己下次一定要沉着冷静，善于思考，不能再被这种简陋的谎言所欺骗。

后来，生活又让他意识到自己另一方面的需求。他加入了一个微电影制作组，开始了他的微电影的前期准备工作。他分配到的一个任务就是准备微电影制作过程中所需的道具，于是他就有一个和同学一起外出租服装的任务。当时正值晚高峰，公交车在路上像蜗牛一样慢慢前移，而同学晕车，看着她难受的样子，自己却只能呆呆站在一旁，也不知如何去帮助到他人，这使他心中难受不已。他发觉自己原来在追求自我独立的过程中，也渴求能为他人提供帮助。不过，他还需更多的磨炼，才能完好地将自己的内心表达出来。而恰好那时，就要迎来元旦，新的一年又要开始了，他告诉自己新的一年要带来一个新的自己，将自己的无能为力逐个扫清。

再次启航

新的学期，新的气象。正如霍兰顿所说“天赐食于鸟，而不投食于巢”，既然渴望有一个新的面貌，那就需要自己辛勤耕作。在新的学期，他参加了学校的高工305实验室，刚开始一段时间，他对自己所接到的任务总觉难以下手，但又对那些实验室的成品充满好奇。因此，他造访实验室的次数愈加频繁。虽然刚学时，面对那些繁杂的知识，他会因急于求成、内心浮躁而难以接受，致使自己的进度缓慢；但只要稍稍给自我一点心理暗示，他就能静心学习，进而发现知识点间的相通之处。于是，他开始获得一些小的成就感，一些神秘感也渐渐在他心中褪去。除此之外，他希望自己能在社团的活动中有所收获，于是就挑选了一个合适的社团参加。在他的闲暇时间，他就去社团逛一逛，在和社团中人的相处中学习，增益自身。但这一切才刚刚开始。

他最近一直在读的书是《曾国藩家书》。书中名家写道：“元好问诗：‘鸳鸯绣取从头看，不把金针度与人。’”而曾氏恰恰把“金针”度与了子弟。因此，他仔细寻觅着书中的“金针”，而令他感触颇深的便是曾氏的有恒。曾氏并非天纵之才，而有恒却让他达常人之所不及。而他觉得他将要做的亦是有恒。既怀揣理想，就应持之以恒，出色地完成当下的事，不因日日重复而厌倦，乃至放弃。

重回原点，站得更高，亦看到更多。即便现有空缺，也需努力踏上更高的山巅。现在再次启航，定要比上次更优秀。

流砂小录书温情

——记何媛琦

何媛琦，女，高工1504班，学号41518102，共青团员。曾获人民三等奖学金、人民二等奖学金。座右铭：何以解忧，唯有学习。

转眼间大学的四分之一已经要过去，剩下的，也多，也少；但是留下的，绝对是一生的记忆。

高中到大学，就像越过沼泽地，艰苦，看不到边。那时大家像一个真的大家庭，即使有摩擦，也会被小心翼翼地解开，或者被大度地忘记，挥洒汗水。辛苦，但是真的有个目标在前方，我们不会，也无法走偏。于是我们来到了这里。

这里，大气，摩登，快节奏，暗中的比拼，一切心情不再能够像孩童般直白地表达。目标是纷繁杂乱的，要隐忍，要耐心，要长久计划，要有爆发力。她们来到了亚社会。一切都不再是曾经的样子，不那么简单了，回不去了。也没必要回去了。就是成长了。

初来异乡

八月二十八日，初来乍到，何媛琦和家人收到的便是学长学姐们的笑脸和热情的指路。超常发挥考到这里的她怀着一颗敬畏的心情参加了开学典礼，似乎一切都是需要仰望的，这里这么美好，这么高贵，这么热情温暖，她要如何来感谢并且融入这一切？这是人生第一次体会到作为一个单独个体的渺小和无助感，异地他乡，甚至没有一个认识的同学，没有一个可以依靠的人，时间要怎么才能过去？送行那短短三天的时间一下子就滑了过去，日历翻到了父母车票上回程的日子。真的要一个人了。躺在宿舍的硬板床上，她第一次如此感谢父亲教会她如何去用脑子而不是眼泪面对一件事。冷冷静静，好像也没有想象的那么难以忍受。以前的所有问题都是自己亲手全权解决的不是吗？好像父母从来都只是她生命中微笑着的见证者，这次，只不过是没有了见证人而已。人生嘛，最重要的是自己能够记得。

还没有从生活没人照料的不适感中缓过来，十二天的军训便接踵而至。以前她也经历过军训，但不同的是，曾经的孩子们在军训完后可以直冲回家，可以窝在沙发上，等着母亲嘲笑完“黑得像只猴子”后亲自端给她冰镇西瓜或者酸梅汤。那简直是挨过军训的明灯，苦难的曙光。但是，这一次，没有了。刚刚到达基地那一刻大家都是想念着家乡，深爱着母亲的。那次军训，是她第一次知道世界上还有不能每天洗澡的军训。第一天作为过渡，基地并没有安排过多的训练，演讲，宣誓，站站军姿，第一天就过去了。晚上就不好受了。不通风的房间，潮湿的走廊，不能碰的豆腐块状的被子，为了早起不赶时间而懒得脱下的厚重军装，汗水闷在裤管。辗转难眠。没有人哭，即使在这女生宿舍里，也听不到啜泣。因为所有的力气都用在了等待沉睡来临的五分钟里。虽然这样不适应，之后的几天她们过得还是开心的。帅气的教官总是偷偷挤出时间让她们休息，给她们讲故事，和隔壁的教官互动，对她们笑。实话实说，这么多年以来她并没有真正理解军训的意义，她所能接受到的信息，只有忍受力、服从、耐心。不过长大了以后，能够理解的又有了相互照顾和收集信息的能力。军训时的生活苦，但是有那么多的同龄人在身边，很多难处都会在聊天中过去，在不经意间的帮助中缓和。不一定是多么难得的生死相助，有可能只是分享一瓶水，最后一块饼干，深夜站岗时的八卦或者安慰。或许大家可能只是相互生命中的过客，或许军训结束后因为各种各样的原因大家都散了，但能有一段特殊时期中这样特殊的友情，也不失为一种幸福和幸运。至于收集信息，军训中基地组织了很多活动，有的有用，有的可能真的只是走一个过场，这其中需要的是清晰地分析与判断。但是在所有判断与选择的前面，是收集所有的信息。大学有很多机会，然而能够触摸到这些机会的人或许很少，即使它就在他们的旁边。她很幸运，能被导员在与他们班进行为数不多的几次交流中记住，在军训中被给予了一个能够赚取工时的机会。这种被机会砸中的状况是非常少见的。在很多时候与机遇即使只有一臂之隔，很多人也无法知道，最终只有时不我待的抱怨。收集信息，在大学中非常重要。可能在你身边的人知道很多事实，但不会有人主动去告诉你他知道什么，主动询问是方法之一。

军训结束，证明在他们在象牙塔里的快活日子也到头了。衣来伸手饭来张口的日子已经过去，穿衣、洒扫、游览、学习都要开始自己安排。没有人护着他们，关系要自己打，方向要自己定。军训就像一堵墙，到了这边，就给人猝不及防地下了通牒：这就是你们的生活了，就是这样，你自己选择的，就这样给我过下去。

重温种瓜得瓜

刚开学，以为大学是轻松的，面对主力学科，好像轻轻松松也能够学会，她就开始放任自我了。每天不知为什么，在并没有什么任务的时候也会感觉疲惫不堪，感觉自己的首要责任就是养好身体，过得舒适，于是开始每天都挤出任何能够挤出的时间睡觉，晚上的自习也因为是学院强制的规定而前去应付考勤。就算去了，也会不由自主地心不在焉，甚至常常睡过去。没有明确目标或者动力的生活似乎只有睡觉是最重要的事情。没有复习也没有预习。好像世界上除了混到一纸文凭她就再无他求。这是个严重的问题。所以，种瓜得瓜，种豆得豆，自己种下的恶果，无论如何都会有被挖出来的一天。期中考试如约而至。在半个学期中，天天都是感觉良好，甚至有点因为高中知识牢固还有点飘飘然的她，被一下打回土地里。土地里，才是真实。一门挂科，其他都打擦边球的倒数“好成绩”让她晕乎了好久，似乎回想起好久以前，那个刚刚上初中，整天只记得玩，导致成绩不好，最后拉着爸爸衣角哭泣的小孩子。这种感觉，就像是变回了懵懂无知的孩子，直接来到了大学，重新体会那种什么都不会的无助的感觉。更令她感到难受的，期中之后学院竟组织了一对一的帮扶。目的是好的，但真正从心里来说，这极大地打击了她的自信心，一下子在心里又完全否定了自己的能力。在那之后的一段时间，因为这种扭曲的心理状况她脱离了原有的自习小组，一个人面对自习室，面对不会的知识，在一种极度自卑又自责的状态下学习。每天，都是独自自习到很晚，走过暗淡的街道回到宿舍。看到舍友们开心说笑的表情，心里只有不知该何去何从的迷茫。在帮扶活动真正开始后，很幸运地，她发现负责帮助的同学是个非常认真的人。在其他的帮扶小组还远远没有真正开始辅导时他早就开始教授她学习的方法，考试的技巧。不得不说，江苏的学生们都是超级厉害的学生。令人开心的，最终结果没有让她失望。

什么是“能力”

因为胆儿小，基本每次自习时间除了必要的学习上的问题，她都不敢跟这个小老师讲话，也害怕自己过分在乎他人目光的紧张样子引起他的注意，每次的自习时间她都格外认真，似乎真的认识到除了学习，背水一战，也没有其他的事能够再分心去管理。怀着成绩不好的卑微心理，她从不主动讲话，然而他每次看到了什么有趣的新闻或者好听的歌都喜欢开心地同她分享。有了开头，慢慢地她也开始有勇气和他交谈，甚至能有勇气与同班的同学交谈了。感谢他，让她看到了同学的友好，似乎大家也没有那么凭成绩分三六九等，似乎都渴望交到朋友。原本开学时感觉并不起眼的男孩子，在几个月的交往中竟然以一种“有能力”的形象在她心中扎了根。大学里的评价体系，与之前所有经历过的曾经，都不一样了。在每天一点点的试探与交往中，大学第一次的期末也如期到来了。整个准备的过程中她都是焦躁的，因为自己的成绩，也因为帮扶效果的评定。这是她第一次如此在意自己的成绩是否对得起他人。从小父母的教导便是为自己学习，人生是自己的。但是这次，她的成绩之中包含了别人的努力，不是那种类似教师的责任，而只是同学之间友善的帮助，一个只是学院布置下来的任务，但他以十万分的认真完成了，即使不知道结果如何还是那么认真。大学并不是一个不在乎成绩的地方，只不过那不是唯一的评价标准。“有能力”可以是有组织能力，可以是拥有强大的执行能力，可以是能让所有人喜欢的个人魅力，也可以是教授、带领的能力。任何一项出色，都能让你被肯定，被接纳。

不一样的方向

一个学期结束了，学生们各自回家，一个月的假期其实短短的，也长长的。家人没看够，舒适的生活还没有享受够，然而又要回到学校，同学们都没有什么理由联系，一个假期过去，甚至连名字也快要不记得，一个月也足够忘掉太多东西。

再次回来，一遍遍地给自己提醒，不能再走上走过的弯路。新的一个月，继续了上一学期背水一战的学习态度，每天只有自习、上课、作业，有时也会迷惑这样到底是为什么，想保住期末的好排名，又觉得这样仍旧不能够完全符合对大学的认知。大学之大，在于广博。成绩重要，但又不唯一，有交际能力，也有对世界的了解与看法。她想改变，又仍旧在犹豫，在怀疑，感觉时间不够，为了完成基本的学习似乎就已经用完了所有时间，而其他的“广博”应该从何而来？第二个学期马上也要过去一半，何媛琦边走边思考，时间的分配，自己应该关注的方向，这是今年的最终目标。

时光匆匆照芳华

——记陈博雯

陈博雯，女，高工1504班，学号41518107。曾获人民奖学金三等奖、北科传感器校内赛三等奖；曾担任RoboMasters机器人队硬件队员；曾参加学校SRTP项目“锂电池电量监测”。座右铭：上善若水。

大一上的生活，在陈博雯还没有细细品味出它属于哪种滋味时，就这样突然结束了。当她怀着一颗好奇、激动、期待的心情走进大学，她的大学生活便从此开始。在这大半年时间中，有欢笑，有泪水，有失败，有收获。

军训——别有一番滋味在心头

很多人对大学的印象是从军训开始的，在军训过程中觉得很累很辛苦，但现在回头看看，那段时光却让她收获了很多。古人云“天将降大任于斯人也，必先苦其心志，劳其筋骨，饿其体肤”。经过这次军训，陈博雯的确深有体会这句名言的含义。每天都是规律而枯燥的生活，早上五点半就要起床出早操，晚上九点半才能结束一天的训练。而且住宿的条件也很艰苦，不过在这样的简朴环境中反而更容易得到纯粹的开心。她在军训中结交了很多不同专业的朋友，大家互相帮助，度过了这段痛并快乐的日子。她回忆军训时说，最震撼的就是在操场上看十一阅兵，虽然条件简陋，但是在军营里用超大的显示屏看阅兵真的非常有氛围，大家在一起真切地感受到国家的强盛，当时很多人都激动落泪了。通过军训的锻炼，她觉得身体更灵活矫健了一些，这让她感到很开心。军训不但培养吃苦耐劳的精神，而且能磨炼坚强意志。铁的纪律能很好地磨砺一个人的意志和秉性，也为同学们今后的大学生活奠定了基础。

初识北科，迷茫无措

她在进入大学后遇到的第一个障碍是关于学习的，大学的学习方式对每个大一新生来说都算是一个不小的考验吧，同学们要从高中那种有人安排、有人监督的学习方式转变成没人督促、没人约束的自主学习方式，这让每个刚步入大学的人都有些措手不及，她也不例外。但她明白，大一是高中到大学的过渡期，面临着新的教学方式，新的学习方法，一切都不再那么循规蹈矩了，她自己也会觉得迷茫，好像一切都无法计划，随意的学习，随意的生活，在浑然不觉中挥霍了大把的时间，生活也渐渐失去了重心，面对这种巨大的转变她感到茫然无措和焦虑不安。然而随着时间的推移，她慢慢地适应了周围的环境，逐渐开始在学习中找到规律，那些迷茫也随之烟消云散。加之各种各样学校举办的活动，生活也从乏味中充实起来，也让她一点点地成熟起来，懂得理智地对待身边的人和事。毕竟，有些事只能一个人做，有些路只能一个人走。这种独立自主的转变是每个人成长中不可避免要经历的过程。

而在生活中，每个人自踏入大学大门的那一刻起，就注定了要为之改变。因为这个陌生的环境需要一个更坚强更成熟的你来面对。从那一天开始，陈博雯也进入了一个完全独立的生活，没了父母的唠叨，没了老师的叮嘱，凡事都要由自己来做出决定。然而这份自由带给她的不只是轻松，更多的是迷茫与烦恼。陌生的人、陌生的事、陌生的环境，一切都是陌生的。面对丰富多彩，甚至纷乱繁杂的校园生活，她无从选择。每个人的人生之路都不尽相同，但每个人都必须为自己做出的选择负起责任。在大学里，没有人告诉她应该做什么，该怎么做，只有自己在生活中逐渐适应，不断地去摸索，去寻找自己要走的路。这就是大一的生活，一段让她成长的生活。

集体的小船，劈波斩浪

回头仔细想想，在这半年多时间里陈博雯也已经经历了许多，从遇到的各种事中学到了许多知识与经验，也交到了许多好朋友，和他们一起相互帮助，共同进步。班上的同学也很团结友爱，学习成绩好的同学会主动向学习有困难的同学伸出援助之手，带着他们一起上自习，督促他们认真完成作业，同时也能巩固自己对知识的理解记忆，这种互帮互助的行为增强了班级的凝聚力。

班里也时常举行一些活动来拉近大家的距离，比如刚开学时的班级聚餐，相互推荐好书的墨香传递活动，班级篮球赛会让大家一起去参赛和加油，前几个星期还一起去爬长城，领略祖国的大好河山，在爬长城过程中有些体力差的同学，大家会主动放慢脚步等他们，相互加油鼓劲，让他们感受到班级的温暖。接下来的五一劳动节，班里还打算组织大家一起去十渡游玩，组织委员和文体委员精心准备的策划方案，让她也不由得对这次活动期待起来。著名的教育家苏霍姆林斯基说过："集体是教育的工具。"确实，一个优良的班集体积极进取，全面发展，必将对班级里每一个学生的个体发展起着巨大的潜移默化的教育作用和激励作用。她为能够在这样一个优秀的集体中学习和成长感到非常开心。

从容与充实的 present continuous tense

谈到现在的生活，陈博雯觉得比较满意："每天都很充实，既有一定的学习任务，同时也能参加一些课外活动来锻炼自己，基本没有什么空闲的时间来浪费。"这学期她参加了航模比赛和机器人协会来锻炼自己的动手能力，也积极参加班级组织的文艺表演活动，希望能为班级增光添彩。但是课外活动的增加同时也意味着对她安排协调时间能力的挑战。不过她对自己的能力还是有信心的。

说到社团，在加入社团的时候还有个小插曲，她本来报了三个社团，一个手绘社，一个思创科技中心，还有一个机器人协会，本来觉得最容易进的前两个社团最后都拒绝了她，最后觉得最难进的机器人协会反而成功加入，这或许是因为她觉得简单就掉以轻心，不仔细准备面试，所以才被拒绝了吧。这也在警示她，不要认为它简单就不放在心上，看起来简单的事情实际做起来可能也并不容易。

已经过去的一年，是不断充实自己、不断探索的一年，这一年里她的能力方面有所提升，眼界有所拓展，思想有所升华，同时，缺点也逐渐凸显。学习方面还不够刻苦，不论是从日常表现还是最终的成绩上都可以体现出还有所欠缺；社会交际能力仍然需要提升，以助于以后的工作生活；在身体锻炼方面还需要加强，良好的体魄也是一个人持续发展的关键。

面对未来，任重道远

新的学期，新的开始，带来了新的挑战，也孕育着新的希望与憧憬，每一个人都应站在新的起点上认真审视自己，做好迎接挑战的准备。

回顾大一上学期因为迷茫而浪费了很多学习时间的陈博雯，更坚定了她要努力学习的决心。大一下学期开始有了各种各样的课外活动，虽然她也参加了一些，但是学习也绝不能落下，这就在考验着她去协调好自己的时间，才能够兼顾社团和学习任务。学习是大学中最重要的一部分，所以绝不能捡了芝麻丢了西瓜。

在报社团的过程中，她也通过分析同学们对社团的态度学到了一些东西。有些同学喜欢社团活动，报了四五个社团，决心在社团中学习各种各样的技能来磨炼自己，而有些同学一个也没去报，只打算专心学习。人各有志，大家努力的方向也不一样。在她看来，大学里学习毫无疑问是很重要的一部分，但如果整个大学四年只是学习，感觉又太枯燥单薄了一些。

她认为学会规划自己的未来也是一件很重要的事，古人云，凡事预则立，不预则废。当你有了目标，你就有了努力的方向，而不会觉得每天无所事事，毫无干劲而把时间浪费在了睡觉、游戏等没什么意义的事情上。当你察觉自己只是在浪费自己的人生而感到后悔的时候，也已经于事无补了。

有了规划之后，虽然现在的她也依然对自己的未来感到迷茫，但她已不再像刚入学时那样焦躁慌乱，她开始能够一小步一小步地朝着自己设定好的短期目标去努力，有朋友的陪伴，她在前行路上也并不感到孤独。

抛开现有的成绩，低头反思一下，她也觉得自己还有很多地方是做得不够的。

第一，不按时作息。这个问题在她的宿舍还挺常见的。如果第二天早上没有第一节课，晚上经常都是一两点才睡觉，然后第二天整个人都浑浑噩噩的，非常影响学习。所以她决定有意识地去调整自己的生物钟，坚持早睡早起，这样才不会“心有余而力不足”而影响第二天的学习效率。

第二，将时间过多地花在了手机和杂事上。总是抵挡不住玩手机的诱惑，每天都会花几个小时在手机上，学习的时间就变少了，而且一开始玩手机就停不下来，总是要玩半个多小时之后才想起来还要学习。她认为解决这个问题的关键在于要学会控制自己，增强自己的自制力，合理安排学习与娱乐的时间，做到学习与娱乐两不误。她还说要是实在忍不住，以后上自习就不带手机了。

第三，不太能够控制住自己的情绪。她觉得自己的情绪起伏比较大，忽高忽低，有时候也能沉得住气让自己静下心去学习，有时候感觉很浮躁。所以今后也应该学会调节自己的情绪。但也不要给自己太大的压力，努力平复好自己的心情。内心平静，大脑才能理智清醒，很多事情过去就过去了，不必太过在意，放宽心，才能有一个好心态。学会给自己减减压，觉得太压抑的时候可以去操场上跑两圈冷静一下。

第四，人际交往能力还不足。她感觉自己和一些性格不是很合得来的同学交流起来比较困难，以后需要多锻炼一下，毕竟以后可能会遇到形形色色的人，要和他们打交道，提前锻炼一下也有好处。当然，她也希望能在社团和其他活动中找到更多志同道合的朋友，能够相互帮助，共同进步。

总结回顾昨天，她百感交集，面对今天，她信心百倍，展望明天，她任重道远。希望她的大一下学期会是一个充实而有收获的学期。恰同学少年，风华正茂，书生意气，挥斥方遒。希望同学们不要辜负这青春年华，脚踏实地地朝着理想去奋斗吧。

理想篇

仰望星空，脚踏实地

一个强大的内心世界
往往比优越的条件更能助你成功

躬行实践，助推钢铁强国梦

——记胡绍岩

胡绍岩，男，冶金E091班，学号40921212，中共党员。曾获北京科技大学特种奖学金、两次校级“优秀三好学生”、北京市“优秀毕业生”；曾参加北京科技大学第十二届“摇篮杯”大学生课外学术科技作品竞赛；曾担任班长、学院本科2012级学长联系人。

在大学入学之前，胡绍岩还不知道北京科技大学有着怎样的光辉历史，更不晓得冶金工程是怎样的一门学科，只知道北京科技大学的冶金工程专业排名全国第一。带着一份自豪感，他步入了北京科技大学这样一所有着浓厚钢铁背景的高等学府，从此“学风严谨，崇尚实践”的校训也深深地镌刻在他的心中。对于这名山东考生来说，大学并不意味着“安逸生活”的到来，大学不过是从一个奋斗阶段进入了另外一个奋斗阶段，只是这一个阶段会更加缤纷多彩，也更富挑战性。

初识实践，踌躇满志

进入大学之后，胡绍岩在努力学习基础知识的同时，开始尝试通过学长、网络、书籍等手段来了解冶金工程学科，但是得到的大多是负面的消息，但他还抱有希望，并期待着能够有机会到生产现场一探究竟。大一的暑期社会实践给了胡绍岩一次出去看看的机会，他找到了一个与冶金还有些相关的团队——包头稀土资源调查实践团。在出发之前胡绍岩特意了解了一下稀土行业，当时适逢国家对稀土行业进行产业整合之际，在此之前稀土行业产业集中度低，大量稀土资源被胡乱开采，并以极低的价格出售到国外，而稀土资源作为一种战略资源，对我国的科技发展有着重要作用。胡绍岩随队参观走访了多家稀土冶炼企业，并到访了白云鄂博矿山，在展馆中目睹了白云鄂博从矿山变为矿坑的过程，瞬间想到了愚公移山的故事，深感震惊。参观学习过程中，他悉心听取现场工作人员的介绍，主动询问工艺路线及参数，积极与现场人员交流。近两周的暑期实践过程中，他不仅结交到很多来自不同省份、不同城市、不同学院的新朋友，首次接触大型工业生产现场及大型矿山，看到了很多书本上看不到的东西，也从中学到了很多以前书本上根本学不到的东西。这次的社会实践让他首次感受到实习实践的价值，也勾起了他对实习实践的浓厚兴趣。回到学校之后，他和实践团队的成员们一起细致归纳、整理实践资料，深入剖析、探究实践中遇到的技术问题和管理问题，编写实习报告，认真准备答辩材料，最终他所在的实践团队荣获北京科技大学学生暑期社会实践铜奖团队；队员们还对实习成果进行转化，并以此参加了第十二届“摇篮杯”大学生课外学术科技作品竞赛，荣获三等奖。

躬行实践，磨砺真知

2011 年，胡绍岩被“卓越工程师培养计划”所倡导的理念深深吸引，成为钢铁行业的卓越工程师正是他梦寐以求的事情，所以他十分积极主动地报名参加了选拔，并有幸加入了高等工程师学院，对于接下来几年在高等工程师学院的崭新生活充满期待！当时高等工程师学院刚刚成立，很多人会说他们就是小白鼠，是实验品，但是那又怎么样呢，探索新事物的过程才是最能让人成长的过程，固守成规、原地踏步的生活虽然安逸，可是未免有些平淡。高等工程师学院最吸引他的正是对于工程型人才的培养模式，“校内导师+企业导师”的双师模式，丰富多彩的实习实践机会给予他们广阔的平台来锻炼自己。

进入高等工程师学院之后，大二暑期的认识实习成为了胡绍岩与钢铁企业的第一次近距离接触，在两周的时间内，相继参观了首钢迁钢、天津轧一、首秦、首钢京唐、天津大无缝等大型钢铁联合企业，首次见识了气势恢宏的钢铁生产过程，了解了采矿、炼铁、炼钢、轧钢的一整套钢铁生产流程。这是一次难得的实习机会，正如当时老师所说的，很多人可能一辈子都没有见过这么多不同大小的高炉、转炉等。实习过程中，看到了杂乱无章的民营企业小高炉，也看到了曹妃甸整洁有序的 $5500m^3$ 大高炉。看到这些大家伙之后，震惊之余还有问不完的问题，好奇心让他无心顾及钢厂环境的脏乱差。当时尚未学习专业课程，因此对于炉内反应几乎是一点也不懂，听老师讲解也只是一知半解，但是这些各种各样的炉子以及复杂的生产流程已经被记在了脑海之中，为之后的专业课程学习打下了实践基础。

回到学校之后，大三学年开始学习专业课，胡绍岩结合认识实习期间的所见所闻，学起专业课来要轻松一些。大三学年结束，大脑已经有了一定的理论武装，生产实习给胡绍岩一次理论结合实践的机会。作为济钢实习队的总队长，他前期随同院领导奔赴济钢洽谈实习事宜，为大家安排饮食、住宿等日常生活问题。实习刚开始时，虽然碰到了一些细节问题，但是在院领导和老师的帮助下实习还是逐渐走上了正轨。一切按照企业员工上班的标准执行，早上八点集合进厂，午餐在厂内食堂自行解决，下午四点半集合出厂，一周一轮岗。作为冶金专业的学生，大家在高炉、转炉、精炼、连铸四个车间各实习了一周，几乎涵盖了冶金学科所涉及的所有工序。通过实习，胡绍岩也找到了自己感兴趣的研究方向，直接影响到了后来研究生导师的选择。

大四上学期的工程设计实践更是让胡绍岩兴奋不已，能够有机会到中冶京诚工程技术有限公司这样的顶尖冶金设计公司实习对他来说是一种荣幸。尽管说每天早上不到六点就要起床，然后坐两个小时公交地铁才能勉强在 8 点前到达中冶京诚，但是身体上的疲惫掩盖不了心里面的喜悦。中冶京诚的老师们给每个实习生制定了一个设计题目，其中胡绍岩的任务是设计一个年产 360 万吨的转炉车间。刚接手这个题目的时候，可以说是一筹莫展，不知从何下手，又不好意思直接问中冶京诚的师傅们，因为师傅们都比较忙，只好自己买本《炼钢厂设计原理》从头开始学习。简要地看了几遍书之后，再结合在办公室的所见所闻，设计工作也开始稳步推进，过程中遇到很多问题，一方面向中冶京诚的师傅们请教，另一方面自己回学校图书馆查阅各类参考书籍，结合之前认识实习和生产实习的经历，在设计过程中加入了一些新的理念，最终基本完成了设计任务，得到了企业导师的认可。

学以致用，投身科研

实习结束之后，适逢实验室需要设计一座小转炉，又让胡绍岩得到了一个很好的锻炼机会。在中冶京诚实习期间，他设计的是 3 座 100 吨的转炉，而当时实验室要做的仅仅是一个500千克的小型实验转炉，但是麻雀虽小、五脏俱全，包含了炉型、氧枪系统、底吹系统、加料系统、除尘系统等等，每一个模块的设计都有各自的规范，每一个设计参数都需要经过严格的理论计算才能保证系统的正常运行。恰逢刚刚完成在中冶京诚的实习实践，胡绍岩便主动申请加入了这个项目，运用他在中冶京诚所学的知识为实验室的师兄提供了一些力所能及的帮助，通过和师兄们的交流，他自己也学到了很多转炉工艺和装备方面的知识。小型实验转炉设计完成后，接下来面临的一个问题便是设备布置的问题，该问题涉及多个系统的协调配合；经过在中冶京诚的学习，他发现设备的布置规划十分关键，布置合理的话可以有效提高系统的运转效率，降低系统运行成本，减少事故发生几率。对于该问题也进行了多次的深入讨论，并最终确定了一套适宜的设备布置方案。

攻读硕士学位期间，结合前期实习实践的经历和体会，胡绍岩选择了与现场结合比较紧密的研究方向。选定了该研究方向之后，结合实验室正在开展的课题和项目，他多次主动提出去现场交流，带着实验室做出的研究成果到钢铁企业，与现场工程技术人员和操作人员进行深入的沟通和探讨，在向工人们传授理论知识的同时，他也从中获得了大量的现场操作经验，然后再将现场操作制度、现场存在的问题与所掌握的理论知识结合起来进行分析研究，以理论指导实践，以实践验证理论，理论与实践相结合，学以致用，发挥高校所做理论研究和实验室研究的工程价值，为钢铁企业创造经济效益和产品附加值，促进自身和钢铁企业的共同发展与进步。攻读硕士期间，在南京钢铁、文丰钢铁、首钢京唐等钢铁企业都留下了胡绍岩的足迹，在南京钢铁和首钢京唐做课题期间，为了获取实时、准确的现场数据，他们与现场工人师傅一起倒班工作，在现场进行组织协调、设备调试、数据采集、方案优化等等一系列工作。在严寒的冬天，他们经常在炼钢车间的风口位置连续工作几小时，被凛冽的寒风吹得瑟瑟发抖；在酷热的夏天，他们也会出现在转炉炼钢的炉口前方，被高温烘烤着。读研的两年半里，吃的苦甚至比他前面二十几年吃的苦都多，这两年半做过的很多事、干过的很多活都是很脏、很累、很苦的，但是正如导师所讲的："人这一辈子总是要吃苦的，只是早晚的事，而你经历的苦难越多，就会变得越强大。"怀揣着对钢铁冶金的一份傻乎乎的热情，胡绍岩又选择了读博士，同一位导师，同一个研究方向，意味着同样苦难的科研道路。既然选择了远方，便只顾风雨兼程，既然已经走上了这条路，哪怕再苦也要笑着走下去。

这几年一路走来，胡绍岩对于高工充满了感激之情，高工让他认识了一帮热情饱满的新朋友，结识了多位认真负责的教授和辅导员老师，同时也让他积攒了很多宝贵的工程经验，更重要的是让他学会了坚持，虽然坚持并不一定会成功，但是他既然选择了这条路，就不会轻易放弃。也许是因为高工浓厚的钢铁氛围，胡绍岩对钢铁行业有了一些难以割舍的情愫，但愿能为中国从钢铁大国迈向钢铁强国做出一份力所能及的贡献。

虽然作为学院第一届毕业生，但是严格意义上来讲，胡绍岩还没有毕业，尚未真正走上社会，毕竟博士生涯仍很漫长，因此对学弟学妹的嘱托恐怕也就比较苍白无力。不过，仅以他的个人体会来讲，他希望大家能利用大学时光更多地去尝试一些新事物，找到自己的兴趣所在，然后在这个领域坚持发展下去。此外，读书的过程并不只是学习书本上的知识，更应该注意个人综合能力的锻炼和素质的提高，利用大学时光学会学习、学会交流、学会做事、学会做人，这些能力会让大家受益终生。

追求卓越，心怀梦想

——记吴礼文

吴礼文，男，材料 E091 班，学号 40930262，中共党员。曾获人民特等奖学金、国家奖学金、北京市“优秀毕业生”、校级“优秀学生干部”；曾担任学院“卓越传媒”主任；曾参加第十二届“北京科大科技园杯”学生创业竞赛。

吴礼文说，自己一直是一个不安分的人，也是一个保守的人，所以和大家一样，有过很多迷茫与问题，做过很多抉择，有过很多想法，也有过一些感悟，希望能帮到大家。

2009 年大学本科，2013 年研究生，2016 年工作，时间跨度不到 6 年。也是大家将来要走的一段历程，一个阶段，一种生活，一段成长，所以也是有借鉴意义的。

他也曾一无所知，也曾各种不会，也曾思考人生未果，也曾迷茫，但是凭借自己那份任性的努力与学习，现在终于离梦想又近了一点。

忆大学之事

有人问吴礼文当初为什么会选择高工，是因为保研比例高吗？他回答不是，带着那样坚定的眼神。他当时就是想换一种新的环境，去做一些新的事情，接受一些挑战。当时大二，大学转眼一年多时间已逝去，而他感觉生活很平常，没什么成长，所以选择高工去闯一闯。去了才发现，高工的老师都会用心地去探索模式、开展学生工作，高工实习和锻炼的机会多一点，保研比例高就不说了。大家在这里可以学习锻炼很多，会遇到很多优秀的同学，成长收获很多。

卓越传媒，始终是吴礼文在高工的一段愉快的经历。当时，和其他几位 09 级同学共同创办卓越传媒，从组织职责、架构、分工，到 logo 设计、办公室设计、人员的招新等，都亲力亲为。经常一起工作到很晚，一起举办活动，一起去经历一些事，那种感觉给他的印象很棒，拍照、写新闻稿、拍视频、设计海报展板宣传册、拍微电影、举办活动等。他解释说："有些事情不是一开始就会，但是形势之下推着你去做，一边努力学习去怎么做，怎么去做得更好，一边去实践，依托于学院的任务和活动。所以他们是在边学习边实践中会的，而且学得很快，然后做的东西也都用上，呈现在同学们面前，也有一些荣誉感，时间长了就会很熟练并且有经验。"

那个时候他们都能独当一面，大家能力都很强，每个人都会好几样。在那里付出了大部分的时间和努力，那里有很多的故事和回忆，后来他们把这部分的经历和故事拍了部微电影《兄弟》。这段时间，他学到很多，也成长很多，学习去权衡学习和学生工作，学习工作技能和宣传技巧，学习去运营管理一个组织部门，学习为人处世和做事情的方法等。

还有一个集体吴礼文永远不会忘的就是工程师 094 班，这个班级他非常喜欢，也很荣幸成为班级的一员。他可以很积极，也可以很低调，但是当一个群体都很积极向上的时候，他也会选择积极表现。虽然不是班委，但也参与班级标志系统的设计、班级申优的 PPT 等宣传制作。工程师 094 班的每个同学都很优秀，个人能力强，学习成绩好。不仅拿到学校优秀班集体，也拿到北京市"我的班级我的家"第二名。

班级平时组织的活动也很多，志愿活动、聚餐、旅游等，班级每个同学都积极参加，很好地融入进去，关系融洽，凝聚力强。每一个人的行为举措都会影响班级的建设和氛围，一个好的班级氛围会感染每一个人，大家共同进步，相互学习，一起优秀。所以，他建议一开始大家要积极参加班级活动，活跃班级氛围，这很重要，如果一开始班级氛围没做好，以后做起来就很难了。

说大学之道

在高工，吴礼文变得积极乐观很多，也成长很多。认识到这么多认真负责的老师，还有很多优秀的同学，他感到很荣幸。在这里学习，在这里生活，在这里成长，在这里收获。他对大家有很多想说的，也是自己亲身经历的一些总结。

关于学习，这是大学始终离不开的话题。他刚进大学时，还以为学习和高中时一样重要，当时还兴致勃勃地买教辅用书等。后来才发现，在大学，学习不是高中那样是你的全部，而是你的一部分。如果你在大学把课程学习看成你的全部，那你毕业后和高中没什么区别，只是增加专业知识而已。所以，不要把学习看成全部，把时间也配置到参加活动、学生工作、实习实践等上面。课程学习不是最重要的，但也是很重要的。

大学的知识会更专业，但是特别是专业课，着重于理解。就像材料学科天书《材料科学基础》，虽然很难，但是理解起来还是很好学的。大学的考试考的都是书上的基本概念和知识，平时理解学习，考试前再突击一下，是没有问题的。中国的高等教育是“严进宽出”，考试不难，所以你不挂科也还是很容易的，只要你花点时间。如果要拿高分，就得在理解的基础上多做些题目，包括平时作业、课后习题，以及往年考试题。

总是感觉时间不够用，看来是你的时间撑不起你大大的梦想。时间对于每个人都是公平的，不多不少。时间可以看成一种资源，当资源不够用的时候，就会涉及管理与配置的问题。

在吴礼文大三下学期的时候，当时卓越传媒才成立不久，很多事情需要他亲自去做，特别是那会儿还有繁重的专业课，那是他感到时间最不够用的时候。当时白天满满的课，晚上还负责传媒的海报展板活动等，经常都是晚上12点左右回到宿舍，还不忘记做一会儿明天的作业。他那时几乎把时间安排得很紧，确保学习和活动都不落下。最后，那学期的成绩还是最好的。

所以他想说的是，时间是可以管理和权衡的。你可以合理配置时间和增加一些时间总量来解决时间不够用的问题。忙的时候就别打游戏，别看视频和电影等，减少当前不必要时间的分配，将时间用来做重要的事情。还不够用，只能熬夜来补充时间。你还可以采取拆补策略，事情不急可以往后推，学习不重要可以先搁置，后来再补上。实在不够用，说明你做的事情太多，还是取舍吧。

充分利用周围的资源。吴礼文在上海工作有一段时间，工作地点离市区很远。与北四环宇宙中心边上的北科大相比，可以运用的机会和资源少很多。也就是说获取机会和资源的成本增加。北科大的图书馆、周边的高校资源、各种大企业的实习兼职，还有中关村创业大街、各种讲座文艺活动等，都是你很容易获得的，所以要珍惜。

多读书总是有益处的。走进社会，才会发现，平时学的理论、专业知识用的不是太多，你发现你缺乏的是其他知识，比如励志、社会人生、理财、管理、创业、互联网等各类知识，是需要你自己看书学习的。多看书，能提高自己思想的高度，能理解社会中各种存在，而且有时候能看得更远。

关于找工作，其实大部分人工作和专业学的没太大关系，可能你读研究生并不是为了以后要做科研，有时候就是想找到一份更好的工作，符合一些企业的准入门槛等。但是如果专业对口的话，你会更有竞争优势。如果你学到的在你以后的生活中都能用到，这是一种怎样的幸福感与回报感，也就是说你付出的都产生作用并且得到回报，可是这只能是一种理想的状态。所以学历重要，专业也很重要，当然了，这只针对找工作，找非专业的工作或者创业那就另说。

吴礼文找的都是非专业相关的工作，当时专业相关的只投递一些车企，但都没有回应。他想做的和专业悬殊很大，现在找工作竞争激烈，企业那么多专业的不要，要你一个非专业的，除非你的经历相关和能力很强。经历相关就是一些实习经验和参加活动，所以有时间找些实习很重要。能力优秀是指综合能力，平时注意培养和提高，这些对于找专业不相关的工作就显得尤为重要。

第一份工作要找好，不要怕麻烦，至少方向选对，以后不行的话还可以跳槽。如果第一份工作感觉不适合，而且已经失去应届毕业生身份，你再找工作就属于社会招聘，社会招聘就得看工作经验，也就是说能选择的工作范围和上份工作相近，此时再考虑转行业或方向不是很容易，所以毕业后选择行业方向很重要。

谈人生之悟

谁的人生不迷茫。对，每个人都会迷茫，这是大学阶段必须要走的坎。迷茫说明你正在向前看，在思考未来。你整天低头看和满足于自己的世界里，当然都是熟悉的、清楚的。大学阶段，世界大了，方向多了，你有选择了，就会有迷茫，就像去大型超市面对商品琳琅满目时难以抉择一样的感觉。

曾经喝过的有一种鸡汤是：当你迷茫不知道怎么办的时候，就是安分地做好当下该做的事情。但后来吴礼文发现，这种处理问题的方法解决不了问题的。这样只会拖延解决问题的时间，而迷茫在你之后的生活中还会经常出现。

需要认清迷茫的实质，迷茫在他的理解就是一种对外界和自身的无知下导致的一种状态。对外界的无知，就会没有方向感，感觉各行各业差不多，就像面前的这摊浑水，浑浊使你看不清里面的结构层次和重点。没差别、没重点、没层次就看不到方向，而进入迷茫状态。对自己的认知，要知道自己对什么感兴趣，想做什么，有什么优势，有什么样的梦想与动力等，这些都是自己要思考的。只有知道自己想要什么，才会依据外界的环境来作出适合自己的抉择，就像去超市，都不知道想买什么，肯定会转来转去，最后一无所获地出来了。

所以，遇到迷茫时，吴礼文的建议是先认知自己，再带着清楚的自己去看清这个迷茫的世界，找准方向。确定好自己想做什么，目标是什么，怎么去做。当然这其中你要看很多的书，走很多的路，探索很多的未知。

每当你有一种新的身份时，你就有一份责任。譬如你上大学就拥有本科生的身份，你参加社团就拥有干事的身份，你当选班委就有学生干部身份。不同的身份需要承担不同的责任，承担你该承担的，把该做的都做到，而且要做好。

以前提倡“做一行，爱一行”，但是吴礼文并不赞同。其实以前都是国家分配工作的，有些人没有选择的机会，所以这也许是一种比较好的提高人生幸福度的方法。但现在的状况不同，现在每个人都有选择自己工作的机会，传统行业已经饱和，是一个靠创新驱动的时刻，所以这种工作理念显得有些不合时宜。兴趣和热爱是创新的一个重要前提，也是动力。要想走得远，要想取得成就，还是要“爱一行，干一行”。不论选择读研究生，还是选择工作，都要考虑自己的兴趣爱好。

学会抉择与舍弃。学习材料专业这么多年，吴礼文最终舍弃，这需要很大的勇气。其实，做每一个决定都需要舍弃一些东西。舍弃这么多年学习的专业知识，舍弃北科优势专业，舍弃专业实践和行业认知，找非专业的工作他完全没有什么优势。这需要很大的勇气与决断，你可能又会陷入迷茫。但他就不一样，他一直知道自己想做什么，有自己的梦想。他还知道自己并不喜欢科研，虽然做得也挺好，他的热情与兴趣不在这里。即使做了此类工作，估计也就一辈子那样没什么大发展，而且这样的人生并不是他想要的。基于对自己的认识和对未来的考虑，所以他那时做决定时并没有迷茫。舍弃后，要做的就是证明舍弃是正确的，是有价值的，然后一直坚持着努力。

如果不知道自己喜欢什么，想做什么，那就多尝试，总有你喜欢的；如果你知道自己想做什么，那就一直坚持下去做好了。不管做什么，摆脱固有的偏执与高雅，要勇于尝试。

还现实之貌

时间如白驹过隙，任思绪万千，最后还是要回到现实中来。采访结束时吴礼文说："道理都懂，但是现在做的并不是自己最想做的，也就是说自己被现实绑架限制。是自己没有能力还是不够勇敢？可能都有，但是一直在努力，一直在准备，一直在向自己的梦想靠近，万一实现了呢。希望学弟学妹们能珍惜学校的生活和学生的身份，学习好，能力强，生活丰富多彩，有一个充实的大学生活！"

幽默中饱含坚定与乐观，还有那份诚意的祝福！

坚韧自强，助梦想起航

——记杨振伟

杨振伟，男，资源 E09 班，学号 40911051，中共党员。曾获人民二等奖学金、国家励志奖学金、研究生国家奖学金、北京市“三好学生”、校级“优秀三好学生”、校级“三好学生”、学院“院长奖章”；曾担任学院第一届学生会主席。

苦难是一种财富

杨振伟来自河北的一个小乡村，但他从小就有一种不服输的精神。2009 年 9 月，杨振伟怀着激动的心情，来到北京科技大学，开始他崭新的大学生活。刚上大学的时候，杨振伟家里三个姐弟都在读书，家庭经济压力很大，然而这没有成为他的负担，反而促使他学着独立自强。在四年的大学生活中，除了大一入学时父母提供的 3000 元生活费，他一直凭借个人奖学金和兼职实习等来承担学习、生活费用。他现在使用的手机和电脑虽然不是高端产品，但都是用自己劳动收入购买的。工作实习的机会使他有能力去独立生活，并且为自己积累工作经验。

杨振伟曾经说：“我们都无法选择自己的出身，但是我们可以选择自己生活的方式。我四年坚持不懈的奋斗、百折不挠的精神都是在艰苦的生活环境中养成的。我觉得苦难也是一笔财富，它可以让我们变得坚定、勇敢。一个强大的内心世界往往比优越的条件更能助你成功。”

博学的本科

在本科四年的学习生活中，杨振伟表现比较活跃，不仅努力学习，还积极参加各种活动，锻炼自己，增长了各方面的本领。

“我大学四年做的最骄傲的一件事情就是来到了高等工程师学院，加入了高工的学生会，并担任高等工程师学院的第一届学生会主席。至今，我对高工、对学生会的感情都非常深。北科的学生工作给我最大的收获，就是经常听到的那四个字‘出力长力’。也就是说付出的越多，收获也就越多。不同的人可以通过学生工作得到不同的收获。付出的越多，得到的锻炼机会就会越多，能力的增长也会越快，所以，收获与付出是成正比的。在以后工作中，谨记这四个字，用心投入，才能得到想要的回报。”

杨振伟于 2012 年 5 月加入第三届“励志计划”，从此他开始走出学院的圈子，迈入一个全校性的、汇聚各专业精英人才的交际圈。

“励志计划”精心安排了很多非常精彩的课程，包括了经济学、人际关系、十八大政策、人力资源以及唐代女装与中国传统文化等，真正地丰富了他的知识，拓展了眼界。尤其对于工科的学生而言，可以说是人文素养的盛宴。同时，“励志计划”是一个精英的平台，“励志计划”成员来自于不同的专业，有着不同的思想和爱好。“励志计划”学员内部还经常分享自己的兴趣，比如有的同学教授吉他演奏知识，让他这个对音乐一无所知的“门外汉”也感受到了音乐的魅力。

“励志计划”的校友导师们，对于杨振伟来说，是很有帮助的。杨振伟的校友导师黄孝斌学长是个非常谦和的人，非常愿意与学员进行交流。在得知他始终怀着创业梦想的时候，黄孝斌学长告诫他：“不要轻易尝试创业，尤其是在大学，应以学业为主。等到你在一个行业做了足够长的时间，有了足够的了解和人脉，当你创建一个公司的时候，马上能有订单，这时再去创业。”这样的话对他来说非常重要，对他以后的人生具有很重要的指导意义。

为了解决当代大学生就业难、大学教育与社会需求所脱节的实际情况，学校为学生安排了暑期社会实践的活动，给学生提供了一次与社会接触的机会。杨振伟与实践团成员以当今大学生在企业实习现状为主题组团进行了一次社会调查，作为队长，他带着十五名队员在北京开展了为期两周的调查活动。在这期间，他们深入到北京市统计局、新浪乐居网等企业和事业单位当中，通过与实习大学生以及企业单位领导的会谈，了解了诸多关于当今大学生在企事业单位实习的现状和信息。在四年大学中，杨振伟总是在课业之余通过各种渠道去了解和寻找社会上各种能让自己得到锻炼的机会。他发过传单，做过家教，做过销售，做过客服，开过网店，做过网站，抓住了每一个可能的机会去锻炼自己。

在大一暑假的社会实践结束以后，杨振伟决定自己去找一份实习工作，去切身体验大学生在企业里面到底是如何实习的。他试着找了几份工作，没几天就在一家网络公司找到了一份实习的机会，职务是销售业务员，这与他在学校外联部的工作很有关系，他也第一次感受到，自己所感兴趣的社团工作给找工作带来了很大的帮助。

杨振伟在网络公司一直实习到开学，虽然整个暑假一天也没有回家，但是他感觉自己真的收获了很多在家里、在学校学不到的东西。这些经历对于当时还是大一的他，影响非常大，正是由于在暑假的时候积累的网络知识，使得杨振伟在开学以后萌生了自己开网店的想法，经过一番仔细推敲，他决定试一试，结果一试就是一年。

在过去的时间里，他一直自己装修自己的网店，自己去宣传，自己积累经验，因为网上经营他这种项目的并不多，所以几乎没有什么经验可以借鉴，只能自己一步一步地摸索。也就在这个逐步摸索的过程中他学会了用 Photoshop 处理图片，用会声会影做视频，还有很多以前从未接触过的东西。互联网的确是一个非常神奇的地方，它的创新永无止境，永远也学不完。杨振伟很感谢互联网给了他一个实现自己创业梦想的机会。但是，由于形势的发展，一年后他不得不关掉他的网店，第一次创业并不理想。

大三的寒假，杨振伟也选择留在学校，自己学习编程，想做一个关于学校周边宾馆和餐饮的网站，经过一个寒假的努力，他的网站终于可以访问了。但是现实中的苦难比他想的多很多，是学生很难掌控的，几经犹豫他还是放弃了这个项目。

虽然，这两次创业的尝试都以失败告终，但是他从中得到很多宝贵的教训。现实情况往往和自己的想法相去甚远，在做决定时一定要先认真考察。就像黄孝斌学长说的一样，创业要理智，要对一个行业有足够的了解。

然而杨振伟的创业之心并没有因为几次失败而受到打击，反而变得更加坚强，更加理智。他说："我会到一个行业深深扎根其中，努力汲取营养，等待时机，实现自己的梦想。"

在大二刚开学的时候，杨振伟就了解到高等工程师学院设立的信息，当时的他就觉得这个学院不仅有很好的前景，也有很吸引人的办学理念，即“培养与实践结合紧密的工程人才，而不是理论研究型人才”。一直以来，杨振伟也是一个注重实践的学生，在他看来，学到的知识一定要应用到实践中才能发挥最大的作用，这正好和学院的宗旨不谋而合，正是这一个理念，让他义无反顾地踏上了“工程师梦想”的征途。这也成为了他的大学的转折点。

作为工程师学院的第一届学生，杨振伟感到很骄傲，同时也让他感到了压力和责任。因为是第一届，他们一定要好好学习，锻炼各种能力，成为合格的工程师，在企业实习工作时好好表现，为工程师学院开好路，努力争取各界的好评，用实际表现给关注工程师学院的人一个满意的答卷。

大学四年的时间，真的让杨振伟改变了很多，他认识到自己再也不是高中的那个稚嫩的学生了。他很感谢北科给了他这么多机会，让他可以接触社会，接触这么多优秀的人，让他在为人处事方面的能力得到了很大的提高。他一直相信，这些宝贵的财富会对他以后的人生和发展起到至关重要的作用。

专攻的硕士

与本科相比，杨振伟的研究生阶段显得相对枯燥，没有参与任何的学生工作，也没有参加任何的社团组织，大部分时间都用来搞科研了，也取得了一些成果，可谓“专攻”。

2013 年 9 月，杨振伟怀揣着无比的期待进入北京科技大学继续攻读硕士学位。研究生与本科阶段有很大不同，杨振伟很早就听说要发文章才能毕业，感觉压力很大。进入研究生阶段的第一步就是听取即将毕业的学长们分享获得国家奖学金的经历，当时只是觉得他们都好厉害，发了很多文章，但是不知道其背后的付出和努力，直到自己走过了这段路，再回首，感慨万千。

研究生是一个综合发展的阶段，在学习、科研、班级活动、社会实践等方面得到了均衡发展。在学习方面，研究生的课程比本科知识深度大，知识面广，是个不小的挑战，但也为以后的科研打好了基础。在科研方面，杨振伟取得了不错的成果，共完成 5 篇中文论文和 1 篇英文论文，但是由于各种原因，最终只发表了 3 篇 EI。在班级活动方面，杨振伟是班级党支部的副书记，帮助班长书记组织各种活动，在班级活动中提升凝聚力。在横向课题方面，杨振伟负责东露天矿边坡稳定性年度评价项目，他经常出差去现场，在实地考察中得到了磨砺。在社会实践方面，杨振伟在学习科研之余在中铁五院实习了三个月，增长了本领，拓宽了自己的眼界。

撰写论文都离不开科研团队的支持与鼓励，他们一直互相学习，共同进步。在迷茫时，有人和他一起探寻解决办法，在论文写完之后，有人帮他一字一句修改，还经常互相探讨投论文的经验与教训，有一个科研的团队真的很重要。

找对方向绝对是一个很重要的事情。一开始杨振伟在研究无网格计算方法，这个课题比较新，课题组也没有人做过，应该比较容易出成果，但是在实际研究过程中也遇到很大的困难。没有人懂，遇到问题没有人指导，很难推进。他自己的数学功底也不是非常好，面对各种数值计算方法，大量的理论推导让他不知所措。经历了一个月的艰难探索杨振伟果断放弃，转投课题组熟悉的颗粒流程序（PFC）的研究。他们课题组在这方面取得的成果也比较多，高手也多，遇到问题随时可以探讨解决。

但是问题又来了：大家都在研究 PFC，如何研究得有新意，不落俗套？

对于一个新手，只能多看文献，多看指导手册，边学习，边思考。最终他看到 PFC 中做流变模型的部分比较感兴趣，关于岩石力学流变的问题也是影响工程长期稳定的一个重要因素，目前有的文章主要集中在连续介质理论中，用离散单元法解决岩石流变问题的文章还不是很多。而 PFC 中已经设置好了流变模型开发的程序接口，可以方便地进行模拟。他的几篇文章都是围绕这个方向展开的。“我是幸运的，沿着一个方向走下去真的写出了自己满意的文章。”

入学之初，杨振伟给自己定的目标是：打好基础知识，拓宽视野，锻炼解决问题的能力，成为心目中合格的研究生。因此，他很早就开始琢磨写文章的事情了。第一学期一直在上课，根本无暇写文章，一直到了寒假，他还记得当时他把 PFC 的指导手册放到手机里面在家里认真学习。返校之后也是一直在没日没夜地查文献、学软件、找方向。

研究生阶段，给杨振伟留下最深刻印象的就是没日没夜地写论文、改论文、投论文。第一篇文章总是最艰难的，写完之后，没有信心，自己改了六个版本，又请师兄改了一遍。给老师修改的时候已经是第七稿了。

后面又陆续写了四篇中文论文和一篇英文论文，但是硕士生涯确实是短暂的，有些论文被退稿而没有时间修改，只中了三篇EI。

在杨振伟做计算的时候，程序经常会报一些莫名其妙的错误，导致计算中断，经过仔细查找仍然找不到原因。很多时候让他很绝望，想着放弃，或者换一个课题，但是他又很不甘心，只能一遍遍地检查。历经了无数次的失败和尝试，杨振伟终于取得了成功。有句话写得很好，愿与大家共勉："不是因为看到希望才去坚持，而是因为坚持才能看到希望。"

研究生期间，杨振伟作为主要负责人完成了"东露天矿边坡稳定性年度评价"的横向课题。为了这个课题，他经常去山西出差，与甲方沟通治理方案。最艰苦的一次，他白天赶路到现场，晚上做方案，第二天开会讨论下午就回来了。整个过程中只在办公室睡了三四个小时。

这个横向课题大约用了半年的时间，使本来就短暂的研究生生涯变得更加紧迫。作为研究生，杨振伟的时间是一定的，既要完成课题组交给的横向课题的任务，还要多多写论文，这貌似是矛盾的，但其实是统一的。

横向课题的艰苦环境使杨振伟磨炼了百折不挠的精神，也熟悉了很多工程问题的解决方法，对现场情况更加了解，这些对写论文都是很大的帮助。因此，对于杨振伟来说，横向课题的磨砺也是很重要的。

不得不感谢课题组提供的优质资源。不仅有优秀的软硬件资源，更有良师益友、优秀师兄为杨振伟引路。他所有取得的成果，很大一部分是得益于课题组的指导。在高老师和吴老师的领导下，课题组形成了非常严谨的科研氛围，荣膺北京市先进班集体，这都源于老师与同学们的共同努力。只有处在一个优秀的团队里，能力才能得到最大的提高。

优秀的科研是在诸多重要的因素一一具备的情况下的厚积薄发。杨振伟是幸运的，能在一个优秀的课题组中成长起来。能通过横向课题磨砺品性，能找到自己感兴趣而又有新意的研究方向。这段研究生岁月是一段他难以忘怀的经历。

过来人的建议

如今的杨振伟已经完成了研究生阶段的学习，走上了社会，刚刚入职不久的他对于职场生活感慨很多。以下是他给大学学生们的建议：

首先，在学校锻炼学习能力比学习知识更重要。学校里学习的知识多是基础知识，到了工作岗位都要重新培训和学习，在设计院新员工都是直接按照老员工的标准要求，直接交给一件任务，没有太多指导，只有一堆规范需要查询，需要自己边摸索边学习。快速学习新知识的能力便非常重要。

其次，增强自己的抗挫折能力。社会是很现实的，与学校生活大不一样，学校中同学都是平等的，大部分相处很融洽，工作之后，地位是不平等的，有些领导说话并不客气，甚至爱批评人，不能因为新员工就受到照顾。尤其在刚工作的时候，压力比较大，时常感觉到沮丧，此时一定要学会调整自己，释放压力，增强自己的抗挫折能力很重要。

最后，职业生涯提前规划。面对这个压力非常大的毕业季，很多同学很迷茫，不知道如何应对。他的经验是，在求职之前一定要想清楚：自己将来到底想做什么，想过什么样的生活。找工作一定要有目的，有明确的目标。

职业规划越早理清楚越掌握主动权，这样在求职之前就有意识地主动去学习相关知识，锻炼相关能力。

前人的经验仅供参考，路还是要自己去走，才能创造出属于自己的未来。

坚持，为了不让自己迷失

——记郑禹

郑禹，男，材料E111班，学号41103016，中共党员。曾获国家奖学金、北京科技大学精英奖学金、北京科技大学87校友优秀学生干部、校级“优秀三好学生”、全国金相技能大赛一等奖、北京市大学生物理竞赛二等奖、北京科技大学国家级SRTP项目二等奖；曾担任高工学院卓越传媒中心主任。

郑禹生在一个教师之家，爸妈都是教育工作者。从小他们给他留下的印象就是开明，从来不对他的学习生活有太多的要求，似乎一切都任他自流，过去的成长都是自如的。学习始终是一件很苦的事情，他相信大多数人都不喜欢，他也不例外。所以，自由带来的是一直都让人忧心的成绩。从小就是这样，直到高三时有所醒悟，却为时甚晚，稍有起色，但已然要面临高考。幸得父亲的预见能力，成绩不好，但凭着自主招生的优势，擦着分数的边缘来到北科，成为高工的一员。

所以，如果非要以学习成绩来给他们排序的话，恐怕他是不折不扣的垫底。上了大学，他也一样经历了迷茫，彷徨。社团、活动、上课，每天忙得不可开交，夜到深时，细细数来，发现没有一件事做得让人满意，也不知道自己在忙些什么。想过自己的未来，从随性洒脱的日子中看不到哪怕一点点模糊的影子。找不到人生价值和方向，这种无助的感觉第一次袭上他的心头，生活都变成了灰色。恐怕当时给同学们的印象就是木讷、沉默。他感到恐惧，深知这不是自己想要的。

大学的第一次期中考试，带来的打击终于告诉他，彷徨没有用，迷茫更是在浪费时间。既然不知道该做什么，为什么不先从做一个优秀的学生开始？是啊，为什么不呢。所以，即便他仍然不知道自己未来是怎样，但终于知道自己现在该做什么。从那以后，他依然常常一个人，还是被人忽略的存在。宿舍里看不到他，运动场上看不到他。他的生活轨迹仅仅局限在了宿舍、图书馆和教室。

两个月的努力付出，换来的是年级第一的成绩。这个结果出乎所有人的意料，他自己也万万没有想到。他终于开始被大家认识，不被人忽略的感觉真好。同时，这件事告诉他，过去真的只是过去。两个月能让人从及格边缘到第一，说明从任何时候开始努力其实都不晚。

他爱上了做第一的感觉，爱上了被人重视的感觉。所以他总要比别人投入更多的精力和时间去学习，三年来一直坚持，从未放弃。如果要把大学时光分割，相信他百分之六十到七十的时间都在自习室里度过。正是因为如此的投入和付出，他的专业排名再也没有出过前三，同学们也再也没有奇怪：这个人是谁啊？

自习室，也仅仅是个开始

正如郑禹所说，大一的第一个学期他是不折不扣的第一。自然要面临新生奖学金竞争的问题，身为第一的他，从理论上来说是最有可能取得新生特等奖学金的人。自信满满的他，满心欢喜地完成了大学期间第一份 PPT，洋洋得意地站在了讲台上。早已在心中想象了无数次充满赏识和赞叹的场景并没有出现，迎来的却是生硬的问题和自己的满头大汗。现在他还记得，当时瑟瑟发抖的双腿和颤抖的声音。最终结果是特等奖没他，一等奖也不属于他，二等奖落到了他身上。但这二等奖对他来说，不是荣耀，而是无法忘记的耻辱，现在的印象仍然清晰，他不能再一次那样丢人。

又一次的打击，他再次陷入了失落和迷茫之中。突然不明白第一有什么用，似乎努力都白费了。虽然不知道要做什么，但他知道自己必须改变。虽然这只是一次奖学金答辩，可能说明很多问题。学习是学生的本职，但他必须懂得如何去生活，如何与人交往，如何融入环境。

再次拿起已经放弃的社团工作，积极参与其中。还主动参与到学院本身的工作中，成为年级组员，辅助导员完成日常工作。抱着一定要弥补自己缺陷的目标，听不同的讲座报告，学习他们的演讲方式和 PPT 风格。大二时，为了感受一下社会氛围，做了一个月的兼职。

所以，后来的生活又变得杂乱，什么活动都希望去掺一脚，尝试一下。甚至考试临头了，也知道自己准备不够充分还是义无反顾地参加高工的毕业典礼工作。似乎又回到了大一的瞎忙活，不可开交，可这种不可开交让他连迷茫的时间都没有，忙而充实。这就像是一种螺旋式上升，虽然表面相似，但整个本质已经发生了变化。

一直在忙，他也在成长，自己的能力在快速增长。从当初那个在女生面前说话都哆嗦的青涩男孩，到现在的他已经改变了太多。

追随心，随性做

郑禹是个特别在乎别人看法的人，这来源于他自身极强的自尊心。所以他受环境影响极大，很多事情都在随大流，这就是迷茫的一个代价，对自己的未来没有一个基础的规划，难以很快走出自己的路。但这种规划他相信是不可能一蹴而成的，必须得慢慢摸索。虽然依然会迷茫，但始终他怀有一个观点，那就是“做，现在就开始行动”。但这种做是需要一个度量的，所以他们必须随心。当真的是时候看清自己方向的时候，自己的心会提醒自己。所以，随心，随性。

自己的成绩，一直都名列前茅。这是之前从没有想到的。所以，有时候没有规划其实也有好处，因为规划常常赶不上变化。如果按照他之前的想法恐怕是本科毕业就工作，来到高工决定读完硕士再工作，结果呢，经过不断感受自己的内心，细细考量，博士已经成为自己的决定。他过去认为学习只是一个手段，只是一块敲门砖，可渐渐发现他自己其实很喜欢学习的感觉，所以在闲暇时光也会去找一些软件自学，充实自己。读博在目前来看，是最适合自己的。因为家境允许他不需要考虑经济的问题，他可以根据自己的喜好做选择。

只想过在北科读研，到大三下学期却发现自己有能力去拼一下清北名校。他相信清北的梦大家都有，他自己虽然想过但感觉太过遥远。但也就是上课一闪而过的想法，触发了自己后续的活动。从四月份开始着手此事，几经辗转通过校友认识到清华导师。希望自己能有机会获得导师的认可，第一次去参加组会的时候才知道自己晚来一步，导师的直博名额已被他人捷足先登，而且那人还同为北科同学。得知这个消息的时候，心中的苦涩无法言喻，坚定的信念瞬间崩溃，当晚他哭了，无人诉说，内心的脆弱表现得淋漓尽致。第二天，一觉醒来，虽然很低落，但他逼迫自己冷静下来。已经付出这么多了，就这样放弃是否有些不值得？不想就这样，他通过校友费了很大劲儿才结识导师，不能去清华进修就算了，但自己应该趁这个机会进清华的实验室看看。抱着对自己、对帮助他的人一个负责的态度，暑假放弃了回家的安逸生活，烈日炎炎下一日两次往返于北科清华，辅助师兄，打打下手，回到宿舍也无力再做其他。这段辛苦的日子真正奠定了自己的位置，得到了整个实验室的认可。当知道导师愿意接受自己的时候，自己才真的喜出望外，因为这是意外之喜。可导师愿意，政策规定高工人不能外推，自己却依旧在坚持。临到保研，新规定的出台放宽了高工人的保研。一切都顺理成章，顺其自然，他只是觉得应该这么做，即便不能实现清华梦又如何。最后事实证明，随心有所得。回想起来，保研这件事上，自己也真是幸运，一切都向有利自己的方向发展。

其实一切的一切，总结起来就一个词——坚持。在各个方面自己都是个普通得不能再普通的人，唯一的不同就是自己的执念，特别重，也促进他坚持不懈地努力。

这些事情说起来简单，大道理更是被人们说烂了，可事实确实如此。他在给学弟学妹们传授经验的时候，讲自己的经历却始终没能讲出个所以然来。因为他自己都不明确自己是如何走到现在的。三年来，每次总结都似乎能找到一些原因，其实他知道他们不可能完美地总结出自己的过去。因为每个人的发展和成功都是不可复制的。有太多的因素就可能成为决定一时成败的关键，他无法捉摸。即便如此，他依然要坚持不懈地写日记、作总结，不少成功学的个人传记就是这样。但其实还是那句话，每个人的成功都不可复制，必须走出自己的路，需要随心，坚持。

每一个成功人士都可能有韬光养晦的经历，不断知道自己缺少什么，给自己充电。他不是成功人士，但他知道应该做什么。他不会羡慕在众人面前光彩照人的人，因为他知道他的能力还不够。他也不会嫉妒别人能在各种社团工作中游刃有余，人脉广阔，因为他知道他自己还不够强大。他有太多东西要发展，但也不能一味只求发展而忽略了人际关系，这一切的度量都需要随心。人人都是特殊的，价值观也有差异，他不照搬他人，而是跟随心走，走出自己的路。

在不舒服中成长

开始逐渐明白艰难困苦才能使人成长。由于长时间的自习，不合理的生活作息，不规律的坐姿，郑禹开始出现了腰肌劳损和颈椎曲度变直等职业病。他不由地苦笑，才 23 岁的自己就开始出现这些毛病。但生活嘛，尽量不惹事，事来了不怕事。腰和脖子的毛病都没法根治，只能减缓恶化的进程。迫于长时间久坐就抗议的腰背和脖子，他不得不注意自己的作息时间，每天都坚持锻炼。到现在，生活的核心只有两件事，分别是锻炼和学术。

过去也断断续续健身，但从来没有坚持得这么久过。现在制约他坚持锻炼的障碍只剩下了最后一个：天气。

人人都有很强的惰性。大多数人都知道什么事对自己好，但因为不紧迫，或者说，并没有深刻认识到这件事的重要性，所以总是一拖再拖，不断放纵自己。就像锻炼身体这件事，只有当身体报警了，他才会去坚持。

舒服的事情人人都会做，即便你还是个三岁小孩子也知道冰棍很好吃，你会用尽各种手段要求父母买给你，这是人的天性。想要不同的人生，他认为，必须刻意去做那些不舒服的事情，痛苦才能让人成长。比如一定强度的运动对于不经常锻炼的人可能就会带来不舒服，而且这种不舒服会持续增强。有些人会觉得运动让他现在不舒服，至少在这一点上是没有价值的，所以多数人就不愿意坚持。但是经常锻炼的人会明白对于多数人来说，恰恰是刚开始的一段时间人对于不舒服的反应是最明显的，即使专业运动员也一样。当你跨过这段时间，同样由于运动带来的不舒服反应就会减弱，你会觉得其实也不是很累。所以能够坚持稍微长时间的人就会体会到不一样的价值。说了这么多，郑禹总结为两个词，不舒服和坚持。做到这两点，人生一定因此而不同。

走在路上的梦

——记王天一

王天一，男，材料E121，学号41203003，中共党员。曾获军训“优秀学员干部”、校级“优秀共青团员”、北京科技大学社会实践金奖；曾担任学院力行学会主席、辅导员助理。

由陌生到熟悉的银杏路

2012年8月26日，王天一第一次以大学生的身份踏入这个校园，虽然不像其他同学那样离开家乡来到一个新的地方开始生活，可这是他第一次脱离了家庭独立生活在一个陌生的环境，一切是那么陌生、新鲜，对于他来说处处充满了挑战，而他是一个喜欢安逸的人，现实情况逼迫他不得不迎接所有的挑战。

2012年8月28日，他在生日那天和刚结识的同学们一起参加了在怀柔的军训。他是一个乐于奉献的人，在第一天就积极报名了军训“行管组”的选拔，有幸加入了校军训管理组，通过了两周的磨炼，炎炎烈日并没有削弱他对于未来的憧憬和向往，反而激发了他的热情和期待，他认识了许多优秀的人，也与同学们相识、相熟，最终也收获了军训优秀学员干部的荣誉。

在上高中的时候，他的耳边不断有人说，大学生的生活是多么轻松，其实大学的学习方面还是取决于自己的态度，课业的安排从早八晚五变成了断断续续的课程，时不时地还翘课，老师授课的方式也从之前的耳提面命变成了自主学习、消化、吸收，作业的安排也从相当多变成了几道题，甚至有时直接一抄了事。现在回首大一那段每天走在银杏路上的日子，他发现自己对基础课很不重视，事实上这些看似与之后发展没什么关联的东西，在之后的道路上起了很大的作用，课程的安排也是环环相扣的。正如他父母教育的那样，大学是最轻松的时间，也是最美好的时间，除了学习你没有其他大的压力；大学并没有脱离学习的本质，是步入社会之前的温室，是潜心研究学术的最佳时期，可是那时的他没有珍惜。

通过班内选举的方式，他在大一的时候还担任了班级的组织委员，负责组织班级内部建设，了解同学们的情况，联络同学之间的关系，喜欢交朋友的他很快和所有人熟悉了起来，那条曾经陌生的银杏路上也开始留下他们匆匆的背影。

大一的他为了锻炼自己，积极参与社会工作：暑期参与了学校组织的社会实践，他找了另外九个小伙伴，独自联系了河北省保定市磁白村，进行三下乡活动，十四天的艰苦奋斗，尝到了酸甜苦辣，也结识了许许多多可爱的人，最终，他的团队荣获了北京科技大学暑期社会实践金奖。

在高中的时候，成绩优异的他在老师的推荐下进入了学校的一个学习小组，在那里完成了一系列的入党学习，但是由于当时未成年，导致他原本在高中入党进行思想修炼的愿望没能实现。而他并没有放弃，觉得一切考验都是值得的。于是，在大一一入学，他又重新递交了入党申请书。

他以一名党员的要求严格要求自己，旗帜鲜明、立场坚定、坚决拥护中国共产党的领导，在思想上积极要求进取，树立了正确的价值观和世界观。在大一时班级第二次举行的入党推优大会上，获得全班同学的认可，全票通过，可是由于成绩上的不足，他并没有成为积极分子，而是成为了一名党的发展对象，他深知党的要求是严格的，更加坚定了自己早日入党的信心。

不断做选择题的逐梦路

从陌生到熟悉，王天一似乎已经习惯了大学的生活。大二的他也面临了第一次选择：要不要加入学生社团？勇于尝试的他填写了一张报名表，于是大二的他担任了班级内部的生活委员，除了组织委员的工作继续负责之外，还负责管理班级财务、组织出游等，在学院内担任实习实践部副部长，负责学院的社会实践、实习等工作，协助老师安排调度，组织团队、安排等各项工作。大二也是他学习生活最丰富多彩的一学期，不仅从优秀的老师、主席那里学到了很多，也不断锻炼了自己为人处世、协调工作、与人交流等能力。在思想方面，他更加积极提高自己的理论水平：认真学习了马克思列宁主义、毛泽东思想、邓小平理论、“三个代表”以及科学发展观等重要思想的相关资料，并且坚持每天通过浏览新闻等方式时刻关心着国内外的时事，尝试着结合理论去理解时事，并积极和志同道合的同学讨论。终于在大二下学期，他成为了一名入党积极分子。

大三的路并不好走，他要面临着工作还是继续深造的选择，而有些拖延的他并没有立刻行动，而是选择了做更多的事情丰富自己的生活，在曲曲折折的道路上品尝着酸甜苦辣。

大三阶段的宝钢实习和首钢实习让他对这两个现代化钢厂有了深入的了解，特别是后来的首钢实习。一个月在首钢的生产实习，不仅让他加深了与同学、工厂师傅之间的友谊，而且对热轧车间有了一个全面细致的了解。刚开始他每天坐在办公室学习基本知识，在师傅的指导下，画了加热炉、粗轧、精轧、卷曲等各部分的详细结构；通过对事故现场及录像的观看，他了解了热轧生产中常见的问题，如镰刀弯、塔形、边缘开裂等问题；在日常检修的时间里，师傅们带他钻入轧机当中仔细了解其内部结构，这次实习不再是流于纸面上的东西，虽然目前钢铁行业并不景气，但他相信，钢铁是社会建设不可或缺的材料，目前只是缺乏技术创新的方法和降低成本的措施。只要他努力学习专业知识，并利用创新思维，和生产技术结合运用，他相信钢铁行业的未来发展和效益是比较可观的。

大三的时候，王天一担任高等工程师学院力行学会主席，负责学院实习实践、科技创新、生涯发展等工作；同时他担任了辅导员助理，协助导员进行学院的各项工作。

他还在校外找了份教育机构的兼职，这不仅能够赚些钱补贴己用，更重要的是能够走出学校的圈子，近距离地接触社会，了解社会真实的一面，同时也能通过这个兼职，锻炼人际交往能力。在中关村一小当兼职老师的他，负责该校部分小学生的“课后一小时”的科技实验课，他认真地备课，上课一丝不苟地给小学生们做了一个又一个充满了趣味的小实验，把很多物理、化学等知识用最简单的方式传授给接受知识能力有限的孩子们，课堂上时不时的惊叹声和那无数充满了好奇的目光是最令他感到欣慰和骄傲的事。

大三的他经历了找工作、准备保研、准备考研的各项历程，考研复习的那三个月是痛苦难忘的，也是幸福而又充满回忆的，无论酸甜苦辣，现在的他都认为那是宝贵的财富。

不愿说出再见的离别路

目前的王天一已经成功支教保研到材料学院的材料成型与控制工程系，不久就要步入研究生学习生涯，本科阶段的学习为他的研究生学习奠定了基础。通过四年的学习，他对于材料科学与工程这个专业深入了解，对于钢铁行业的现状和发展前景也做了相关研究。

大四除了在班级内担任副班长的职务，他还报名参加了团中央第十八届研究生支教团，很荣幸地成为了其中的一员，至今他仍在校团委志愿者工作部任职，大四的他利用丰富的课余时间参与到志愿活动的调研中去，无论是北医六院、三院还是北京周边的各个希望小学，都能够看见他的身影，他从中也学到了很多，改变了对周围人、事的看法，收获颇丰。他认为这才是真正的大学，不应该重复之前十二年的埋头苦干，一心只读所谓的圣贤书，还是要走出象牙塔，出去看看世界的酸甜苦辣，感受以前在校园内感受不到的那些东西。

凭借着优异的表现和不断提高的思想觉悟，他现在已经成为了一名光荣的预备党员，并且仍在不断严格要求自己、不断努力提高自我，不竭余力地为学院党支部的发展贡献着力量，争取早日转正。大四的他不愿说再见，可是一个个小伙伴拿到了三方协议，一次次酒桌上离别的语言，他知道时间回不去了，包括他爱过的、爱着的人们。

时间过得真快，不经意间大学四年就这样匆匆结束，他也从懵懵懂懂的大一新鲜人变成了即将步入社会的大学毕业生、全校学生里资历最长的大四学长。此刻，回首这四年的校园生涯和社会实践生活，有太多的回忆，在这四年里他不断地挑战自我、充实自己，为实现人生的价值打下坚实的基础。

大学是人生中的一个转折点，经过大学四年的生活，他变得更加成熟、更加睿智，大学生活培养了他的互助合作能力，锻炼了他的意志，也陶冶了他的情操。大学这四年是充实的四年，这在他以后的工作生活中，一定是一笔宝贵的财富。

大学生活临近尾声。这短短的大学生活，却是他人生中弥足珍贵的。在这里，他从一个莽撞少年成长为一名合格的毕业生，用脱胎换骨来形容并不为过。

在大学里，所得不仅仅是知识，校园严谨踏实的学风，求实鼎新的气氛，同时也潜移默化地影响着他的学习和思维，所有这些能力和思维模式的获得，是他几年学习的最大收获，这也必将影响他未来一生的发展。

追梦途中

——记张光

张光，男，资源E12，学号41211040，共青团员。曾获人民三等奖学金、校级“三好学生”、全国采矿大赛二等奖。座右铭：天下事有难易乎？为之，则难者亦易矣；不为，则易者亦难矣。人之为学有难易乎？学之，则难者亦易矣；不学，则易者亦难矣。

简单的成长经历却是充实的，因为充实而快乐，因为快乐而幸福。简单的人生也有它的精彩，平凡的生活也能彰显它的辉煌，平淡的精彩也能突出它的伟大。九月，大学校园热闹非凡，年轻兴奋的面孔处处可见，新入学的同学带着对未来的憧憬开始了新的学习生活。经历了十年的寒窗苦读，熬过了漫长的黑色七月，终于盼来了那一纸大学录取通知书，开始了梦寐以求的大学生活。

迈入大学校园，面临的是一个全新的学习和生活环境。学习任务十分艰巨，既要学专业知识，也要学专业外的知识；要学科学研究方法，也要学实验、技术操作；既要学做事，也要学做人。面对生活环境的转变，学习方式和知识结构的变化，生理的逐渐成熟和心理的迷惘疑惑，目标的迷茫，理想和现实的冲击，让很多同学都产生了困惑。大学是什么？

清华大学老校长梅贻琦先生在就职演说时曾提到：“所谓大学者，非谓有大楼之谓也，有大师之谓也。他们的智识，故有赖于教授的教导指点，就是他们的精神修养，亦全赖有教授的 inspiration。”

大学，一是一群求知欲旺盛的青年学生，二是一批真正地以学术与思想为乐的学者，三是图书馆和信息资料工具（尤其是现在的互联网）。青年人与学者，读书、交流、探讨、相互激发、碰撞与融合，形成了大学的灵魂。

大学四年的宝贵时光该如何度过？学会生活、学会做人、学会学习、学会思考……或者是浪费四年的青春仅仅为了一纸文凭？在大学里面流传着“知道不知道”这么一个顺口溜：大学一年级往往“不知道自己不知道”，沉浸在开学后的兴奋之中，心比天高；大学二年级就进了一步“知道自己不知道”，可大学已过了一半；大学三年级时“不知道自己知道”，从编织玫瑰般的梦幻中开始睁眼看世界；大学四年级“知道自己知道”，从云端里落到实实在在的地上，用自己的双手撑一方天空、托一轮太阳了。

懵　懂

从2012年大学还未入学时，就常常听说大学是一个天堂般的地方，生活色彩缤纷而又悠闲至极，来到大学后张光亲身体验了一番，也确实如此。但过后静静地坐下来回首大一这一年的生活，心中有种淡淡的失落，对自己也有种挥之不去的失望之感。他的大一就像一块小石子扔在了水里，他努力地想等到它激起点什么，它却只留下了几圈涟漪，就悄无声息了。面对时光的匆匆，当真令他生出无限感慨。

大学是一个充满激情、充满活力的地方。人的一生最美好的那段时间就是在一二十岁的时候，而在这一段时间里，最美好的又属于大学的生活了。倒也不是说大学四年处于人生的黄金年龄，十五六岁、十七八岁也是人一生极宝贵的时间段，花开的日子不正是形容那时候的吗？然而在那花开的日子里，他们却无限倒霉地碰上了那万恶的高考，生生地将他们那花开的岁月变成了鬼哭狼嚎的日子。两相对比，大学最珍贵的地方就在于自由，在于他们可以张扬自己的个性，释放自己的青春活力。在大学，光是想想自己正值青春好年华，光是想想自己内心充满了激情活力，而又可以不被压抑的时候，他们就会不由自主地闭上眼睛，沉浸在幸福的感觉中，嘴角还会露出花痴般的笑容。于是，大一下半年，他也兴冲冲地跟随着大家，去参加社团，融入集体。在社团，有时很有趣，有时很无聊，疯疯癫癫，却又有种自得其乐的感觉。其中最让他有兴致的，不是那五花八门的活动，而是各种各样的人。毛主席当初曾十分看重有生力量，他很崇拜毛主席，觉得这句话讲得实在是太好了：“有时很有趣，有时很无聊，有趣指的是人，无聊指的是事。”在与人之间的交往中，他并没有学到什么一分钟让你变得受欢迎的秘诀，也并未有目的性地将交往的一些技巧用于其中。他还是他，在外人看来，他并不是一个外向开朗的人，但他是个阳光的人，这毫无疑问。在大学，见识到很多有个性、有特点的人，认识他们后他最大的收获，就是学会认识自己，了解自己。

大学到了后期，很多人会慢慢变得迷茫，于是每天愁眉苦脸、四肢无力的样子，他也会如此，这种现象当真有趣。其实人什么时候不迷茫呢？迷茫其实是人生的一种常态，出现了不用过分担忧，慢慢地把心静下来就是了。他的大一过得平平淡淡，他也自认为不是一个洒脱之人，然而却是不慌不忙的样子，在很大程度上是他天天这样自我安慰的结果。

匆　忙

大二的一年，张光好像也没有什么特别印象深刻的时刻。唯一印象深刻的是在大一下提交了转专业申请，并在大二从土环学院转到了高工学院。来到这边，似乎一切都将重新开始，没有了之前熟悉的同学，更没有了同一个宿舍的舍友，所见到的同学都是一些陌生的身影，不过他还是很快融入了这个新的班集体，成为了这里的一员，很快地和班级里的同学打成一片。这里，必须要说说大二上学期的课程，大二上学期的课程十分之多，几乎每天都是满课的状态，一些课程每堂课还都会布置作业，张光周一至周五在奔波上课，晚上还要上选修课，争取早日修满选修学分，而周末的一部分时间也都用来做作业，相比较而言，同宿舍的原专业的同学就显得十分轻松，感觉这些同学的课程也就是他们的一半多一些。每天课程的安排几乎都把早上第一节排上了课，记忆中是分单双周有一堂课是第一节没课的，也就是趁那个时候睡个懒觉。不过在这学期中他觉得金工实习是十分好的一门课，并且在这繁忙的学期之中，金工实习俨然成为了一门放松的课程，除了这堂课，其他课程每天忙碌地奔波于课堂一宿舍一食堂，而到了期末更是有一种回到了高中的感觉，这也是大学之中第一次如此用心地学习，每天和同学起早去图书馆占座，抢得自习的好位子，早出晚归，似乎真的和回到高中一般。不过心中也想着大学中要修的学分都是一定的，尽量早修完，日后的课程就会变得轻松一些。

到了大二下学期，这学期的课程没有了上学期那般繁多，选修课也没有之前修的多，相比较而言，这学期的课程比上学期要轻松一些。并且在这学期也渐渐学习了一些基础专业课，对一些专业的知识有所了解。除了理论课的学习，实验课和实习课也比之前需要学习的更多了，不再像之前学习的课程几乎是纯粹的理论学习，这学期课程的学习几乎都在学习之间添加了实验的安排，尤其是专业课中地质学，虽说每周都有认识岩石和矿体的安排，但由于第一次认知这些岩石、矿体，难度还是比较大的，并不能很好地区别各种岩石矿体。只有通过渐渐地多看，仔细地分辨来区别这些不同类别的岩石之间大的区别。另外弹性力学的软件学习之中，也能为以后的模型数据处理做好准备，打下基础。

奋　斗

大三一年也许每个人都有自己不同的打算，有的人会在这一年放松自己，有些人会在这一年来充分地提高自己，找到一些实习岗位，或者来找一些兼职来丰富自己的生活，为自己赚取一些零花钱。当然，还有一群人就是考研党，会在这一年之中拼命学习，他们的这一年也许就真正活在了书海之中，来充分巩固自己的专业知识，提高自己各方面成绩，争取在考试中获得一个好的分数。而张光在这一年中并没有太过明确的目标，没有计划好自己在这一年中到底想要做些什么，想到的是在这一年之中能够找到一个实习岗位，争取早日进入公司中来体验一下社会中的生活，不至于让自己在以后进入社会感到迷茫。争取为自己进入社会能够早日做好准备，另外希望在闲暇时间，能够到不同的地方去走一走，领略不同地方的风光，让自己的见识更加宽广，俗语说“读万卷书，不如行万里路”嘛。让自己多见识一下外面的精彩世界，增长自己的各方面见识。

总之，大二一年张光似乎花在学习上的时间多了一些，对其他方面的能力的培养稍微欠缺了一些，争取在大三一年，将自己的综合能力再提升一些，使自己变得比之前更加强大，让自己的知识、阅历更加丰富多彩。

大三留给他的是美丽的记忆，告别了大一大二的懵懂忙碌，大三于他而言更是一场成长的蜕变。

大三的课不同于大一大二的基础，大多数是专业课。这是关键的一年，直接与他们未来的工作挂钩。因为是专业课所以有点难啃，需要花很多的精力去充实、温习，而且有些课与课之间是融会贯通的，一门不扎实，就很难把另一门学好，环环相扣，这就不得不去复习原先的知识点，所以大三的学习是苦涩而充实的。

他对自己所取得的劳动成果是肯定的，又是欣慰的。与此同时，他还学到了一些很实用的实践经验，让他们对所学的专业以及以后的就业环境有了初步的了解。老师对他们如数家珍般的教诲，伙伴们对自己由衷的关怀，让他觉得自己不是孤军奋战。

书中这样写道："一个不能靠自己的能力改变命运的人，是不幸的，也是可怜的，因为这些人没有把命运掌握在自己的手中，反而成为命运的奴隶。"而人的一生中究竟有多少个春秋，有多少事是值得回忆和纪念的。生命就像一张白纸，等待着他们去描绘，去谱写。而如今，身为大学生，在一天天消磨时光的日子里，不如抓紧时间多学一些知识来充实自己，人的大学时光一生中也许就一次，不把握好，将来自己一定会追悔莫及。

经历很多波澜后，大三他会学了用平常心去看待问题，在某些方面适当降低标准，给自己减压。这让他成熟不少。忽然猛醒，那么强烈地觉得学习才是硬道理。一直觉得人生应该过得有意义和价值 ，如果没有丰富的学识、扎实的功底，谈价值完全是不现实或者受限的。在大学最后的这段时间里，他全力以赴，积极向上，勤奋学习。他不知道前方的路怎么走，无论是阳光明媚还是荆棘丛生，他始终相信"努力不一定会成功，但不努力一定不会成功"。

是结尾也是开始

转眼间张光已经是个大四学子了，不知不觉中在校园里成为那一批最老资格的师兄师姐的一员。无可否认，作为大四学生，意味着更大的就业压力、更重的社会责任和更为接近的分离暂别。回顾大三的日子，确实有很多值得回味和总结的地方。

学习上，他继续保持着大二学年的学习劲头，除了成为图书馆的常客外，平时在宿舍也会利用电脑浏览或搜索一些有关学习的资料。除了学习，平时有时间也会多看看书，扩大自己的知识面，提高自己的竞争力。不过可能由于学习方法或复习的效率不高，期末考试没有取得自己期待中的成绩。但是，他相信他会在总结中继续成长的。

学习成绩虽然不是非常好，但他却在学习的过程中收获了很多。他体会到能较快速地掌握一种新的技术知识对于将来很重要。在学习知识这段时间里，他与老师建立了浓厚的师生情谊。老师们的谆谆教导，使他体会了学习的乐趣。他与身边许多同学，也建立了良好的学习关系，互帮互助，攻克难关。已经大四的他完成了毕业设计，更锻炼了自我的动手和分析问题能力，受益匪浅。

社会实践能力有了很大提高。大学四年中，他参加了不少的校内活动，并做过一些社会实践。参加校内的活动可以认识更多的同学，也增加了与其他同学交流和向其学习的机会，锻炼了自己的交际能力，学到别人的长处，认清自己的短处。此外，张光还一直做班委和寝室长，对自己既是压力又是动力。他喜欢做一些社会活动，会让大学生活更丰富多彩，做过家教、志愿者、推销员和设计员等，有时会感到累些，但乐此不疲。

成长篇

追逐阳光，茁壮成长

未来的道路充满了未知

时间似流水

却丝毫不会因为我们的胆怯而犹豫分毫

心怀远方，与卓越共成长

——记覃忍冬

覃忍冬，女，机械E091，学号40913061，中共党员。曾获国家奖学金、北京科技大学87校友奖学金、泰尔奖学金、校级“三好学生”、校级“优秀三好学生”、学院“院长奖章”；曾担任学院学生会副主席。

2009年，覃忍冬满怀理想的种子，踏入了梦寐以求的象牙塔——北科大。在这里，她默默耕耘着，等待着理想的种子生根发芽，茁壮成长。2010年，得知学校要成立高等工程师学院，旨在培养一批卓越的工程师，为祖国建设添砖加瓦，心里的工程师梦已迫不及待地生根发芽。2011年7月，经过申请、面试和审查，她加入了高等工程师学院，正式成为“卓越计划”的第一批学生。从此，覃忍冬开始见证卓越，并与卓越共成长。

厚积方能薄发：加权从72到92

覃忍冬来自一个农村家庭，从小生活就不富裕，但恰恰是这样物质不富裕的生活造就了她乐观坚强的生活态度和吃苦耐劳的拼搏精神。她一直坚信，精神富有才是真正的富有。于是她通过更加刻苦地学习来充实自己，让自己成为一个有思想、有涵养的人，成为一个真正富有的人。

大一开始，覃忍冬就一直坚持高中的作息：每天早上6点起床，7点吃完早饭准时到毛主席像前朗读英语，直到8点上课，风雨无阻。记得2009年北京的冬天来得特别早，11月初就下了第一场大雪，天气奇冷无比。她是南方人，一时难以适应北方这么寒冷的天气，鼻子被冻得直流鼻血，但即使这样她也没有打退堂鼓，依然坚持晨读英语。她就站在这冰天雪地里，映着雪光，大声念着一篇篇英语课文，任寒风瑟瑟，天寒地冻，路过的行人纷纷对她侧目。

每天中午下课，为了避开吃饭高峰期，覃忍冬都会先到图书馆自习20分钟，主要是练习英语听力或者整理上午课程的笔记。她一直坚信好记性不如烂笔头，所以每堂课她都坚持做笔记。有时候时间紧来不及做好笔记，她先写到草稿上，课后再誊抄到笔记本上。整齐清晰的笔记让她能更好地复习功课。这样到晚自习的时候，她可以很快完成当天的作业，并进行温习或者预习。大学四年记的笔记摞起来能有半个人高。

每天坚持上自习。那个时候覃忍冬经常这么调侃自己，不是去上自习，就是在去上自习的路上。她就像一只饥饿无比的猛兽，知识就是她的猎物。她对着猎物虎视眈眈，一扑上去便忘记了一切，直到楼管一遍遍催促她时间到了，要锁教室门了。那是一种无法用语言描述的疯狂状态。就这样，大一上学期，她便把本该两年才能完成的，共计 240 篇英语阅读练习全做完了，这意味着她平均每天要完成 5 篇阅读。此外，她还把高数习题册做了 5 遍，甚至自己出题，然后自测。

大一上学期期末考试结束，她就像一个辛苦耕种了一年的农民一样，翘首盼望着丰收。然而现实却狠狠甩了她一巴掌。成绩出来了，加权 72 分，专业倒数第 2 名。她怎么也不敢相信自己的眼睛，她经历了大学的第一个低谷。

但是覃忍冬没有放弃，她告诉自己，再坚持一下。她变得更加刻苦勤奋。她请同学帮忙，拿到一份其他专业的课表。大一是公共基础课，每个专业所学内容基本一样。她每天完成了自己专业的课程，就跑到别的专业相应课堂上再听一遍。把遗漏的内容补齐，把不清楚的知识点弄明白。也就是说，她把每一节课都听两遍，记两遍笔记。她每天就这样在每个课堂上穿梭，孜孜不倦。

功夫不负有心人，大一下学期加权 82 分，专业第 24 名，当时覃忍冬所在的环境工程专业共 60 人。因此，她拿了大学第一笔奖学金——人民四等奖学金，激动不已。就在那个时候她知道，一分耕耘不一定有一分收获，也许十分耕耘才有一分收获，但是不耕耘就一定没有收获。

大二下学期覃忍冬转专业来到高等工程师学院机械专业。这对她而言是意义重大的转折点，她的收获渐渐丰盈。大二学年，她以加权 92 分的成绩名列专业第一，获得国家奖学金。仍然记得奖学金答辩那天，她在台上说过这样一段话："对我而言，一分耕耘并没有一分收获，我要比别人多付出一百倍甚至一万倍的努力才换来一次站在这里的机会，但我依然在坚持，哪怕是十分耕耘或百分耕耘换一分收获，厚积方能薄发。"

加权从 72 分到 92 分，只不过是覃忍冬每次都比别人多坚持了一分钟。这一分钟一分钟累积起来就是厚厚的奠基石，让自己越站越高，越站越稳。

一分耕耘，不一定有一分收获，但是不耕耘就没有收获，哪怕是十分耕耘换来一分收获，她也要这样坚持不懈地努力奋斗着，因为有梦想，人生才过得充实过得有意义。正是覃忍冬的刻苦学习和努力拼搏让她能在各项成绩评比中跻身年级前列。她深知，学习是永远没有止境的，正如那句话所说的：学习如逆水行舟，不进则退。她一直在努力拼搏，给自己制定更高的目标，不断超越自己。

激情涂鸦青春：学生干部那些事

学院建立第一届学生会的时候，覃忍冬成为主席团成员之一，为学院的建设贡献了自己的一份绵薄之力。风里来，雨里去，这一路走来，她和学院见证了彼此的成长与成熟。

2012 年 3 月份，她带领她的部员们计划筹拍《高工 V 视界》。整个剧组成员包括主持人，共十个人挤在二楼那个连转身都困难的存储室里，完成了整个剧本的讨论和敲定、主持人试镜及场景试布置。

为了剧本材料的真实性，他们分工合作。她和一名组员拿着数码相机和一个笔记本，到学校的各个施工地采访施工人员，拍照取证。由于施工人员大多来自外地，他们说话大多带着浓浓的地方口音，为了听清他们的话语，他们就录音，然后回去一遍遍回放，直到听懂为止。

另一个组的组员为了统计快递时间表，连续两天中午和晚上都在 7 斋楼下蹲点，见到一个快递就上去问，曾一度搞得快递员一脸惶恐和疑惑。剩下的组员负责收集各个剧本材料所需的照片、相关资料等等。终于一切准备就绪，等待开拍。但直到正式开拍前，他们预定的“演播室”和 DV 机因为种种原因还未能到位。在他们的坚持和争取之下，终于一切准备就绪，节目正式开拍，虽然比预计时间推迟了将近 3 个小时。

这是她第一次当导演，主持拍摄这样一个类似脱口秀节目的视频，可谓困难重重，比如选取拍摄角度、拍摄过程中机位的跟踪、镜头的切换、录音等等这些专业的操作差点把她折腾崩溃了。他们就一起探讨，一起尝试，直到完全弄明白为止。演员不够用，就让工作人员客串；拍到爆笑点的时候，他们憋着笑一脸发红，导演一喊“卡”，大家再也忍不住爆笑出来。来不及吃晚饭，就着剧本随便吃了两口饭，就接着开拍了。

为了达到节目质量要求，他们在初期选题和录制过程中的表现形式都下了很大功夫。每拍完一条，他们就一起看回放，发现问题或者不合适的地方，马上讨论改进，重拍，再回放，改进，再重拍，直到大家都同意通过为止。就这样，一段短短十分钟的视频，他们从下午 3 点忙到晚上 10 点才完成全部内容的拍摄，整整八个小时，每个人都筋疲力尽却意犹未尽。

为了赶在预定的时间内播出，他们连夜进行视频剪辑和配音、logo 的制作，看着队友们都顶着两只大大的熊猫眼认真工作着，她内心百感交集，此时此刻，语言都显得多余，唯有更加努力投入工作。

两天之后，视频如期隆重推出。点击率突破预期，得到同学们的一致好评。他们的付出没有白费，他们的坚持有了回报。

每每想起那段一起并肩作战、朝着同一个方向奔跑的激情岁月，她总感觉热血沸腾。那是一种为了喜欢的事情而倾力付出所有的感觉，那是一种和一群志同道合的战友一起奋战的热血激情。壮志凌云几分愁，知己难逢几人留。在她心里，他们是战友，更是朋友，值得一生珍重的挚友。

她还担任机 E111 班学长联络人。和学生们在一起的日子，让她仿佛又回到大一纯真质朴的时代。不管自己的工作和学习再忙再累，她每天早上都要陪他们出早操；每周都要去他们的课堂听课一次，了解并试图解决他们的学习困惑；还要去他们的寝室走访一次，随时掌握他们的心理状况、生活状态；有时候和他们聊着聊着就忘记了时间，错过了吃饭时间，就随便对付两口便接着去上课或者开会。

准备期中或者期末考试的时候，她会组织他们开展学习探讨课，给他们提供复习资料，帮助指导他们的学习；组织策划课外活动，增进同学彼此间的感情；一起参加宿舍文化节，布置寝室，边玩边学，边玩边做，和他们在一起的每一分钟都是幸福快乐的。

为了鼓励他们勇敢自信前进，她给每一位同学写“小字条”。没想到引起他们这么大的反应。看到他们在底下的回复和短信，她觉得一切都值得。

学生们是那么优秀。大一上学期期末考试，班平均分名列年级第一，专业第一至第三名都在他们班，年级前十名有六名是他们班同学，获得新生奖学金，并被评为优秀班集体。看到他们战绩累累，她欣慰不已。

和他们在一起，她是那么感动。百忙之中，连她自己都忘记了的日子，他们却记得，是他们帮她度过了她的第21个生日，集体给她唱生日歌，生日祝福短信挤满了她的信箱。

看着他们一点一点变得成熟坚强，她感到欣慰。她明白，她能教他们的太少太少，她能做的只是站在离他们不远的地方，默默地给予他们精神上的支持，让他们拥有不畏困难、不断前进的勇气。做到这些需要她自己也一样的坚强和坚定。他们就这样互相支持着前进，共同进步。她心里觉得，与其说她是他们的学长，不如说是共同进退的战友。

微笑点亮希望：我是志愿者

大一的时候，去绿光小学支教的经历深深震撼了覃忍冬的内心。这个小学在北京市边缘，要倒车颠簸将近两小时才到那里。他们都是农民工子弟，六个年级挤在用钢板和泡沫塑料搭建成的简易教室。当时是冬天，下着雪，天气极其寒冷。每天早上到教室第一件事是烧煤取暖。一群孩子推着煤车，拿着铁铲，帮着老师一起点火燃煤。然后开始上课。所有老师全挤在一间不足十平方米的小房子里办公，旁边是一个大火炉，里面烧着红红的炭火，用来取暖。

有时候孩子们的父母没有时间送他们来学校，他们就只能旷课，这样频繁的旷课让老师非常苦恼和担忧，一方面怕孩子跟不上学习进度，一方面担心孩子从此失学。所以，每天下班后，老师们还要去家访，说服家长让孩子按时来上课，至少不要旷课。

当时她感到深深的无力感。她觉得什么都做不了。只能尽自己最大的努力给孩子们带去短暂的快乐，教他们唱歌、画画、玩游戏；看着他们快乐地笑着跳着，她觉得哪怕有那么一刻能让他们暂时忘了寒冷也好。

每当下课志愿者们要走的时候，孩子们都跑出来，站在雪地里一直看着他们走远，她不忍回头。后来因为学业的原因，她再也没能去那里。但是她能感觉到孩子们的眼光一直在她身后久久凝视着。孩子们的注视是鞭挞她前进的动力，只有不断努力，变得强大起来，才能去帮助更多像他们这样的孩子。

2012年是北科60周年校庆，她很幸运地被选为校庆庆祝大会志愿者。穿着志愿者服装，别着新校徽，穿梭在会议场内，进行校友进场的引导和出场疏散，处事冷静沉稳。却不知，这样表现的背后付出了多少的辛勤泪水与汗水。在校庆前有一个月几乎每周都要排练好几次，假设多种突发状况，以此考核志愿者的服务是否到位，否则重练。有好几次一练就是一晚上。和老师们比起来，这些都不算什么，老师们还要处理许多更复杂的突发状况，比如入场拥堵、中途退场、校友安全、会议中的秩序等等。看着老师们忙得焦头烂额，唯有更加努力排练，期许能减少老师们的负担，即使一点点。

事实证明，志愿者们的付出是值得的。庆祝大会那天，现场情况都在掌控之中，进场前的拥堵疏散和结束后的离场疏散都按照计划稳步进行着，突发状况也能得到及时解决，志愿者们的表现得到校领导和校友们一致好评。这个时候，她才深深地呼出一口气。能见证母校60周年庆典将成为她的大学回忆录里最有意义的一笔。他们约定母校100周年的时候再相聚，相比获得优秀志愿者证书，这更重要。

实践验证真理：实习的日子

2012年11月到2013年1月，覃忍冬在中冶京诚工程技术有限公司进行了为期2个月的实习，师从轧钢所钢管部的田工程师。她和田工朝夕相处了2个月，从陌生到熟悉，从一无所知到有所知。

老师出的题目很难，已知条件很少，覃忍冬感觉无从下手。回到学校的时候给老师发邮件。老师立刻给她回了电话说：“我是故意设这么少的已知条件，你可以查阅设计文献和手册。我想，相比我直接告诉你，通过你自己琢磨和思考，应该印象更深刻一点。”

她就一点点计算、校核，查阅文献，一点点画出老师要求的装配图。这花了她3周的时间。真的和盖房子一样艰难，一砖一瓦。老师给了她许多帮助。老师会把她一定会用到的数据资料提前准备好，并帮助她捋顺思路，推进工作。

初审的时候，老师一张张审阅她的图纸，设计不合理的地方老师会用红笔直接标出，并注明正确设计和标注。她的每一张图纸都被老师改的“满眼鲜红”。之后她又花了一个星期的时间改图，写设计书。

偶尔，老师忙不过来的时候就会让覃忍冬帮忙画一些图纸，比如液压配管图等。帮老师画图真的很磨炼人，有好几次都快要濒临崩溃的边缘了，有一种想把鼠标摔地上的冲动。

实习到了尾声，设计要通过最终审定，老师白天忙工作，晚上帮她改图，有一天早上她一到办公室，老师就把她叫过去告诉她哪里不对、哪里需要改进，她再改过来，晚上下班的时候再交给老师看，如此反复了3次，她的图纸才算是真正完成。

实习的地方离学校来回4个小时的路程，为了赶在每天早上8点上班，她必须5点半就起床，挤着公交车和地铁去上班。有很多次早晨睁开眼都不想起床，但是一咬牙就起来了，一天天也就坚持了下来。她每次回头想想，都很庆幸自己坚持下来了，因为收获远远大于付出。

“我将不停止奔跑，除非我停止了呼吸。”她如是说，“只有不断前进，才能到达更广阔的天空，才能翱翔于辽阔的苍穹。”本科毕业后，覃忍冬保研至本校本专业，师从张杰教授，在追求卓越的道路上继续前行。“卓越计划”的理念和思想早已根植她心底。她坚持做好每一件事，努力完成每一项任务，她觉得这也是一种成功。她不能忘怀，曾为了一个实验数据而熬无数个通宵，现在回想，那些看着东边泛白的日子显得无比充实而珍贵；不能忘怀，实习的时候每天晚上踏着晨星归来的疲倦却又充满期待；更不能忘怀，每天进步一点的欢喜和感动。

她深信，只要现在比过去进步一点，那就是成功，不求最好，但求更好。她还相信：无论何时何地，无论身处怎样的困境，只要再坚持一分钟，奇迹就会发生。

身在大学，心在成长

——记黄娉

黄娉，女，材料 E121 班，学号 41203019，共青团员。曾获新生奖学金、两次人民三等奖学金、创新创业项目“X80 抗大变形管线钢”院级一等奖、“太阳村”暑期社会实践院级铜奖、“贝壳微故事大赛”二等奖；曾担任北科大共青团宣传部长联席会委员、学院“卓越传媒”主任；曾参加世界葡萄大会志愿服务。

世界那么大，应该出去看看

十八岁之前，黄娉几乎从没出过湖南省，就拿普通话来说，在大学里，她的普通话总是被她的同学们所诟病，边音鼻音分不清。她还清楚地记得，在她踏上来北京的火车，碰到一位出差返京的北京朋友，闲来无事，大家一起聊聊天。大家聊得很开心，只是偶尔他会让她重复她说的话，开始她以为只是因为车上噪声比较大，听不太清。直到他说了一句：“湖南话也很好懂嘛。”她诧异：“我说的是普通话啊!”这才意识到，她的普通话在人家眼里是方言。眼界要开阔，很多事情见识得多了才会了解。

大一，作为大学这一新阶段的里程碑，自然承载了很多变化。最起码的是，身边的环境焕然一新。她拉着行李箱，走进一个新的城市，踏进一扇陌生的校门，再与一群新同学融入彼此的世界里。每天课外的时间，都全由自己支配。身边有了一群新的室友和朋友，大家有各自的喜好与习惯，偶尔也会有矛盾，但又总能丰富彼此的生活。在这个全新的环境里，像是每件事情都那么新奇，每件事物总焕发生机。

高中规律的生活被打破，不会有人去强制你今晚几点睡；不再有人监督你今天的作业是否都做了；更不会有人在意你打了多久游戏，或是看了多久肥皂剧。父母不在身边了，自然也就不能时时刻刻打理她的衣食起居。什么时候吃饭？饿了就知道了。什么时间洗衣服？看看堆积如山的脏衣服便能有结论。生活上的种种变化，也催促着她变得更加独立。求学路上，也变化万千。永远不懂课表神一般的安排，第一节逸夫楼，第二节教学楼，第三节又逸夫楼！她奔走在不同的教室之间，而且每次课一上就是一个半小时啊，中间那可怜的五分钟还会被老师有意无意地占用一两分钟。谁都不会再因为没听到老师的某一句话而紧张地问了这个同学问那个同学。老师自然也不会再因为有一个同学说没听懂而一而再地强调，大概大家都在变吧。作业一周交一次，总是忘，到了赶着要交的时候，也就不再计较这道题到底会不会。平日里，老师的速度永远像是在开飞机，她的进度总像在走路，考试前才能坐次飞机。于是，总有种感觉，像是一个学期学的还不如考前几天学的多。再说感情上，大概是因为出门在外的关系，亲情在心目中的地位便彰显了。有时自己也会模糊起来到底是恋家还是思亲，或两者兼而有之。友情则成为了生活中的重头。俗话说得好，在家靠父母，出门就得靠朋友了。广交些志同道合的好友，倒是给生活添色不少。至于爱情，在以前总是禁区似的，不论是老师还是家长都管得格外严些。但她总觉得用高考来区别早恋与否在道理上是讲不通的。如今看看身边的朋友，对象换了一个又一个，便也不再稀罕。记得高中的语文老师说过，若是大学还不谈恋爱，便是浪费情商。她便也开始思考些到底什么是爱情之类的大道理了，人人都那么期待它，大抵是因为故事里的爱情总是写得太完美。

在大一的日子里，总让人有种忙忙碌碌却又不太清楚到底是在忙什么的感觉。课表上形形色色的课程，大大小小的各种活动，做不完的作业，写不完的论文，画不完的制图，听不完的讲座。不一样，真的很不一样。她曾设想过很多种大学生活，却没想到过似这般忙碌。因为忙碌，事情多得剪不断，理还乱。堆积的杂事将每天的时间占得满满当当，日子过得总是觉得被动些。这令她感觉更是沮丧，像是被人推着走似的，好似戴上了枷锁。再想想，便觉得迷茫。她若总是在做别人安排的事，又怎么做自己？又如何看见自己的前路？

时间总是匆匆如流水，未等她晃过神怕是一年又一年了。人应该调整自己，适应环境，学着去解决问题。忙，大概是因为自己太漫不经心，玩的时候控制不了自己，才会将事情积攒成堆。给自己做一个规划，让自己活得有动力，有目标！

为人处世，要有责任和担当

同学间经常开玩笑地说："我们现在辛苦学习流下的泪与汗，都是我们当初选专业时脑袋进的水。"自己选的路，跪着也要走完。这其实就是一种对自己选择负责的表现。虽然是玩笑话，但学会为自己的选择负责，是黄娉成长过程的第一步。

责任与担当，对这两个词的主要理解还来源于她加入的卓越传媒。在这个微信公众平台刚刚兴起的时候，她紧跟时代发展，申请创建了卓越传媒微信平台，并进行管理。2014 年 3 月，由她全权负责策划举办了面向全校师生的"贝壳微故事"校园征文大赛。从前期的策划准备工作，到中期的宣传助推，再到后来整理颁奖，每一点她都亲力亲为。这是她第一个自主策划的活动，是一个面向全校的大活动，对她来说是一个不小的挑战。她紧盯活动的每一个细节：大到宣传方式，小到海报张贴的地点，篮球场铁丝网宣传栏审批流程图及审批表的申请、公寓橱窗海报张贴审批表的申请、评分细则等等。要知道，在北京科技大学这样一个工科背景如此浓厚的院校要进行征文比赛是一件不容易的事情，但在她与大家的共同努力下，她们最终还是取得了不错的成果。这个活动就像她的孩子一般，一举一动都牵动这她的心，她对这次大赛，倾注的不仅是时间还有感情。在主题活动告一段落后，她还设计了进行成果的宣传与传承，并亲自为获奖作品进行了成果设计。2014 年 8 月，学院迎来了一批新鲜的血液。作为卓越传媒的主任，她承担下了迎新活动的所有宣传资料的准备工作。她亲自编撰了 2014 年新生手册及其排版设计。由于当时社团内部刚刚发生交替，排版方面的技术脱节，于是她义不容辞负起责任，自学了 Indesign 软件，并完成了新生手册的设计。新生手册是新生同学们进入学校后对学院了解的第一途径，也是向新生们展现学院特色与成绩的重要方式，承担这一编纂任务，她责任重大。而后，她又参与了学院大大小小的活动宣传，编设了《高工学子风采录》。对于卓越传媒，她倾注了很多感情，也承担了很多责任，她要对她接手的每一件事负责，这是她的担当。

人总有惰性，关键时刻记得推自己一把。生活方面，她也总算慢慢找到了新的节奏。关键就是，在决定的那一刻稍微推自己一把就好了。就像洗完澡出来，衣服要洗，又想坐下玩电脑。一咬牙，一跺脚，出门去洗衣服，衣服就洗完了。其实也费不了多少劲儿，但是要是今天拖明天，明天拖后天就像雪球越滚越大了。在这种什么全靠自己决定的生活里，把想到的要做的事在自己犹豫不决的时候坚定地推自己一把就好。于是，她决心改变宅在寝室的慵懒习惯，抓住机会，一有时间就尽量把想要做的付诸行动。多出去走走，锻炼锻炼身体总是好的。这一招在社团活动上也实用。卓越传媒的工作已坚持干了整整两年了。回想当初的自己，并没想过要当什么大官，只是抱着丰富生活的心态走进卓越传媒的技术部。想着，就算混得再不济，总还能学点技术，却几乎干遍了社团内的每个部门。后来成了统宣部的部长，再后来选择继续担任卓越传媒主任。大家都认为大三应该好好学习了，到底是专心学习还是继续社团工作？想着就算学习，也不需要时时刻刻都在学习，便选择参加了主席团竞选。选择改变了她的生活，在每一个选择的时刻，做出自己认为理智的选择。现在看来，这个选择未必是个最佳选择。它在一定程度上还是影响了她的学习成绩，导致最后与保研失之交臂，不能算个好结局。或许当初她放弃了社团的工作，回归学习，她的加权分会有所提高，但她应该后悔吗？她以为，未来究竟会怎样她是无法预知的，在做选择时，她能分析考虑的就是，在当前条件下的分析结论。如果经过深思熟虑得到的结果，即使再给自己一次机会还是会作出同样的选择的话，在她看来，即使结果不尽如人意，也能算个无悔的选择。因为，命运倘若再给她一次机会，她还是会作出相同的选择，这是她当下的最佳决策，又有什么好后悔的。

“受”之以鱼，不如“受”之以渔

没错是“受”之以鱼，不如“受”之以渔。对老师来说，是授之以鱼不如授之以渔。对学生来说当然是“接受”的“受”。

在大学里，考试分数与你学到了多少东西其实没太大关系。也许平时上课并不知道老师都在说些什么，虚虚晃晃地一个学期就这么过去了。等到快要考试了，才真正火力全开，开始好好看书。短期突破，也许可以带来一个看起来不错的成绩，但其实这样的知识来得快，去得也快。考完之后，该忘的、不该忘的都忘了。在这样的模式下，黄娉最想学到的应该就是一种学习的方法，一种分析问题的思路罢。她一直认为，在大学里，最珍贵的未必是她所学的知识，而是她所习得的学习方法，这将是终生受用的。大学教授不再像中学老师那样将知识咀嚼消化了再传达给大家，更多的是做一个引导学生自学的方式，大概也是为了培养学生的自学能力。

荣誉和奖励要自己主动争取。都说大学是学校与社会的一个过渡，这是一个现实的社会，你的优秀和能力要自己展示，你的荣誉和奖励要自己主动争取！这是她所得到的教训。

中小学时代，只要做好自己，三好学生、优秀干部自然会有自己的份，而在成人的世界，这些荣誉都需要自己主动地、积极地去争取。在卓越传媒的工作中，她付出了很多，也收获了很多。虽然丰富的社团工作一定程度上影响了她的学习成绩，但她还是尽她所能协调好工作与学习，争取让学习也不落下；虽然会有工作繁重、通宵达旦的时候，但她与卓越传媒共同成长，学习交流、软件技能、收获的又岂止是同社团成员们的奋斗友谊；虽然她不曾申请过任何奖项及荣誉称号，这一方面是个性使然。她个人对奖励荣誉不太在意，所以也懒得去申请，但没想到最终会因为一个荣誉称号的加分错失保研资格。虽然心中对究竟应该怎样还是有些犹豫，但也开始考虑，她是不是应该改变了？“光做不说假把式！”为什么不将自己的贡献与成果大胆地展示出来？

拥有一颗强大的心脏，百折不挠

“路遥知马力，日久见人心。”四年前的黄娉，抱着这个信念踏上了远途，从长沙来到首都北京上大学。如今，四年过去，回首这一路走来有欣喜，有失落，更多的是成长的印记。

最近看到一篇文章《可怕的大学：到底有多少人在校园里浪费青春》。文章大抵介绍了恢复高考33年来，中国共选拔了5438万名大学生，中国的大学经历了市场化、国际化、产业化三大高潮。却使大学从残酷社会中的象牙塔，堕落成了生产不合格产品的坏公司；少数好教师和好学生在此瑜不掩瑕，更多人的青春在此虚掷，梦想没来得及描绘就已挫败；大学不教新生代做人和做事，只教他们听话和考试；大学生相信关系和潜规则，甚于相信知识和能力。文章言辞犀利，描述的确实像是件可怕的事。她不敢断言这全然只是作者的夸大其词，大学教会了自己什么，每个人都值得问一问自己。

大四阶段，她向研究生学位的冲击接二连三的失利，也让她开始怀疑自己的能力。大四开始，保研政策飘忽不定，最后以只差 0.3 分落榜。连夜码字申请特色保研依旧失利。终于走向考研的道路，也许是过于自信，申报跨校跨专业考试，却仅用剩下的两个半月的时间。她做了一个十分冒险的决定，这也许也注定了她复试的坎坷。果然，如预期所料，国家线过线，但离目标院校分数线还差一段距离。于是申请调剂中信所和本校，似乎看到了希望。结果却是，一周扎了两管子血，但结果还是以惨淡的失败告终。也许是她没经受过大的风波，才会觉得如此受挫。现在想来这个过程还是十分受打击，每当看到希望，就立即跌入谷底。有段时间，她的情绪都很低迷，干什么都没了自信。以前的她总认为，如果一个人的一生可以一帆风顺的话，何必要让她经历风雨。所以每当她的父母朋友说她们这代人没有经受过挫折，就该多吃吃苦时，心里总是有些抵触。现在想来，也许他们说的是对的，大家经受挫折不是为了被打倒，而是为了培养一颗强大的心脏，成长为更坚强的自己，在日后的风暴中能泰然处之，宠辱不惊。研究生只是她眼前人生路上的一条，或许它比较平坦，或许它是条捷径，但当这条路暂时走不通时，试试其他路又何妨。也许这条路是捷径，却不是通往自己目的地的那条路也未可知。上帝关了一扇门，会留下一扇窗，总是有路可走的。

转眼间，四年一晃而过。黄娉即将走出北京科技大学，走向社会。未来的道路充满了未知，时间似流水，丝毫不会因为我们的胆怯而犹豫分毫。虽无法预测未来的样子，但她知道它会有喜有悲，有欢笑也有泪水。她会认识很多新朋友，像以前一样，很多朋友渐渐地会成为故友。在这个离别的季节，也许这一别，很多再见就真的再也不见了。但她知道，记忆会忠诚地记录下她们相处的日子，感谢这段时光有这么多好友的陪伴！

盼何日功成名就了，再聚首，醉笑陪君三千场，不诉离肠！

向左走向右走

——记时向涛

时向涛，男，材料E122班，学号41203032，共青团员。曾获人民三等奖学金、校级“优秀共青团员”、北京科技大学早操先进个人、北京科技大学第16届“摇篮杯”三等奖、大学生暑期社会实践铜奖。

谁的青春不迷茫

刚步入大学，一切对时向涛来说都是崭新的，如同进了大观园一般，对大学里的一切都充满好奇。和高中相比，大学过得真的是自由自在的生活：上课的时候你可以随便坐到哪里，第一排或是最后一排；周末的时候想多晚睡就多晚睡，因为再也没有人在第二天催你起床学习；还可以拿着自己的身份证光明正大地去网吧里上网，随便你是查阅学习资料还是玩游戏。这所有的一切都是因为他长大了，是成年人了，该懂得为自己的行为负责任了。

或许正是因为这些，他忽略了自己学生的身份，完全沉浸在自己想象之中的美好世界里。那时他写过的文章里有这样一段话：“过去的我，可能成绩优异，可能特听话，可能是好孩子、好学生；现在的我，可能放肆，可能懒散，可能不负责任。大一让我又体验到了‘你觉得周围的人变了，周围的环境变了，其实他们都没变，变的只是你自己’这句话的深刻含义。纵然我高考成绩优异，众人羡慕，但到了大学，每个人都是一样的起跑线。你放松了，贪玩了，就会被别人超越——因为上天是公平的，它不会让懒惰的人快活，也不会让勤奋的人吃亏。我们要对自己的行为负责，你的每一次失败，都是你成长路上必须承受的代价。”大一的时向涛，摆脱了身上的压力和束缚，只看到了眼前的舒适生活，却忘记了身上所必须担起的责任。于是，他上课不再认真听讲，不再认真完成作业，成绩不再优异，遇到不会的题也不再焦虑，仿佛自己就该不会。

“每年高考出分数的时候，哭一批笑一批，惨淡一批灿烂一批。那些难过的人以为自己下了地狱，那些高兴的人也以为自己真的到了天堂。只有上过大学的人才知道，再普通的大学一样可以努力，再名牌的大学也充斥着堕落。谁也别哭闹，四年后谁的天下，谁都别说太早。阴差阳错也许比如愿以偿更让人成长！”这段话，原来不相信，现在他信了。来大学之前，他除了学习什么都不会；来大学之后，好像连学习也不会了。

利用暑假的时候，他和同学参加了社会实践，来到了“太阳村”——一个收养服刑人员子女的社会机构。在半个月的时间里，他们和孩子们同吃同住，一起劳动，一起做公益活动。这段时间里，与其说是他们在帮助孩子们，更像是孩子们给他们上了生动的一课。孩子们从小就没有爸爸妈妈的爱，没有无忧无虑的生活，却每天都乐观地面对生活；但他们懂得靠劳动养活自己，而不是一味地接受别人的施舍；他们懂得感恩，珍惜来之不易的生活；他们还很善良，无私地帮助别人。

懵懵懂懂，恍恍惚惚，充满好奇和幻想的大一结束了。

谁的青春不遗憾

“上了大学才知道，你挤不出一分一秒的时间来学习，却可以挤出几个小时来上网；上了大学才知道，我们的身体素质可以变得这么差；上了大学才知道，家才是我们日夜思念的伊甸园；上了大学才知道，原来自己可以变得如此沉默；上了大学才知道，自己永远高调不起来，不是不敢高调，而是不想高调；上了大学才知道，这其实并不是自己想象中的大学生活，但是却又不知道怎样的生活才是自己希望的生活；上了大学才知道，生活的压力是如此巨大；上了大学才知道，生活是如此单调；上了大学才知道，颓废不再是一种享受，而是一种折磨；上了大学才知道，其实我们可以宅得如此离谱；上了大学才知道，逃课的外力不是睡觉就是上网；上了大学才知道，现在的自己无比怀念当年的那个疯狂的傻子。”当时向涛看到这段话时，就被深深地触动了，因为它的每一句话，甚至每一个字，都说到了他的心坎里。这也许不是他想要的生活，却是他大二最真实的生活。

大二的时光是他最迷茫的一段时间，新奇已过，毕业尚远。感觉很忙，却不知道自己在忙什么；就好像知道自己错了，却又不知道自己错在哪……

仔细一想，他真的很失败：每一天基本都是在“上课玩手机，下课玩电脑”的无聊中度过的；学习上为了那六十分苦苦挣扎，毕业的压力也时常来凑热闹；想每天跑步锻炼身体，结果只坚持了一天；读了一篇文章受到了刺激，傻子似地去上了一天自习，然后就像什么也没发生过一样；也参加过物理竞赛、英语四六级考试等等，但总觉得参与的意义要远大于分数。他放弃了太多的东西，最后发现唯一坚持的居然是“收菜”。想想最对不起的人就是父母了，他曾经骄傲地对他们说过：“爸妈，如果我的孩子能像我这样，我就知足了。”现在想想，真是个笑话，这话说得有点早，此时的他很不好。

说了那么多沉重的话，但这并不代表他是一个悲观的人。生活即使再糟，他也会看到积极的一面，快乐地生活。学习不好，没关系，那就做一个好人，多传递正能量；没有女朋友，没关系，这丝毫不会影响他看美女的心情；老宅在宿舍，没关系，至少还有几个交心的朋友，分享喜怒哀乐，在无聊的时候聊聊天。

“纵使困顿难行，亦当砥砺奋进！”这就是时向涛的大二。

谁的青春不精彩

上了大三，时向涛突然感觉活明白了，一下子找到了大学的意义，感觉每天都过得很充实。在生活上，每天坚持跑步，不为减肥，只求一个健康的体魄，他讨厌一个病怏怏的自己；每周读一本书，不为渊博，只求增加自己的阅历，陶冶情操；有空就出去走走，不为风景，只求一个看风景的好心情。他还养成了写日记的习惯，虽然写的都是琐碎小事，却记录了点滴成长，或喜或悲，或收获，或遗憾，等到多年以后再翻翻日记回顾一下自己的大学生活，也算是给自己的大学有个交代吧！

“如果老天善待你，给了你优越的生活，请不要收敛自己的斗志；如果老天对你百般设障，更不要磨灭了你的自信和勇气。当你想要放弃时，想想那些睡得比你晚、起得比你早、跑得比你卖力、天赋还比你高的人，他们早已在晨光中跑向那个你永远只能眺望的远方。不要在最能吃苦的时候选择安逸。”看完这段话感触颇多，这不就是他现在的生活吗？不再自甘堕落，因为他不想大学时光有遗憾。多做几件有意义的事，交几个值得深交的朋友，这样的大学才有味，才完整。

暑假的时候学校组织时向涛一行人来到首钢进行生产实习，这是他们第二次来钢厂实习。第一次实习是在上海宝钢，只不过那一次是走马观花般的认知实习，就不赘述了。在首钢实习的时间虽然不长，却是他大学生涯中不可或缺的一段经历。在这里，他们离开课堂，摆脱了枯燥的书本，从实践中汲取知识，在中国顶尖的钢铁企业里感受中国钢铁文化的魅力。在实习的过程中，他近距离地接触了首钢，接触了钢铁，所看所闻所想，收获颇多。首先是安全意识，钢铁行业算是一种高危的职业，所以在进场之前，他们首先上了一节实习培训安全教育的课。在课上老师向他们详细地介绍了参观过程中需要注意的问题以及意外发生时的应对措施，一幕幕惨剧的发生也为他们敲响了警钟。其次是做人的道理，一块普普通通的铁矿石，经过几十道工序和无数次的锤炼，才能成为被人类所利用的钢铁，做人何尝不是这样？人生从无一帆风顺，只有经历过挫折才能坚强，只有经历过磨砺才能成长。

大三这一年，有遗憾，但更多的是收获。他真的很庆幸，在离开大学之前明白了为什么要来到这里。

谁的青春不成长

如果说大四的上学期还是浑浑噩噩地混日子，无聊地上课和考试，那么下学期真的明显地感觉到毕业的气息了。时向涛除了每天早出晚归地准备毕业设计，学院也为他们的毕业季准备了丰富的活动，他希望自己能够积极参与进去，享受最后的大学时光。

大学四年，时间很长，远远不是这几千个字能够总结的。他唯一能做的，就是把自己的心声写下来，把这四年的所看所闻所感，这四年所得到的，所失去的，凝结成一行行的文字，再化成人生中最宝贵的财富。

感恩是永恒的话题。时向涛首先要感谢辅导员和老师，在生活和学习上给予他无私的帮助；其次要感谢他的同学们，让他在北京这座陌生的城市里，感受到了如家庭一样的温暖，还记得在大一的班委竞选中，正是同学们的鼓励，让他有勇气走上台介绍自己。“如果你在桌子上放了一百块钱，就算你半天不回来钱也不会丢；但如果你在桌子上放了一袋十块钱的瓜子，我保证你出去十分钟就会只剩下瓜子皮。”他的室友就是这么可爱，是最值得他信赖的人。

还有不到三个月就要毕业了，即将告别学习和生活了四年的母校，有不舍，但更多的是带着母校老师和同学的祝福，开始新的生活。用一段话做个结束：“青春的美好，在于永远都不会来不及。你可以犯错，可以反悔，可以跌倒，可以重新出发，但是，千万不要放弃。相信自己，你所拥有的能量，足以把这个世界变得更美好！”

且行且珍惜

——记邱澜

邱澜，女，机械 E122 班，学号 41204035，共青团员。曾获新生奖学金、四次人民三等奖学金。

且行且乐

大一的时候，觉得什么都新鲜，对什么都好奇，好像来到了一个未知的世界，好奇心不断膨胀，想要探寻些什么，结果就是虽然平常感觉很“忙”，但认真想想其实都是玩乐而过。现在回首，那时候却是邱澜最充满朝气与活力的时期。大一最吸引人的是社团，对于什么都好奇的“小孩”来说，哪一个都想参加体验体验，结果眼花缭乱，感觉脑子里装了好多东西，但是不知道她最想参加什么，最后还是没能正经地选择一个参加，果然还是有点遗憾吧。

大学的生活主线仍是学习。大学学习是迥然不同于以往的一种新形式，它赋予了学习者更大的自主性和更广阔的思维空间，同时也对学习者提出了更高的要求。在这种半开放式的教学模式下，要求学习者必须有明确的学习目的，有更强的选择辨别能力和更强的自学能力。大一的时候，她常常会因为很喜欢某个老师的讲课风格而在课堂上十分积极，其他的就不怎么发言，喜欢的课认认真真上，不喜欢的课随随便便凑合，像小孩子一样，任性而幼稚。其实不管喜欢或是不喜欢，既然是学校要求的课程，就证明它有存在的必要性，所谓存在即合理，也是有一定依据的，所以，纵使再怎么讨厌，再怎么觉得某些课程是多余的，也没有人可以完全无视它，纵使可以不费太大力气去学，但是从某种程度上来说，成绩单显示了该学生的干劲，当其结果显示在成绩单上，能表明成绩的主人有没有努力。她觉得会是这样的，所以，她认为那些类似于马克思主义基本原理、中国近代史之类的课程至少是检验学生学习态度的很好的工具。

且行且看

大二的时候，学期刚开始时总有种缓不过来的感觉，邱澜自己感觉还是大一，但看着那些入学的新生们脸上荡漾着和她当初一样的好奇与期待时，才让她清楚地意识到她已经不是大一新生了，不是当初那个懵懂的“小孩”了。大二，褪去了些许的稚嫩，虽然还是一个学生，但思想上稍微成熟了些。大二这一年，她的学习态度还算是认真的，但是努力程度还颇有欠缺。生活习惯变得有点懒散，上午第一节没课的时候总喜欢赖床，总是把清晨的美好时光给睡过去了，不良习惯好像也多了几个，这样是断然不行的，不管从哪个方面讲，养成良好的生活习惯对自己都是只有好处的。俗话说：有实力才有魅力。实力是靠能力体现出来的，而能力是靠自己努力创造出来的，虽然努力不一定能成功，但是不努力的人一定会失败，想要自己有实力有魅力，就必须努力。舍友之间相处也很融洽，矛盾虽然有，但是好好沟通就能很快解决，总体来说是很快乐的一年。

且行且悟

大三的时候，大家都在考虑将来了，是准备考研还是准备工作，每个人有每个人的选择，而邱澜很迷茫，感觉是走在一片迷雾中，看不清未来的方向，更别说是脚下的路了，不知道该怎么选择，仿佛连思考都停滞了一样，唯一能做的只是把眼前看到的事物做好而已，但是，至少有一件事她是明白的，那就是她已经不是可以悠闲地看风景的时候了。由于大三没有体育这门必修课，平常不注意的话，常常会忘了锻炼身体，作为没有适当运动的人群，结果就是平常要使力的地方用不上力，体力也不行，最直观的表现就是体质测量的时候，跑完八百米的第二天感觉整个人都“散架”了，连走路都显得无比艰难，很明显的自作自受。

且行且得

大四，邱澜终于决定走考研的道路了，可是时间还来得及吗？真是可笑，不管什么时候，既然这样决定了，那就表明还不迟，不是吗？拼尽全力去做，不管最后结果怎么样，都要比随便应付、三天打鱼两天晒网、最后失败了还找个借口说：“我不过是没有尽全力而已，本来就不想这么做而已，要认真做的话怎么可能做不好呢”的结果，要好得多了。考研的准备其实枯燥无味，过分点的可以说是很痛苦的，每天除了睡觉和必要的其他时间外，除了看书还是看书，要把大量的内容记到脑子里，分析它，理解它，特别是对于政治与英语这种要求记忆性的知识，偶尔会感觉快崩溃了，机械地重复着每一天，然而这是一个人的战斗，谁也帮不了谁，只能在结束的钟声敲响之前苦苦坚持下去而已，直到煎熬至钟声响起之后，才会感觉世界都明亮了，不管是什么结果都能接受了。

大学四年，就要结束了，不得不承认时间过得太“快”，对她来说这样结束大学生涯实在是有点落魄。对于那些成功的同学来说，时间其实很“慢”，“慢”得他们完成了许多的目标，实现了许多价值增值。过去的东西经常将人带回找不回的往事，常想着那时候的大家是多么单纯，生活也是如此轻松，现在才明白，轻松原来只是她一人而已，大家从未停止对自己的理想而努力，她却抱着理想漫不经心地做着其他的事。虽然这四年她也有认真过，有努力过，但是那种认真那些努力与其他人比起来却是显得那么微不足道，虽然不甘心这种差距，但是她却不得不承认，不得不面对。不过，某种程度上来说，不后悔的人生也许也是一种可惜，也有可能。

悄然溜走的岁月，转瞬即逝的年华，转眼就是大四下学期了，她总觉得不可思议，时间就这样过去了，大家都已经准备走上不同的道路了，或读研，或出国，或工作，不管是哪一种，都已经有了自己的计划，正在为自己新的旅程做准备，就要彼此分别了。四年眨眼一瞬，就这么一去不回了，那些还未完成的，那些想要挽回的，那些酸甜苦辣的泪水，那些闪闪发亮的回忆，那些许许多多的那些，她就要和它们挥手说再见了，总感觉有点寂寞。得失之间，欢喜与惆怅牵绊着想要前行的心。如今再回首，既是对过去的审视与总结，亦是对未来的憧憬与期待。

四年，从新生成长到现在，从军训、学习、实习等丰富多彩的生活中走下来，她们所经历的、所学会的、所想念的，一切都一去不回了。这么一想就感觉有很多遗憾，很多艰辛，还有最多的是幸福，有伤心时陪她发泄的小伙伴，有胆怯时鼓励她的闺蜜，有考研复习时陪她自习的舍友，有感觉坚持不下去的时候在一旁支撑她的朋友，有她们在是多么幸运的一件事啊！相遇是最大的幸运。除了学到的知识与经验外，最重要的就是她所交到的那些闺蜜或兄弟和朋友，对于就要踏上不同道路的她们，她想说："不管我们散落在世界的哪个角落，只要相互记得，相互惦念着，我们便是相连的。"

邱澜总结一下这四年，心得主要有以下几点：一是自我尊重，这是很容易理解的，但是在做事的时候往往难以每次都真正实施。自我尊重，还要自我包装，注意自己的外观形象，让别人尊重自己其实是一种更高的自我尊重，她觉得尊重自己是尊重别人的最基本条件。二是坚持正直，的确，这个社会有很多让人不满意的地方，尤其是当人真正步入社会做点事情的时候。有句话叫做："你可以不诚实，但是不可以不保持正直"，恰到好处地解决了这个问题。诚实固然是一种很好的品质，然而在面对一个不诚实的对象时就另当别论了，诚实也要是聪明地诚实，不然在生活中很容易吃亏。在个人生活当中，诚实自然是重要的。然而，在处事或生活过程中，正直才是需要永远坚持的。三是要会为别人着想，现在的社会处处需要合作，需要团队，忘记了队友的利益很多时候就等同于忽略了自己的利益。大学校园就是一个大家庭，在这个大家庭中，学生扮演着被培养对象的角色，老师是长辈，所以作为学生要对他们尊敬有加，同学们就像兄弟姐妹，一起学习，一起娱乐，互帮互助，和睦地相处。集体生活使人懂得主动去体谅别人和关心别人，也使人变得更加坚强和独立。不轻易的承诺，承诺了就要努力去兑现。生活需要自己来勾画，不一样的方式就有不一样的人生。利他在竞争过程中往往转换为了利己，因为对方获利了，他必有成功的道理，这些恰恰给了自己一个弥补缺失的机会，为以后获取更多的收获奠定基础。在学习工作过程中不应忘记了给竞争对手一些力所能及的帮助，协助对方实现他们的目标。四是适应环境，现代社会是一个飞速变化的社会，一个激烈竞争的社会，适者生存在这里无需用语言来解释。让自己适应环境，让环境接纳自己是我们跳进这个社会圈首先必须学会的。然而，很多人都还没有意识到这一点，抱怨高考失利，抱怨周围的同学，抱怨周围没有好的学习环境，学习气氛，整天在那里干些不愿意干的事情，甚至做一些消极的事情，浪费了自己宝贵的青春又一无所获。最多的还是抱怨不公平的人，然而现实就是：绝对的公平是不存在的，其实大家都处于不平等的状态下，在这个复杂的社会里，人活着应该要有一种精神：面对现实，接受现实，如果还有那个能力再去改变现实。当大学毕业生走上社会，她们和一个初中毕业的打工者其实是一样的，都是出售自己的劳动力，而且很多方面甚至不及他们，这就需要她们搁下自己的“尊贵”地位，从基层干起，从点点滴滴干起，这样才能真正体现受教育的价值。五是决心、雄心和恒心，一个真正优秀的大学生应该保持雄心，罗曼蒂克式的雄心。在现实的前面还要放好雄心的位置，无论现实多么残酷都不应该散尽雄心，任何时候都对自己的努力满意，保持微笑。在雄心规划下的目标，计划可以作为激励的一个来源，引领困境前行。执着是一个人最难得的品质，扬弃急功近利和浮躁的心，经久必成。有了雄心，决心，所需要的就只是默默无闻，持之以恒的按计划做好手头的每一件事情了，所谓天才那百分之九十九的努力也不是那么简简单单就能说出口的。

她们都已经长大，都该从父母那里“毕业”了，她们都从被别人称呼“哥哥”或“姐姐”的少年少女长成了被称呼为“叔叔”或“阿姨”的青年了，她们都已褪去了青涩变得成熟了些，就要走上属于自己的道路了，自己的事情由自己负责，自己的路自己走，别人最多只能给你建议，给你鼓励，持之以恒的动力在于自己，选择更在于自己，遇到事情要冷静地思考，没有什么需要急躁与焦虑的，神明不会一次将你的门与窗全部关闭，总有一扇是亮着的，它不会逃，更不会消失，只要伸手就可以碰触到它。未来之路就在眼前，怀揣着不安与期待勇敢地向前走吧，无需胆怯无需畏缩，明亮的未来就在那等着你前去探索。

珍惜大学
——记郑迪

郑迪，女，资源E12班，学号41201014，中共党员。曾获新生奖学金、两次人民三等奖学金、校级“优秀学生干部”、校级“优秀三好学生”；曾担任班级班长、学院力行学会副主席、新生学长联系人负责人。座右铭：曼巴精神，就是从不退却，从不放弃，从不逃遁，忍辱负重，绝处逢生。

路遥的经典语句中说：“大学，这是人生的一个分水岭。当你一踏进它的大门，你才会明白，你已经从孩子变成了大人。青春岁月开始了，这是你的黄金年华，连空气都像美酒一般醉人。所以，要学会珍惜，学会利用。”

有时真不敢相信，大学四年已经快结束了。还记得第一次离开家坐在火车上看到的窗外的风景吗？还记得四年前的篮球场如火如荼的迎新场景吗？还记得送爸妈离开时忍住不落泪的心情吗？还记得第一次看见舍友说的寒暄语吗？还记得班会上的第一次的自我介绍吗……那年郑迪第一次来到北京科技大学，还不知道银杏路有多美，不知道大铁锤的来历，不知道五环广场在哪里……

大学四年一晃而过，这四年里，她收获了很多，交到了一群性情相投、可以一起旅游、一起谈天说地的小伙伴，认识了很多优秀的同学，也遇到了很多很多优秀的老师、辅导员和学长学姐。同样有过挫败感，也同样努力奋斗过，有泪水，有欢笑，有成功，也有遗憾。

学习为首任

郑迪真正意识到学习才是大学首要任务的时候已是大一的尾巴了，不算早，所幸也不太晚，一切还有挽回的余地。小学、初中、高中，学习上她几乎都是一帆风顺的，成绩一直名列前茅，高考也有较好的发挥，来到了她梦寐以求的首都北京，来到了北京科技大学。上了大学之后，没有班主任老师逼着她学习，写作业，做卷子，生活一度过得很洒脱。于是，期中考试考得一塌糊涂，高数勉强及格，英语挂科。但是，这并没有引起她很大的注意，只是临近考试的时候才去努力一下功课，勉强凑合达到标准。

其实，她很庆幸她来到了高等工程师学院。因为学院对加权成绩的要求，导员的不断督促，她才发现大学里的学习成绩不是不重要，而是非常重要！经过大一一学年的低迷，大二伊始，她终于自己认识到了学习的重要性。那时她的成绩不好，在班级里总是倒数，这对从小学习一帆风顺的她，是不小的打击。网上看到的一篇文章，对她启发很大，里面有一句话她记得很清楚："有排名的地方就一定会有倒数，总有一天，也会有人承认了自己的无能为力。"这句话使她在学习上最后的自尊心受到了强烈的刺激，让她明白了大学里对于她最重要的部分是什么，那就是学习。其实她并没有比别人聪明，甚至还很笨，但她知道笨鸟先飞的道理。大二这一年，她的生活从早 8 点到晚上 9 点半几乎都是在逸夫楼或者教学楼里度过。每天背着一个大大的书包，装满她上课、自习要用的书本，然后每一天都是上课、吃饭、上自习的节奏。大二，可以说是她大学最累的一年，但是大二也是她大学的转折点，大二成绩的提升，让她更加有信心，成绩的提高，也让她在大四的时候顺利拿到了保送本校研究生的资格，得以继续深造学业。在过去的三年多的时间里，曾获得新生三等奖学金，两次获得人民三等奖学金，以及人民二等奖学金。

工作不可少

大学四年里，郑迪一直积极参加各种活动，并且坚持学生工作。大一她担任班级的生活委员，也是院学生会体育部干事。大二担任班级的班长，大三学年担任院力行学会副主席，大四担任新生学长联系人负责人。四年的学生工作锻炼了她很多的能力。大一时竞选部长，她站在台上讲解 PPT，双腿发抖，说话不利索，被提问时脑子也反应不过来。到了大二竞选主席的时候，同样是站在那个讲台，那一刻，她明显地感受到了自己的成长，站在台上讲话不会紧张，也不会发抖，面对大家的提问也能应答自如。这要感谢的是学生工作经历，让她很好地提升了自己在很多人面前讲话的能力，让她更加有自信。在学生工作中同样提高了她的组织、协调、管理等能力。

在四年的学生工作里，同样遇到了一群志趣相投的“同事”。他们一起为同学们服务，一起组织活动，一起成长。作为一名学生干部，她认为，如果不能实实在在为同学做实事，是对同学、也是对自己的不负责。因此，在工作中，她时刻不忘作为学生干部应为大家服务，尽自己所能做好本职工作。在工作中锻炼自己，与老师、同学交流的能力，试着学习如何协调学习与工作的关系。除了处理好日常事务外，她还能尽自己所能，为同学办些实事，增长才干。她曾获校级优秀学生干部和校级优秀三好学生称号。担任 15 级新生的学长联系人负责人后，她希望能多给新生一些建议和忠告，能够让他们从一开始就明白学习的重要性，别被诱惑吸引。

一个人无论成功与否，首先必须是一个思想正派的人，一个爱国的人。她深深地意识到：要成为一名合格的大学生，必须从培养和提高自身思想素质开始。只有树立了正确的人生观、价值观，树立了为人民服务、为社会主义事业奋斗终生的远大志向，才能为今后的学习工作指明方向、提供动力。一个人活在这个世界上，就得对社会负起一定的责任并履行相应的义务，有了高尚的品德，就能正确认识自己所负的责任，在贡献中实现自身的价值。用实际行动来展现在党的教育下的当代大学生的风采。因此，她积极向党组织靠拢，在刚入学不久就递交了入党申请书，在不久后的入党推优中，获得了同学们的肯定，成为了首批入党积极分子。此后，她时刻以党员的标准严格要求自己，在各个方面表现突出，认真做好每一件事。在军训中曾获优秀学员称号。在大一早操工作中，被评为早操工作先进个人。在党校培训中获得优秀学员称号，并成为一名预备党员。

蓦然回首

这四年，经过郑迪的不断努力，最终，她终于保送到了本校采矿专业研究生，这四年的努力也算是有一个不错的结局，汗水与努力浇灌的种子终于开了花。

快要毕业了，最近一直在反思自己的大学生活，想想大学有什么遗憾的事情，才发现，她的大学过得并不满意，还有很多的遗憾。最大的遗憾就是没有好好学习英语，越来越感觉英语是一种重要的技能，而她对英语还不太擅长。

现在她也经常给学弟学妹开班会的时候说一定要从一开始就好好学习英语，不仅是学习，而且要会运用，会听、会说并且会写。第二个遗憾的事情就是大一过得太随意，虽然她在大二大三的时候把她大一所犯的错弥补回来了，但是只有她自己知道，她付出了多大努力，吃了多少苦头。所以，如果再来一次大学，她一定不会这样过。第三个遗憾就是没有学一门乐器。一直很想学一门乐器，可是由于自己的懒惰，让她没有时间能够静下心去学，大一的时候想大二再学吧，大二的时候忙学习，大三的时候忙学习保研，大四的时候好不容易保研了，还要忙毕业设计、做实验。最后才发现，一直是自己太懒了，找理由逃避。

摸索中成长

——记李熙民

李熙民，男，高工1503班，学号41518073，共青团员。曾获第五届“作文指导报杯”初中组第三名、第十五届“语文报杯”全国中学生作文大赛省级二等奖。座右铭：爱学习爱生活。

北科第一印象

2015年8月28号清晨6点23分，伴着李熙民踏入西校门的第一步，微热的夏风吹动小草和树叶，拂过面庞，奏出迎接的礼乐。

当年，步入科大西门的一幕幕在他脑海中犹如昨日才发生：朝阳正过主楼楼顶，光辉万里；越过毛主席的肩膀，束束阳光覆在绿绿草地上，沁人心脾；朵朵小花，你摇我摆，在微风中向他招手，甚是可爱。

他拉着行李箱站在毛主席雕塑正前方的校门内，望着庄严又慈祥的毛主席，心中初离家乡的凄冷一点点被温暖。依照大树上绑着的标语，右拐转进了林荫大道，一抬头，正是这里的标志性建筑——科大天工大厦；向东走去，六七点的太阳将路上的新生包裹。气氛也活跃起来，新生报到的同学相互以目示意，与身边的家长谈论对校园的印象。再往东走，过了鸿博园，往前看，人头攒动，小凉棚也渐多起来……拿到宿舍钥匙的一刻他恍然大悟：“我在北京有了一个四年的家，和五个人一起的家。”

午后，他便投入到北科八月最后的美景中，从东门漫步到西大门，找到了大学中的另一个家——高等工程师学院小楼。大概熟悉学校结构后便结束了令人喜悦的一天。

在军训中磨砺自我

展平军训的迷彩绿，扎上棕色的简易皮带，端正帽檐，李熙民踏上奔赴怀柔军训基地的大巴。

十八人一间的宿舍，刚能放下屁股的小木凳，十人一桌的食堂，没有直接看到的浴室……刚开始一切的一切都让一直生活在城市没有住过宿舍的他惊慌失措。难以下咽的第一顿饭、辗转反侧的第一晚、狼狈不堪的第一次训练，让一直生活在安逸环境中的他猝不及防。但不管怎么难受，他还是要接受这些，毕竟有这么多新生和他一样默默坚持着，毕竟这是进入钢铁摇篮必须经历的考验。他知道，在怀柔军训基地要经历身体上的锻炼和精神上的磨砺，但他也盼望着在这里收获新的成长。

军训分为三部分：前六天的基础训练、后六天的刺杀操训练和穿插在每一天其他时间的活动。

教官是一脸帅气的阳刚小伙，看样子和新生们不差几岁，严厉却不失幽默，他们很快打成一片。在教官的训练和开导下，新生们迅速适应训练；在教官幽默的话语下，再艰苦的训练他们都坚持下来了。当每天夕阳洒在沙土地和他们的身上，每个人都露出甜美的笑脸，呼出轻松的气息，走向食堂去吃平淡却管饱的晚饭，回宿舍休整准备晚训。有好的军官指导他们、体谅他们，新生们也积极训练，素质快速提升。

军训期间他参加了合唱团，每天中午和晚上都要抽出时间进行排练。暂且不说一天的军训有多累，就是合唱团训练，中午少睡晚上迟回，休息时还要一个人熟悉歌词曲调、语气停顿，但如果把这些看作休息娱乐，便不会有任何抱怨，反而会慢慢喜欢上一个人练习的轻松和大家合唱时的愉悦，那种唱出本来声音的舒服令人放松，加之所选曲目高昂亢奋又有低沉雄厚，将高工学院男生的不畏困难、斗志昂扬的精神面貌完全展示。最后，仅凭小鼓的伴奏取得了比赛第三的好成绩。当得知自己的努力得到了不错的回报，合唱团的每个成员都露出喜悦的笑容，并相互庆祝。参加的活动就要用心去做，去投入，而不要老想抱怨和推脱，最后的结果一定不会差。

在最后的军训会操中，高工承担了最艰难的项目——刺杀操。军官用轻松的口吻告诉他们刺杀操是最帅气的项目，他们都天真地认为终于能看到真枪实弹，圆小时候的梦想。当然，你不会认为从仓库里拿出仿真枪时他们是开心无比的。失落的心情加上真枪重量的仿枪，将那天的他压垮。尽管如此他仍出色地完成了会操表演，因为他了解了正值抗战胜利 70 周年阅兵要管理枪支，所以收起了沮丧，重新找回激情，认真完成日常训练。即使条件不那么好，你也可以改变自己的态度取得一样的好结果。

军训给初入大学还没正式开始生活的他好好上了一课，同时给他留下了不可磨灭的记忆，在他以后的生活中不断提醒他、激励他、纠正他。“坚毅是磨砺出来的”、“努力付出会有收获”、“坚持就是胜利” 等等都在他的心中加深，而“行动才能真正践行这些道理” 才是军训真正给他的领悟。

感谢在大学伊始的军训体会。

和睦的宿舍是停靠的港湾

大学之前，李熙民没有经历过宿舍生活。离家前，父母一再描述那个年代的宿舍生活，但他也明白，父母的经历不一定适合现在的大学生宿舍生活。

两种事给他感触最深：宿舍争论和宿舍聚会。

他喜欢直话直说，所以有时一些过激的话会冒犯到室友。一次，同舍二人就一个博弈论问题开始了辩论，在分歧产生之后二人自然就争论起来，最后他说：“看吧！知乎上赞同我的说法！”不可开交的争论瞬间降温，尴尬到无人说一句话，但包容的室友并没有因此对他产生偏见，相反十分详细地解答了他的数学问题。他也学会了改变，如果觉察到室友不高兴就降低语速、放低语调。他也慢慢明白：争论过后气氛总会变尴尬，但这并不妨碍同学朋友事后的互相关爱，互相支持，反而会增进感情。要知道，争论只是针对于那件事、那个问题，对手只是暂时的，所以就事论事不论人，彼此都不会受伤，大家依然是好朋友。

聚会是一件轻松又愉悦的事情，大家一起吃吃喝喝聊聊天，没有什么比这更好的事了。期中考试后的自助餐中，他们玩起了游戏，在相互提问中加深了解，那晚回程途中的欢声笑语一直存放在各自脑海中，在之后每一次聚餐中重现。在陌生的城市和朋友们聚在一起，环境也变得熟悉起来。聚在一起相互认识、相互了解，或许慢慢地就过完了大学时光。

生活要有诗和远方，学习要有潜心钻研

大一上学期的李熙民在学习上很失败，没能适应大学学习节奏和方式。作业总是拖到要交的前一晚，考试周没有复习该有的状态，最后以班级倒数第七、年级70%的成绩结束了“颓废”的大一上学期。

大一上学期的他没有思考，没有感悟，只是觉得时间过得很快而自己学到的很少。一个寒假的重新思考又唤起了他心中原有的学习冲动，但一开学又因事物的繁多淡忘了那激情。两星期后，他猛然发现自己又落下了许多课程和学习任务。他懊悔，“不能再这样下去”他告诉自己。他开始每天提醒自己还要学习、做作业，渐渐地他看到了自己的进步：部分作业在周六前就可以完成，减轻了周末的学习任务量，有更多的时间去复习。直到有一天他想到一句话——吾日三省吾身。于是他开始思考每天的安排和学习的质量，并且有了新的提升。

学习是一件持续的事情，没有人能保证自己可以一直坚持下去，所以需要思考，需要反思，如此才能提醒自己应该做什么，而不是进入无聊状态、沉迷游戏，或陷入社交圈无法自拔。

学习中要勤思考。预习时发现问题，上课时认真听讲思考问题，下课后回想老师的方法解决问题，这大概是最好的学习方法。

生活中锻炼社交能力，做到不卑不亢、与人为善，公开讲话不羞涩；提高自身素养，为人耿直，爱心公益；积极面对生活中的不顺；注意身体，避免大伤、减少小伤；及时调整心情，注意不要被负面情绪影响太久。

学习上坚持不放弃，遇到问题要解决而不拖延，再短的间隙时间都可以用来背背单词、思考一道高数题。要去尝试，而不是空谈，尝试才会使“课前预习、上课认真听讲、课后复习”变成现实，空谈只会让那些一直是传说。

人的命运要靠自己的奋斗，潜心钻研才能积累知识；不想活得失败，就要多多思考做出改变。当然，一个人在发展自身的同时也要结合时代的需要，该读研就去读，能工作就别选择，这样才能将自己的价值最大地体现出来，为历史的进程做出自己微薄的贡献。

步从荆棘向芳草

——记鄂益坤

鄂益坤，男，高工1503班，学号41518086，共青团员。曾获北京市思政论文比赛二等奖、节能减排大赛校级二等奖；曾担任学院力行学会部长；曾参加钢铁共性协同发展中心项目“三维形貌检测”。座右铭：我行故我在。

从“地狱”仰望“天堂”

鄂益坤曾在自己懒惰的“地狱”中徘徊无奈，因没有明确的目标而踌躇停滞，当他从“地狱”仰望，梦想在天穹熠熠闪烁，他的步伐开始寻找层峦，他的目光开始向上。他的成长，正是来自对梦想在何处的祈求。

在高考之后，他确定了自己未来努力的目标，延续高三的刻苦作风。到了军训基地，他也像其他人一样，每天抱怨、无奈、气愤，抱怨这毒辣的太阳、无奈于早餐的单调，气愤在难以忍耐的军训服质量……却也一直坚持，让自己达到自己所能忍受的极限。在他心中，那八成是人生的最后一次军旅生活了。同时他也不断对懦弱的自己产生疑问，为什么要来？为什么要做这些？许多问题，提出了也无须解答，因为每个人心中都有一个答案。而他说：“是为了不怕吃苦。”

军训的早起早睡却让他反作用地嗜睡、熬夜。一个学期的早餐都是草草了事，学习并不是门门上心，对于一个高工院的学生，他缺少一种勇于坚持、勇于打破的精神。他不愿提起之前的决定，他的习惯没有养成，也就堕落进了“地狱”。

为了找到属于自己的节奏，他选择养成好的习惯。面对学业与作息时间的斗争，他选择适当地放弃一些休息时间，在精力充沛的基础上，更多地完成他的学业。可能他也曾被自制力所束缚，但是真正的自制力其实就是依靠行为习惯的养成来实现的。他坚持去固定自己的习惯，或者在短暂的调整之后重新回到原有的轨道之上，这就是他成长的最直观的表象。

明白一些道理的他，认定所有的大学并不是为要留住优秀的学生而存在的，而是作为一个济济人才的跳板，让健儿们能够全心投入去跳水，不去考虑其他非自然因素。这也激发了他在北科实现自己理想的无限渴望。

微风拂面，承担责任

大一下半学期伊始，同学们就陆续地加入了学生组织。而鄂益坤因为上学期的学习成绩不理想，放弃了一系列学生组织的报名，不是为了逃避，而是想看看，他努力一次之后会有什么让其触动的地方。作为班级的安全委员，他愿意在组织活动时打点班级的安全事项，虽然有些步骤比较繁琐，但是那种承担责任的感觉，正是他认为当代大学生应该感受的，他耐心地去思考、去努力。在出现班级同学的安全问题时，他都愿意陪同，耐心地疏导受伤同学。保持一个冷静的态度不仅是安全委员的必备素质，更是一个工程师应该具有的品质。在安全工作执行的过程中难免会有些许反感，尽管如此，他还是认为总会有很多的事情不会按照自己个人的意愿去发展，面对这些不同境遇中不同时间段的麻烦，更要去耐心克服。正如罗素曾经的话：伟大的事业是根源于坚韧不断的工作，以全副的精神去从事，不避艰苦。

他还参加了一次“环保之友”组织的志愿活动，来到了西山森林公园进行“过一座山，清一条路”的捡垃圾行动。一行人人手一个垃圾夹，身前的队伍手持蓝色大旗，带领他们不断地向上攀爬，并在途中将收集到的垃圾收好带到了山顶，最后运输到山下。在路上挥洒汗水，在途中慢慢熟稔，前辈们可能是看到他们的行动，感受到他们的认真才问他们：“小队来自哪个学校?”所以，每当这个时候，他们都会非常自豪地说自己是北科人。这也让他知道：人无论在何处都是需要他人帮助的，哪怕彼此不认识，甚至话不投机，当没有让自己确信的能力，借助他人的帮助也是成功的必经之路。一路上，看到很多志愿者前辈用他们的行动证明，年龄不是问题，只要你想要做好、做彻底，这一座山不是问题，这千万座山也不是问题，不需要权衡利弊，只要去做。就像是清晨去溪边用手摇晃那清澈顺滑的溪水，那种用手感受自然、只去聆听心声的滋味。

从赛场到人生场

生活处处皆学问，高工院内的篮球比赛都是一次次的经验教训，甚至磨炼。他们因为主力球员的受伤退出，几乎压榨出了每一位队员的实力，生涩却拼命的突破，耐心却紧张的传接球，积极却不太稳定的快攻，都让他们意识到，当实力有差距时，保留已经成了球场的慢性毒药，所以他们近乎整场比赛都在进行全场紧逼，而这也让鄂益坤看到赛场和人生场的关系。在球场上不仅只有队伍之间的对抗和队友之间的配合，更有处于优势和劣势两种不同境遇下的迥然有异的心境。以后的日子，可能从一开始就风平浪静，势如破竹；也有可能一直低迷，难以超越。这两种情况倒还好，一直都有作为，有应对措施。优则守城，劣则顽抗。然而，若是一开始一帆风顺，之后被人逆转，大势西去估计也要经历萎靡不振。可是，想一想，若是不考虑取得优势劣势的过程，只在乎是否处于优势，做出相应的对抗不也是以一法破万法的“无理手”。

执着迈步，凝视前方

小学到中学，似乎都有很明确的目的，考上好的中学，好的大学。而到了大学之后就是真正地去用心摸索你的方向。鄂益坤还没有真正确定某一个专业或者某一个工作目标。但他知道，他喜欢突破、喜欢新颖、喜欢踏过荆棘。他将大胆地尝试，努力地模仿，最后渐渐摸索出属于自己的东西，那时的他一定最为自信骄傲，而在这过程中，他最是认真专注。

从小到大，他就喜欢音乐，喜欢流行歌曲，喜欢唱歌。他也从听者到歌者不断地摸索。他从模仿歌手的唱法到融合不同的歌手的能力，最后找到了自己最喜欢的声音。这也是他的成长，他也非常喜欢这种成长的方式。因为，这是他自己不断学习，并且经过他实际尝试的成果。而且表现欲较强的他到现在最大的梦想还是能拥有自己的演唱会，让荧光棒为他起舞，让闪光灯为他点亮。

对于大学、对于北科、对于高工，起初是一种憧憬，之后是一种淡然，直到现在才演变为一种情怀。当时光景一时的“北大清华，钢老三”，并没有感到一种时代变迁的挫败和无奈，反而是一种为历史存在而骄傲的自豪感。似乎是那种骨子里的不服输，不认为自己跟别人比要差的荣光。

他愿意为北科贴上最好的标签，因为，北科从来不曾光芒昏暗，北科是他的家，是他人生的真正起步点，不能为家做点什么也至少不能让家的脸丢在自己的手上。为谁而奋斗，是一个命题，一个不时变更的命题，所以不去在乎其他，只要做到自己想要做的，追求自己想追求的。只有这样才会不断成长、蜕变，在未来的花园中翩翩起舞，舞动那最为艳丽的羽翼！

结　　语

本书问世正值北京科技大学六十五周年校庆，高等工程师学院举全体师生之力献礼校庆。建校六十五周年来，北京科技大学秉承“学风严谨、崇尚实践”的办学传统，已经为社会培养了20余万人才。自2010年高等工程师学院成立以来，学院全面负责执行“卓越计划”，先后培育近1000名“卓越工程师”。他们是能够满足国家钢铁工业技术创新需要的高素质创新型工程技术人才，在各行各业贡献自己的力量。本书通过集中展现“卓越计划”开展以来我校全体学子的综合素质，采访和收集有关学子的感悟，总结这些“卓越工程师”的学习心得，为“卓越计划”开展六年的历程做了回顾和总结。

值此全国思想政治教育工作会召开之际，《卓越之路》编委会结合时代性，把握规律性，开展了“我的大学”“墨香传递”等极具工程师文化特色的系列图书编撰工作，本书是其中一本，其他分册目前正在紧张的编写过程中。本书编撰工作，编委会根据工作计划，写作团队按照资料搜集、集中写作、编排定稿三个阶段开展工作，得到了“卓越计划”师生们的积极配合，同时各领导对书稿进行了认真审阅，提出了许多宝贵的意见和建议，最终付诸出版。

在本书的编写过程中，北京科技大学及高等工程师学院各位领导对于书籍编撰给予了热切的关怀和悉心的指导，在此郑重致谢！

编著者

2017年4月于北京